高炉布料规律

（第 4 版）

刘云彩 著

北 京

冶 金 工 业 出 版 社

2020

内 容 简 介

　　本书最初于 1984 年出版，本次是第 4 版。书中重点讨论无钟布料操作，提出确定批重的方法，再次讨论中心加焦及煤气流分布，对四种类型煤气流分布进行了讨论和补充。

　　书中附有布料模型，便于高炉操作者及高炉技术开发者使用。

　　本书可供高炉炼铁操作者、技术人员及相关专业的大专院校师生和科研人员等阅读参考。

图书在版编目(CIP)数据

　　高炉布料规律/刘云彩著 . —4 版 . —北京：

冶金工业出版社，2012. 10（2020. 1 重印）

　　ISBN 978-7-5024-6077-8

　　Ⅰ.①高… 　Ⅱ.①刘… 　Ⅲ.①高炉—布料

Ⅳ.①TF542

　　中国版本图书馆 CIP 数据核字（2012）第 240296 号

出 版 人　陈玉千
地　　址　北京市东城区嵩祝院北巷 39 号　邮编　100009　电话　(010)64027926
网　　址　www. cnmip. com. cn　电子信箱　yjcbs@ cnmip. com. cn
责任编辑　常国平　刘小峰　美术编辑　李　新　胡　雅　版式设计　孙跃红
责任校对　李　娜　责任印制　李玉山
ISBN 978-7-5024-6077-8

冶金工业出版社出版发行；各地新华书店经销；三河市双峰印刷装订有限公司印刷
1984 年 2 月第 1 版，1993 年 12 月第 2 版，2005 年 1 月第 3 版，
2012 年 10 月第 4 版，2020 年 1 月第 2 次印刷
850mm×1168mm　1/32；10. 375 印张；276 千字；314 页
39. 00 元

冶金工业出版社　投稿电话　(010)64027932　投稿信箱　tougao@cnmip. com. cn
冶金工业出版社营销中心　电话　(010)64044283　传真　(010)64027893
冶金工业出版社天猫旗舰店　yjgycbs. tmall. com
　　　　　　　（本书如有印装质量问题，本社营销中心负责退换）

第4版 前言

近几年到一些工厂访问，看到新一代炼铁专家以空前的创造力使我国炼铁生产水平进入了国际先进行列。其中，有些高炉的技术水平已经登上了世界高峰。在此期间，我与部分高炉操作人员，就高炉生产问题有些讨论，对《高炉布料规律》（第3版）有些评议。我参考部分意见，对旧作进行了修改，包括把原来的重点由大钟布料，转向无钟操作；把第五章删掉，有用的材料分到其他几章。此外，删除陈旧或不合本书要求的25~27页、114~115页、169~183页、234~238页的部分或全部内容，改写部分章节。除第二章、第三章改动较少外，其他各章均有补充。

在《高炉布料规律》（第3版）以前，一直用以β角为基础的"统一布料方程"计算，此次完成α角的公式变换（第六章），为无钟布料计算带来方便。关于无钟布料，提出确定批重的方法；再次讨论中心加焦及煤气流调节。对四种类型煤气分布再次讨论，基本观点依旧，但对有争议的分歧，补充了些背景资料。

对书中引用参考文献要做些说明：很多读者希望提供原始文献，但考虑到有些文献，在工厂或小城市，难以找到，所以尽量列出不同刊物出处，特别是有中文译文的文献，方便查找阅读。有的没能直接列出原文，或是未能找到或是我不懂那类文字。

　　第二章第十二节中，有两个数据，按首钢技术研究院张雪松博士的验算结果做了改正。北京科技大学的代兵博士为部分章节的图表、公式编号，按要求在原稿上改变。有些朋友对本书插图进行了加工，作者一并感谢。感谢本书责任编辑刘小峰、常国平为提高本书质量所做的努力。没有他们的友情帮助，本书很难在如此短期内完成，作者对他们的慷慨帮助，深表谢意。

刘云彩

2012 年 6 月 4 日于北京

第3版 前言

本书第2版于1993年出版发行，至今已十余年。为适应炼铁技术发展，作者在第3版中改写了前版第六章"无钟布料操作"，并加写了第七章"大钟布料操作"和第八章"布料模型"，使本书更适用于高炉操作者及高炉技术开发者参考。书中重点介绍无钟布料和大钟布料，如何操作、如何编制高炉布料模型。

高炉布料是高炉频繁使用的操作技术，对高炉的作用是多方面的。本书系统讲解布料操作如何影响高炉冶炼进程，便于读者理解和灵活运用布料操作基本规律，以应对不同高炉、不同炉况。

布料操作本身有局限性，对有的高炉故障无能为力；作者对布料操作的理解，也不全面，也经历过处理失误。不断完善本书是作者的心愿。欢迎读者对本书提出宝贵意见。

本书唯一的计算程序，是作者请徐陵编写的，不熟悉程序的读者，可参照此例编写其他计算程序。邯钢炼铁厂青年工程师王国英向作者指出，第2版书中第227页关于炉料落到料面的位置和溜槽位置的关系计算，重算了越前角，利用这次再版的机会，做了改正。

冶金工业出版社杨传福总编、赵培德编辑为提高本书质量付出了辛勤劳动。

作者感谢徐陵同志的真诚帮助。感谢所有为本书编写提出过意见和建议的专家和学者。

　　感谢首钢对本书出版的资助。

刘云彩

2004 年 9 月 30 日于北京

第 2 版　前　言

《高炉布料规律》第 1 版于 1984 年出版。该书出版后受到不少读者、同行的鼓励。承蒙王之玺、成兰伯、恩·斯坦迪什（N. Standih）、安朝俊、刘述临、周取定、阿瑟·郑（Arthur S. Cheng）、樊哲宽和于仲洁等专家教授对本书评阅、推荐，《高炉布料规律》荣幸地被评为"1984 年度冶金工业部优秀科技图书"。

近些年来，由于无钟炉顶布料技术的发展，对高炉布料的研究不断深入。在宋阳升等同志和冶金工业出版社的支持下，有机会得以对本书进行修订。第 2 版（修订版）中，补上了作者近年来关于无钟炉顶布料规律的研究结果。与第 1 版比较，增写了第六章和另外四节（目录中带 * 号的），并补上了在第 1 版公式（1）中漏掉的 l_0。部分章节根据读者意见，做了补充说明。

宣钢张聪山同志对原书中摩擦系数的论述提出建议，并指出有些溜槽转动轴位置高于溜槽底面。对此，第 2 版中做了补充说明。首钢徐陵同志将本书第一章中讨论的料速、摩擦系数、料线深度等变量对炉料分布的影响，编成程序，在计算机上做模拟试验；徐陵、白宝柱同志对式(22)~式(28)

进行了验算。在此一并向他们表示感谢。

感谢我国冶金界老前辈、学部委员王之玺同志为本书初版题写书名。

刘云彩

1992 年 10 月 13 日于北京

第1版 前 言

这本小册子是我对高炉布料研究的总结。

我的有关高炉布料的文章曾先后在《首钢科技》、《金属学报》、《钢铁》杂志上刊出，受到不少同志的鼓励。同时，也有部分同志觉得数学推导较多，文字叙述过少。这次将已发表的文章整理成册，考虑到各方面的要求，做了补充修改，着力阐明实际应用，公式推导力求简单，以免复杂的数学推导影响读者理解全书内容而花费很多时间和精力。

本书重点是第四章、第五章，是在前三章理论分析的基础上，结合生产实践写成的，读者对象主要是从事高炉生产的领导者和工程技术人员。即使不读前面部分，只读这两章，也不妨碍对这部分内容的理解。前三章为后面部分提供了理论基础，运用了一些数学分析的方法；其中第二章的主要内容是我在1956年北京钢铁学院首届学生科学报告会上提出的。这部分的读者对象主要是从事炼铁科研、高炉设计的同志和大专院校有关专业的师生。

陶少杰、杨永宜两位教授的精彩讲学，启发研究问题的讲授，对本书的写成是至关重要的。首钢的安朝俊、高润芝同志，北京钢铁学院的杨永宜、刘述临、王筱留、杨熙冲同志，东北工学院的陆旸同志以及上述三个杂志编辑部的王之玺、范学光、谭炳煜、冯有为、于宝君等同志，对发表在杂志上的文章曾给予评阅，并提出了宝贵意见，本书如果比发表在杂志上的文章有所提高的话，与这些同志的意见是分不开的。加拿大麦克马斯特大学卢维高（W. K. Lu）教授多次赠送他所主编的讲义，使我有机会了解西方冶金学家关于高炉布料问题的系统观点；柯俊教授在百忙中为我的部分布料文章的英文稿仔细斧正，在此一并致以深切的谢意。

由于本人忙于高炉生产，时间匆忙，书中有些问题未能仔细推敲，不当之处，请读者指正。

作　者

1981 年 12 月

目　　录

X

绪论　布料的历史沿革

高炉在中国出现，已有2700年的历史[1]。由于古代生产装备差、技术水平低，虽然2000年前（西汉末年）已有50m³的巨型高炉生产[2]。但当时还不懂布料，煤气利用极差，每冶炼1t铁要用7~8t木炭[1,2]，燃料消耗高，煤气直接放散到大气里，致使高炉附近黑烟蔽日。前秦（公元350~390年）高僧道安著的《释氏西域记》中，曾记述当时新疆库车地区的实况："屈茨北二百里有山，夜则火光，昼日但烟，人取此山石炭，冶此山铁，恒充三十六国。"[3] 在欧洲，阿格里科拉（Georg Agricola，1494~1555年）作的《论金属》中的一幅图（见图1），描述了当时北欧高炉生产状况，高炉较小，有固定的加料平台，炉料从高炉固定的一侧倒入[4]。显然，当时还没有认识到布料的作用。

18世纪有一张高炉图（见图2）描述了法国高炉加料情形[5]。在炉喉周围有一层平台，加料工人可以沿炉喉周围加料，炉喉直径较小，加料比较均匀。倒料工人的对面有另一个人手持工具，估计他是在用一个耙子平料，以改善煤气利用。

第一个兼有布料和回收煤气的炉顶设备是1850年在英国应用的巴利式布料器（见图3），它用手工操作，炉料放进料斗后，开大钟，炉料沿大钟斜面布到炉内，使炉内料面呈漏斗形：边缘料面高，中心料面低。边缘料多，使沿炉墙上升的煤气阻力增加，有利于改善煤气利用；中心料面低，高炉中心的料柱阻力减少，有利于在整个高炉断面改善炉料与煤气的接触，对改善炉缸工作也有良好作用。虽然巴利式布料器在结构上存在严重缺点，但它对高炉布料起到了启蒙作用，开拓了现代料面分布的重要方向。一百余年来，高炉炉料分布基本沿用巴利式大钟布料器所形成的漏斗形。

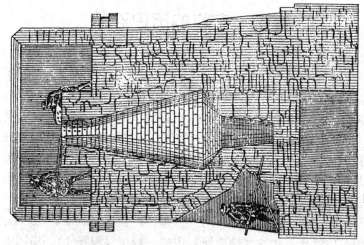

图 2 18 世纪法国高炉的加料图

图 1 《论金属》中高炉冶炼和加料情形

A—高炉；B—台阶；C—矿石；D—煤

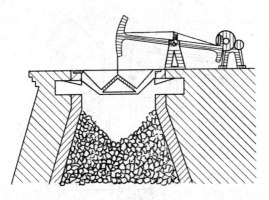

图 3　巴利式布料器[5]

　　巴利式布料器除结构上的缺点外，布料也不均匀。一批料倒进料斗后，炉料在倾倒的一侧，集中形成堆尖，而对面的炉料较少，造成粒度偏析。炉料下到炉内继续保持这种不均匀性，引起高炉偏行。如果料斗旋转，则堆尖位置可以变化，从而减小炉料在料斗内的不均匀性。布朗式布料器是初期的旋转式布料器。美国埃比威尔（Ebbw Vale）厂第一个使用布朗式布料器[6,7]，该厂为高炉设计布料器提出了重要的原则——旋转。现代布料器无一例外，都是能够旋转的。

　　布朗式布料器（见图4）是单钟的，使用过程中发现它不能从根本上克服巴利式布料器密封性不佳的缺陷。加料时，大钟开启，炉内大量煤气从炉顶放出来。此外，布料器旋转的歪嘴放料口很大，流料时间较短，不能克服大料斗内炉料的不均匀性。

　　1907 年，美国马基公司设计的马基式布料器[7]（见图5），继巴利式布料器之后，进行了高炉布料的第二次革命。在它出现的短短20 年内，美国150 座高炉几乎全部采用。除美国以外，它在世界范围内也得到迅速推广。到20 世纪80 年代，马基式布料器已成为世界上绝大部分高炉的布料设备。

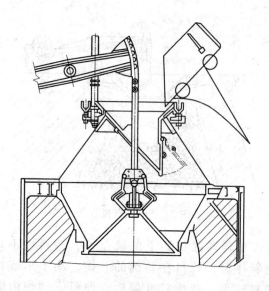

图 4　布朗式布料器[6]

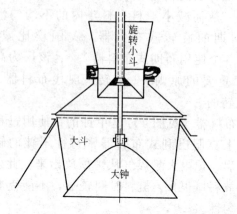

图 5　马基式布料器[7]

马基式布料器继承了巴利式大钟、大斗的优点，并且用双钟、双斗克服加料时煤气漏出的缺陷；它吸收了布朗式布料器旋转的长处，使小钟、小斗一起旋转，把炉料按六站（每站60°）放到大斗内，这样就使炉料堆尖较均匀地分布在大斗里。

随着钢铁工业的发展，高炉容积日渐扩大。冶金专家对高炉深入研究后发现，马基式布料器也不是完美无缺的。

首先，炉料在小料斗内分布不均匀，这种不均匀性，在炉料下到大料斗内及随后下到炉内时依然存在。

格鲁金诺夫（В. К. Грудинов）曾仔细地研究过马基式布料器布料所带来的沿高炉圆周方向的不均匀性[8,9]。

马基式布料器炉料在小斗内的分布如图6所示。从图6中可以看出，料车将炉料倒入小斗后，大块滚到对面，粉末留在堆尖附近，沿小斗上部有 Δh 高度是偏布的炉料。格鲁金诺夫仔细地计算了炉料在炉喉水平面上的不匀，用图一目了然地表示出来。他将炉喉圆周展开成平面，画出一批炉料沿炉墙的厚度分布。为使不均匀分布的炉料明显起见，他做了两种处理：

（1）只画出不均匀部分，而将均匀分布的一层炉料去掉；

（2）纵坐标的比例尺比横坐标的比例尺放大10倍。

这样处理后，炉料偏布现象被放大几十倍，突出了偏布的形象。

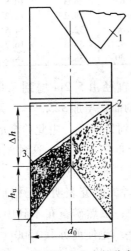

图6　炉料在小斗内的分布[8]

1—料车;2—细粒分布区;3—块料分布区

图7所示为采用六站布料、四车一批（KKJJ↓）的炉料不均匀分布图。

根据格鲁金诺夫的研究结论，保持60°或60°倍数布料，改变车数或加一定修正角度，均无法消除水平面分布的不均匀性。对

图7　六站布料、四车一批(KKJJ↓)
的炉料不均匀分布图

（白色代表矿石;黑色代表焦炭）

一批料而言,均匀分布的占大部分,在图 7 中得不到反映;而纵坐标比例放大 10 倍,又将这相对不均匀部分再次放大 10 倍。

库兹涅茨克钢铁公司炼铁厂高炉实验证明,格鲁金诺夫的有些结论是不正确的。现有高炉布料其他因素改变的影响,远远大于水平面分布不均匀带来的影响。格鲁金诺夫关于水平面与垂直面不均匀的严格划分,是没有必要的[9]。

此外,炉料在炉喉内按一定堆角分布;随着高炉容积扩大,矿石可能很少或根本布不到高炉中心。矿石少,中心气流容易发展,影响煤气利用。美国金尼(S. P. Kinney)的试验表明,随炉喉直径增加,保持炉喉间隙为 609.6mm,矿石批重相应增加。试验结果见表 1[10]。

表 1　炉喉直径与炉料分布

直径/m		矿石环圈宽度/m	面积/m^2			无矿部分面积占炉喉面积比/%
炉喉直径	中间无矿部分直径		矿石环圈面积	中心无矿部分面积	炉喉面积	
5.2	1.2	2.0	19.92	1.17	21.1	5.5
5.5	1.5	2.0	21.86	1.83	23.7	7.7
5.8	1.8	2.0	23.66	2.65	26.3	10.5
6.1	2.1	2.0	25.58	3.59	29.2	12.3
6.4	2.4	2.0	27.47	4.66	32.1	14.5
6.7	2.7	2.0	29.38	5.92	35.3	16.7
7.0	3.0	2.0	31.26	7.30	38.6	18.9

从表 1 所列试验结果看出,炉喉直径由 5.2m 增到 7.0m,炉喉面积增加 82.9%,中心无矿部分的面积增加 523.9%,无矿部分面积占炉喉整个面积比由 5.5% 增到 18.9%。由此,金尼得出结论:炉喉直径超过 5.2m,炉料分布将不理想。这种结论,使部分美国高炉的炉喉直径偏小,出现"瓶式高炉"[11]。

以巴甫洛夫为首的前苏联学派学者的研究表明,马格尼托哥尔斯克厂的炉喉直径为 5.8m 的高炉,虽然矿石布不到中心,但"无矿区"的煤气利用并不差。这些结论使前苏联 1300m^3 的标准高炉炉喉直径达 6.5m,冶炼效果良好[11]。

与此同时,一些设计专家研究把矿石既能布到边缘又能布到中心的新型布料器。他们研究的新型布料器种类繁多，但由于设备复杂、操作困难，而没能实现；或者在高炉生产上昙花一现，没有得到发展[12]。

图8所示为著名的索洛金布料器[13]，它就是基于上述思想设计的。

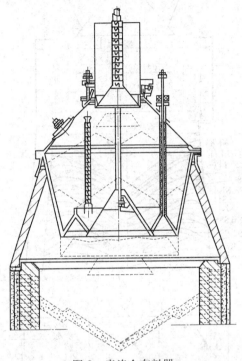

图8　索洛金布料器

20世纪60年代，巨型高炉不断出现，各工业国家为提高效率，增强竞争能力，高炉容积一扩再扩，大钟式布料器面对巨大直径的炉喉，中心布矿过少的现象更加突出；中心料面和边缘料面高度之差，随炉喉直径增大而增大。以炉料炉内堆角为30.8°计算，料面高度差 ΔH 如下：

炉喉直径/m	2.5	3.5	4.7	5.6	6.7	7.3	8.2	9.8	11	12.4
料面高度差 ΔH/m	0.75	1.04	1.40	1.67	2.0	2.18	2.44	2.92	3.28	3.58

为解决上述矛盾，出现了变径炉喉。第一个变径炉喉投产

于1964年，是德国克虏伯公司设计建成的[14]。

变径炉喉（见图9）在炉喉内有一组活动钢板，这组活动

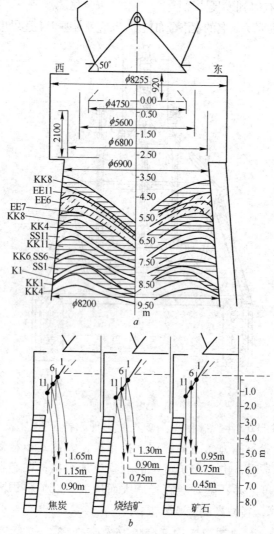

图9　变径炉喉

a—高炉东西方向炉料分布的测量（K—焦炭；E—球团矿；S—烧结矿；数字表示变径炉喉的位置）；b—不同炉料的相应变径炉喉直径（图中数字表示变径炉喉的位置）

钢板可按布料要求在炉喉里面形成一个"新炉喉"，入炉的料碰到钢板反弹入炉内，从而将炉料布到炉内指定的位置。

这种解决中心布料的方式，比前述的方法优越，发展较快，在较短的时间里，出现克虏伯式（Krupp）、哥哈哈式（GHH）、新日铁式（NSC）和日本钢管式（NKK）等多种形式（见图10）[15]。显然，马基式布料器再加变径炉喉，解决了中心布矿问题。

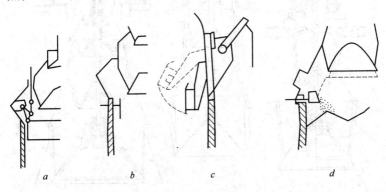

图 10　各种变径炉喉

a—克虏伯式（Krupp）；b—哥哈哈式（GHH）；

c—新日铁式（NSC）；d—日本钢管式（NKK）

马基式布料器在低压高炉上使用，其密封性尚能满足要求。但炉顶压力超过 147kPa 以上时，容易漏气，使大钟很快磨损，更换大钟，要费很多时间。因此，马基式炉顶已不能适应现代高炉生产需要。

为解决这些困难，曾出现三钟、四钟、双钟双阀、双钟四阀等多种形式的装料设备（见图11）[15,16]，试图克服马基式布料器的缺陷。虽然这些新型布料设备各有优点，但设备复杂，在巨型高炉上必须与结构复杂的变径炉喉配套使用，而且还不能省掉运输和安装均很不方便的大钟，而变径炉喉在炉料入炉过程中又多一次碰撞机会。马基式布料器的所有这些缺陷，都推动了新型布料器的诞生。

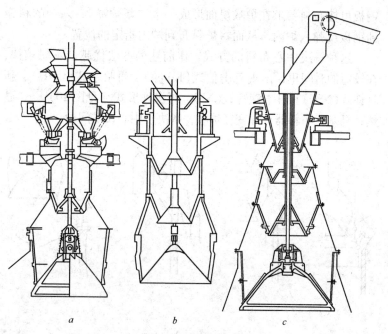

图 11 各种炉顶装料设备

a—双钟双阀式；b—三钟式；c—四钟式

第一个无钟布料器于 1972 年投产于德国蒂森钢铁公司汉博恩（Hamborn）厂，这是由卢森堡保尔渥斯（Paul Wurth）公司在莱吉尔（E. Legille）主持下设计的。它以全新的原理，克服了马基式布料器的基本缺陷，为高炉布料设备完成了第三次革命[17]。它一出现，就受到普遍欢迎，在第一个无钟装置投产后的 10 年里，有 55 座大高炉相继采用[18]。现在，无钟装置已在世界范围内推广，新建的大型高炉普遍使用无钟炉顶。

我国第一个无钟炉顶装置于 1979 年应用于首钢 2 号高炉。在以后的 12 年里，相继有十余座无钟高炉投入使用，发展之快，超过以往任何一种新型布料器。

无钟布料器（见图 12）由两个料罐和一个溜槽组成。两个料罐，相当于马基式布料器的大小钟之间的大料斗。料罐的两端有两个密封阀，直径一般为1m左右，上密封阀相当于小钟，下密封阀相当于大钟。放料时，溜槽以一定角度有规律地在炉内旋转，上密封阀关闭（相当于关闭小钟），下密封阀打开（相当于打开大钟），炉料稳定地沿导料管流进转动的溜槽，边转边落到炉内料面上。一般，布一批料，溜槽转8～12圈，因此，炉料的水平分布是均匀的，没有马基式布料器堆尖偏布的缺点。图13所示为无钟布料器的放料过程，图14所示为其布料方式。

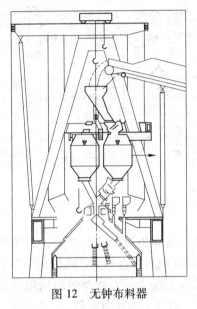

图 12　无钟布料器

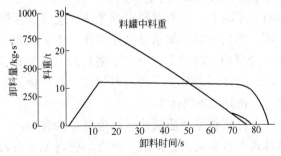

图 13　无钟布料器的放料过程[17]

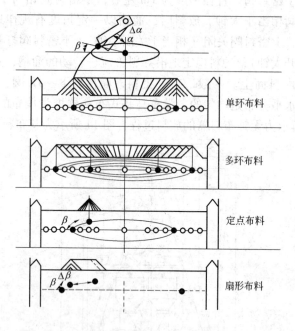

图 14　无钟布料器的布料方式

　　无钟布料器溜槽仰角可以任意变动，不像我国的大钟那样固定为53°角，因此炉料可以布到炉喉任何位置，而无需借助于变径炉喉，从根本上改变了大钟布料的局限性。溜槽角度变动和控制都很容易，改变布料十分灵活。

　　无钟布料器的上、下密封阀直径很小，又嵌有弹性良好的橡胶密封圈，密封性好，能承受高压操作。下密封阀上部有一个截流阀承受罐内炉料重量，上、下密封阀只管密封，不与炉料接触，因此阀体寿命较长，密封有保证。而大钟不断与下降的炉料摩擦，密封性难以持久。

　　此外，无钟布料器的质量小、高度低、拆装灵活、运输方便，是马基式布料器无法比拟的。莱吉尔曾将无钟布料器与其他布料器作比较，结论见表2[17]和图15。

表 2　IHI 型与 PW 型炉顶设备比较

比 较 项 目	IHI 型炉顶设备		PW 型无钟设备	
炉缸直径/m	12.5	14.0	12.5	14.0
炉顶设备质量/t	1623	2155	920	1004
投资费用/百万美元	4.32	4.73	2.20	2.27

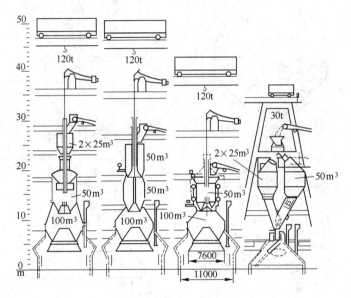

图 15　四种炉顶设备比较

　　初期投入生产的无钟布料器都采用并罐式,由并列的两个料罐分别装料。由于炉料在中心导管内沿一侧偏行,造成炉料在炉喉内分布不均匀,这是并罐式无钟装置的固有缺点(见图16)[19]。钱人毅等曾定性地研究过这种偏布形成的原因[20],作者在本书第六章中给出定量的结果,并依此结果给出并罐式无钟均匀布料的操作方法。

　　并罐式无钟在布料上的缺陷,推动了串罐式无钟的研制。串罐式无钟装置的两个料罐上下串联,下罐排料口与导料管在同一条中心线上,克服了炉料偏行的缺点,炉料在炉内分布均匀。串罐式无钟炉顶结构如图17所示[21]。

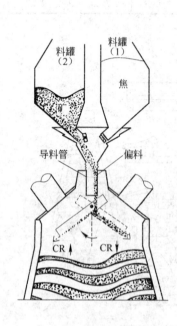

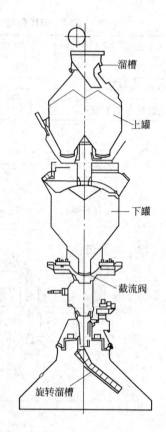

图 16　并罐式无钟布料的不均匀性　　图 17　串罐式无钟炉顶结构[21]

　　由于上、下罐同心并与导料管在同一垂直轴线上，罐内的炉料大体沿轴线方向下落，与导料管和料罐摩擦力较小，避免了直接碰撞，既延长了设备寿命，又减少了炉料中的粉末。

　　无钟布料器优点很多，但和大钟布料器比较，它必须用氮气或净煤气充压，充压气体要有加压设备，这部分能耗是无钟装置所必需的。此外，无钟装置对炉料要求较高：无钟装置的密封依靠胶圈，因此不能使用热烧结矿；无钟装置放一批料，一般溜槽要转 8~12 圈，使用粒度差别过大的炉料，偏析会比大钟装置更严重。选择无钟装置，应当相应地使用冷料并进行筛分除去料中的粉末，以减少偏析。

随着高炉容积的不断扩大及布料技术的进步，双罐式无钟装置显露出不足。大高炉布料经常要求在一组布料矩阵中，有复杂的料种、质量、次序搭配，以前的矿↓焦↓或矿矿↓焦焦↓的布料模式已不能满足要求。例如，矿石就有烧结矿、球团矿、天然块矿，粒度又有大有小，入炉要求粒度、种类不同组合；在一组矩阵布料循环中，入炉质量也不相同，这就要求上料速度有充分能力，装罐和放料均有很强的灵活性，双罐式无钟显然难以做到。于是三罐无钟，应运而生。图 18 所示为三罐无钟装置[22]。

三罐无钟最早在 1990 年用于日本川崎公司水岛 3 号炉[23]。到 2006 年千叶公司先后有 6 座大高炉使用三罐无钟，显示了它的优越功能。川崎公司的三罐无钟参数见表 3。

表 3 川崎公司的三罐无钟参数

项　目	内容积/m^3	安装时间
仓敷 3 号高炉	4359	1990 年
千叶 6 号高炉	5153	1998 年
仓敷 4 号高炉	5005	2002 年
仓敷 2 号高炉	4100	2003 年
福山 5 号高炉	5500	2005 年
福山 4 号高炉	5000	2006 年

回顾高炉装料设备的发展历程，值得深思。早在 1600 多年前，我国古籍已经记载，高炉生产是白天黑烟滚滚，夜里火光冲天，因此把高炉建在山里等人烟稀少的地方。1850 年，英国巴利式布料装置的出现，为高炉扩大发展创造了条件。此后 50 多年，布料装置一直沿大钟所建立的方向前进。1907 年，马基

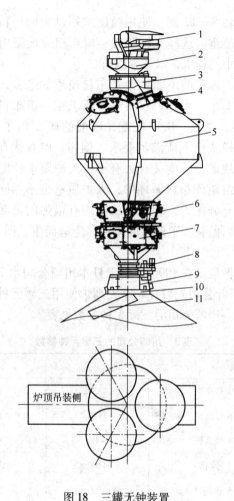

图 18　三罐无钟装置

1—上料主皮带机；2—受料斗；3—旋转溜管或旋转翻板；4—上密封阀；
5—料罐；6—料流调节阀阀箱；7—下密封阀阀箱；8—多环波纹管；
9—布料器；10—炉顶钢圈；11—旋转布料溜槽

式布料装置确立了现代高炉的地位，它保持了大钟布料所形成
的漏斗形料面，并且吸收了布朗式布料装置的旋转特点，为高
炉顺行、稳定和煤气利用率提高，做出了重要贡献。此后 60 多

年，虽然有上百种布料装置发明，包括三钟、四钟、双钟双阀、双钟四阀、变径炉喉等，均未能动摇马基式布料装置的地位，也未有当年马基式布料装置出现后所掀起的推广热潮。

1972 年，无钟布料装置出现，在短短的时间，迅速推广到全世界，今天甚至 300m³ 的小高炉，也选用无钟，它的优越性可想而知。令人深思的是：巴利式布料器产生于英国，马基式布料器产生于美国，都是当时主要的钢铁大国，而第一个无钟布料器是由仅有 40 万人口的小国卢森堡发明、制造的，并且在开始的十年里，60 个无钟布料器中，有 59 个由卢森堡制造，其中大部分还由他们负责大修。直到今天，卢森堡依然处于无钟制造业的领跑地位。

参 考 文 献

［1］刘云彩. 文物, 1978(2)：18～27;

刘云彩. 中国古代冶金史话, 天津：天津教育出版社, 1991：26～32;台湾商务印书馆, 1994：32～38

［2］河南省博物馆, 等. 考古学报, 1978(1)：1～24

［3］郦道元. 水经注. 卷一

［4］Georg Agricola. Vom Berg und Hüttenwesen. Deutscher Tashenbuch Verlag, 1977：367

［5］Н. И. Красавцев тд. Очерки по металлургии чугуна, Металлургиздат. 1947：277,311

［6］Н. С. Щеренко. Механическое оборудование домнных цехов. Металлургиздат, 1962：290

［7］F. Clements. Blast Furnace Practice, Richard Clay and Sons Limited, 1929；Ⅱ：159～160, 163

［8］В. К. Грузинов. Механическое оборудование доменных цехов, Машгиз, 1954：324～381;

В. К. Грузинов. Сталь, 1955(4)：305～311;

В. К. Грузинов· Управление Газовым потоком В доменной печи программной загрузкой. Металлургиздат, 1960：96～123

［9］Б. Н. Жеребан. Сталь, 1955(9)：782～787

［10］林宗彩, 周取定. 炼铁学. 北京：商务印书馆, 1952：169

[11] M. A. 巴甫洛夫. 炼铁学, 第二卷第一分册, 北京: 高等教育出版社, 1956: 8~11;

M. A. Павлов. Металлургия чугуна. Металлургиздат, 1951: 40~41

[12] 北京钢铁学院炼铁教研室. 炼铁学, 中册. 北京: 冶金工业出版社, 1960: 492~493;

B. A. Сорокин. Устройство и оборудование доменных цехов. Металлургиздат, 1944: 131~153

[13] A. Ф. 诺沃斯帕斯基. 现代高炉. 北京: 冶金工业出版社, 1957: 217

[14] F. Lenger. Blast Furnace and Steel Plant. 1967(5): 413~419;

F. Lenger. Blast Furnace Technology. New York, 1972: 306~316

[15] 堀川一男. 鉄と鋼, 1975, 61: 490

[16] 奚兆元. 国外现代炼铁工业. 北京: 冶金工业出版社, 1981: 208~229

[17] E. Legille. Ironmaking Proceedings, 1973, 32: 144~162;

G. Heynert. Developement in Ironmaking Practice. London, 1973: 109~130

[18] W. A. Knepper. Blast Furnace Ironmaking, Vol. one. McMaster University, 1981: 5~6

[19] M. Nomura, et al. Ironmaking Proceedings, 1984, 43: 111

[20] 高道铮, 钱人毅, 等. 无钟炉顶布料的周向均匀性研究. 首钢科技, 1982 (4): 41

[21] N. Konno, et al. Ironmaking Proceedings, 1987, 46: 237

[22] 刘青, 周强, 等. 炼铁, 2012(1): 26~29

[23] 胡俊鸽, 张东丽. JFE 应对高炉低质量原燃料的技术措施. 世界钢铁, 2010 (4): 1~5, 12

第一章 布料方程

高炉布料过程实质是炉料运动过程。这个过程是受力学法则支配的。为了定量地分析炉料分布，首先要建立布料方程。

以高炉中心线为 z 坐标，垂直于 z 轴的平面为 xy 平面，它是平行于风口中心线构成的平面。旋转布料溜槽与 xy 平面构成 β 角；如果是大钟布料器，则 β 角就是大钟角。溜槽围绕 z 轴以 ω（圈/s）的速度旋转。

规定溜槽的动坐标系为 $Ox'y'z$，原点和 $Oxyz$ 坐标重合，即 Ox' 坐标轴与溜槽长度方向一致，Oy' 坐标轴垂直于 Ox' 坐标轴，Ox、Oy、Ox'、Oy' 四坐标轴均在同一平面上，即 Oxy 平面上。在炉料到达溜槽末端的瞬间，两坐标系重合。图 19 所示为溜槽布料

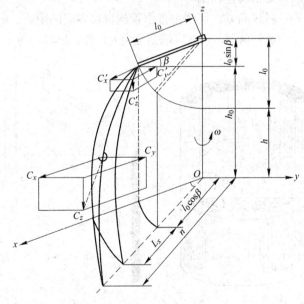

图 19 溜槽布料器工作示意图

器的工作示意图。为讨论方便，做以下说明：从溜槽末端（或大钟下降位置）下缘起，到料面间的高炉空间称为空区（见图20）。

溜槽布料器随布料角度不同，其溜槽末端到料面的距离也不同（见图19）。溜槽处于垂直位置时，即 $\beta = 90°$，溜槽与轴（即高炉中心线）重合，其末端到料面间的距离为 h。

一般溜槽布料器溜槽末端与炉喉料线起点有一定距离，此距离决定于溜槽的吊挂点，如图21所示。溜槽末端到炉喉的料线起点的垂直距离 h_2 称为料线高差。为以后讨论、计算方便，各相关符号定义如下：

h_1——料线深度，m；

n——堆尖距高炉中心线的水平距离，m；

β——布料溜槽角度（注意，这里 β 指溜槽与水平面的夹角）(°)；

l_0——溜槽长度，m；

ω——溜槽转速，圈/s；

h_2——料线高差，溜槽垂直位置到料尺零点的距离，m；

h——炉料落程，溜槽末端到堆尖的距离，$h = h_1 + h_2$，m。

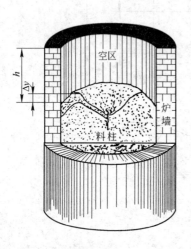

图20　高炉空区

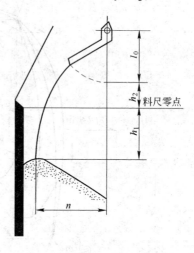

图21　料面堆尖位置测量

20

在以下讨论中，除特别指出外，计算时的"一批料"是对一种炉料而言，如矿石和焦炭各算一批。

经过溜槽或大钟下到炉内的炉料通过空区落到料面上某一点，此点称为落点。炉料在下落过程中碰到炉墙上某点，此点称为碰点。

实际上，炉料在料面上和炉墙上的落点和碰点，分散在一个相当范围的区域里，建立布料方程将以力学概念为基础。不论溜槽布料还是大钟布料，落点在炉内均形成一个以 z 轴为中心的圆，这个圆实质就是炉料在炉内的堆尖位置。堆尖位置是以落点来度量的，堆尖位置可以说就是落点。但堆尖位置指一批料在炉内形成的堆尖与高炉某坐标的距离，而落点是对一块料而言的，两者概念有别，而数量关系一致。以下讨论中两者一并使用。

对堆尖位置的上述论述包含了统计概念。炉料落到料面上所形成的堆尖位置，是多块炉料落到料面的最终结果，与奥野嘉雄等的"主流线"概念不同（见第八章文献［4］）；尾原义雄等的堆尖概念，与本书一致（见第八章文献［1］）。

第一节　炉料在溜槽上的受力分析

设炉料从导料管落入以 ω 速度旋转的溜槽，一块炉料质量为 m、重量为 Q，进入溜槽沿溜槽方向的初速度为 $C_0(\mathrm{m/s})$，炉料在溜槽某点的速度为 $C(\mathrm{m/s})$，炉料在溜槽末端的速度为 $C_1(\mathrm{m/s})$，炉料与溜槽的摩擦系数为 μ，则炉料在溜槽上所受的力（见图22）有：

（1）重力 mg；

（2）惯性离心力 F：

$$F = 4\pi^2\omega^2 lm\cos\beta$$

（3）溜槽对炉料的反作用

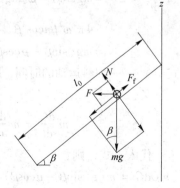

图22　炉料在溜槽上的受力状态

力 N:

$$N = mg\cos\beta - 4\pi^2\omega^2 lm\cos\beta\sin\beta$$

（4）炉料与溜槽间的摩擦力 F_f:

$$F_f = \mu(mg\cos\beta - 4\pi^2\omega^2 lm\cos\beta\sin\beta)$$

$$= \mu m\cos\beta(g - 4\pi^2\omega^2 l\sin\beta)$$

（5）惯性科氏（Coriolis）力 F_k:

$$F_k = 4\pi\omega Clm\cos^2\beta$$

（6）因溜槽旋转而产生的炉料与溜槽侧向的摩擦力和溜槽侧向对炉料的作用力。

在以上各式中，g 为重力加速度，m/s^2；l 为炉料在溜槽上运动的距离，m。

后两个力垂直于 $x'z$ 平面，在转速不高的高炉装料过程中，可以忽略不计。

在溜槽上，沿溜槽方向炉料所受力的总和：

$$\Sigma F = mg\sin\beta - \mu(mg\cos\beta - 4\pi^2\omega^2 lm\cos\beta\sin\beta)$$

$$+ 4\pi^2\omega^2 lm\cos^2\beta$$

根据牛顿定律，沿溜槽方向炉料的运动规律可用运动方程描述：

$$m\frac{dC}{dt} = \Sigma F = mg\sin\beta - \mu(mg\cos\beta - 4\pi^2\omega^2 lm\cos\beta\sin\beta) +$$

$$4\pi^2\omega^2 lm\cos^2\beta$$

$$= mg(\sin\beta - \mu\cos\beta) + 4\pi^2\omega^2 lm\cos\beta(\cos\beta + \mu\sin\beta)$$

式中 t——炉料运动的时间，s。

又：

$$m\frac{dC}{dt} = m\frac{dC}{dl}\frac{dl}{dt} = mC\frac{dC}{dl}$$

代入上式，则：

$$mCdC = m[g(\sin\beta - \mu\cos\beta) + 4\pi^2\omega^2 l\cos\beta(\cos\beta + \mu\sin\beta)]dl$$

以 l_0 表示溜槽长度，对上式两边积分，则：

22

$$\int_{C_0}^{C_1} C \mathrm{d}C = \int_0^{l_0} \left[g(\sin\beta - \mu\cos\beta) + \right.$$

$$\left. 4\pi^2 \omega^2 l\cos\beta(\cos\beta + \mu\sin\beta) \right] \mathrm{d}l$$

所以：

$$\frac{1}{2}(C_1^2 - C_0^2) = g(\sin\beta - \mu\cos\beta)l_0 +$$

$$4\pi^2 \omega^2 \cos\beta(\cos\beta + \mu\sin\beta)\frac{l_0^2}{2}$$

结果：

$$C_1 = \sqrt{2gl_0(\sin\beta - \mu\cos\beta) + 4\pi^2\omega^2 l_0^2\cos\beta(\cos\beta + \mu\sin\beta) + C_0^2}$$

$$(1)$$

炉料在溜槽上运动，即在动坐标系 $Ox'y'z$ 中运动，炉料各方向的运动速度分别为：

$$C_x' = C_1\cos\beta \tag{2}$$

$$C_y' = 2\pi\omega l_0\cos\beta \tag{3}$$

$$C_z' = C_1\sin\beta \tag{4}$$

式中　C_x'——炉料在溜槽末端的 x' 方向的分速度，m/s；

C_y'——炉料在溜槽末端的 y' 方向的分速度，m/s；

C_z'——炉料在溜槽末端的 z 方向的分速度，m/s。

第二节　炉料在空区中的运动

炉料离开溜槽（或大钟）后落入空区，除受重力继续作用外，还受到上升的煤气阻力作用。设上升的煤气阻力为 P，根据流体力学原理，可写成：

$$P = ks\frac{\gamma v^2}{2g} \tag{5}$$

式中　k——阻力系数；

γ——气体密度，kg/m^3；

s——炉料最大横断面积，m^2；

v——煤气速度，m/s；

g——重力加速度，m/s^2。

煤气阻力系数 k 与煤气流动特性有关，它是流动煤气的雷诺数的函数。可以用气体力学方法，依不同煤气成分和流速，实测各种炉料的 k 值，得出 k 与 Re 的关系式：$k = \Phi(Re)$。

许多有关流体力学、流态化、化工过程及传热等方面的书籍中给出了 k 值，不同作者测得的数据用在高炉条件下均在同一数量级，这些 k 值可以作高炉计算用。

设炉料离开溜槽到料面的时间（即在空区的运动时间）为 t_2，在空区 O_{xyz} 固定坐标系中，炉料各方向的分速度分别为 C_x、C_y、C_z，则：

$$C_z = C_z' + \frac{Q - P}{m}t_2 \tag{6}$$

设炉料从溜槽末端到料面的路程为 h_0，则：

$$h_0 = C_z't_2 + \frac{Q - P}{2m}t_2^2$$

$$= C_1\sin\beta t_2 + \frac{Q - P}{2m}t_2^2 \tag{7}$$

根据图 19，有：

$$h_0 + l_0\sin\beta = l_0 + h$$

所以：

$$h_0 = h + l_0(1 - \sin\beta) \tag{8}$$

按照力的独立原理有：

$$C_x = C_x' = C_1\cos\beta \tag{9}$$

$$C_y = C_y' = 2\pi\omega l_0\cos\beta \tag{10}$$

设炉料从溜槽末端落到料面，在空区沿 x 方向移动 L_x，炉料在空区的下落时间为 t_2，则：

$$L_x = C_xt_2 = C_1\cos\beta t_2$$

所以：

$$t_2 = \frac{L_x}{C_1\cos\beta} \tag{11}$$

联立方程（6）~方程（9），解后得到：

$$h = L_x\tan\beta + \frac{Q - P}{2mC_1^2\cos^2\beta}L_x^2 - l_0(1 - \sin\beta) \quad (12)$$

式（12）表示料线深度和炉料堆尖在 x 方向水平位置的关系。

变换式（12）得到：

$$L_x = \frac{mC_1^2\cos^2\beta}{Q - P}\left\{\sqrt{\tan^2\beta + \frac{2(Q - P)}{mC_1^2\cos^2\beta}[l_0(1 - \sin\beta) + h]} - \tan\beta\right\}$$

$$(13)$$

炉料在 x 方向移动 L_x 的同时，在 y 方向移动 L_y，则：

$$L_y = C_yt_2$$

将式（10）和式（11）代入上式，则：

$$L_y = C_yt_2 = 2\pi\omega l_0\frac{L_x}{C_1} \quad (14)$$

将式（13）代入式（14），得：

$$L_y = 2\pi\omega l_0\frac{mC_1\cos^2\beta}{Q - P} \times$$

$$\left\{\sqrt{\tan^2\beta + \frac{2(Q - P)}{mC_1^2\cos^2\beta}[l_0(1 - \sin\beta) + h]} - \tan\beta\right\} \quad (15)$$

炉料在 xy 平面上的分布，是以 z 轴为中心、以 n 为半径的一个圆周，如图 23 所示，有：

$$n^2 = (L_x + l_0\cos\beta)^2 + L_y^2$$

或：

$$n = \sqrt{l_0^2\cos^2\beta + 2l_0\cos\beta L_x + \left(1 + \frac{4\pi^2\omega^2l_0^2}{C_1^2}\right)L_x^2} \quad (16)$$

L_x 是炉料离开溜槽末端后，在 xy 平面上 x 方向的投影。炉料落到 xy 平面后，在 x 方向距高炉中心的距离是 $L_x + l_0\cos\beta$（见图 23）。n 是炉料落到 xy 平面后距高炉中心的实际距离，是炉料在炉喉内分布的具体位置。

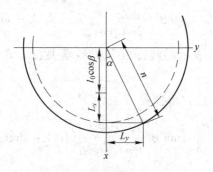

图 23　炉料在 xy 平面上的分布

　　式（1）和式（16）全面地反映了溜槽长度 l_0、溜槽角度 β、摩擦系数 μ、炉料初速度 C_0、炉料重量 Q、炉料形状和粒度（关系到 s 值）、煤气密度 γ、煤气速度 v、料线深度 h_1 和溜槽转速 ω 等 11 个变量对炉料分布的影响。任何一个或几个变量改变，都会引起炉料分布的变动，这些变动可由式（16）定量的计算出来。式（16）不仅对转动的溜槽布料器适用，它也适用于不转动的大钟布料器，当 $\omega = 0$ 时，方程即变成料钟型的布料方程。

　　式（16）称为统一布料方程。

　　应用式（16）可以及时算出炉料的分布。式（16）对研究、改进高炉布料操作或设计新型布料器都有用。

第三节　炉料初速度 C_0 和摩擦系数 μ 的确定

一、初速度 C_0 的确定

　　C_0 值可以用 1:1 模型或实际使用的设备测定，也可用公式计算，大体估计 C_0 值的上限。

　　炉料经过导料管落入溜槽前的初速度 C_0'，决定于导料管直径和炉料块度。在有关存仓或闸门的设计著作中，均给出了大

26

体相近的计算公式[1]：

$$C_0' = \lambda \sqrt{3.2gr}$$

式中 λ——矿石系数，对破碎的块矿，$\lambda = 0.3 \sim 0.4$；

r——导料管的水力学半径，$r = \dfrac{D' - b'}{4}$，其中 D' 是

导料管直径，b' 是块料的标准尺寸，m；

g——重力加速度，$\mathrm{m/s}^2$。

经验表明，导料管直径必须大于炉料块度的 5 倍以上，才能防止崩料。以首钢 2 号高炉具体尺寸为例，计算结果如下：

导料管直径　　　　　$D' = 0.6\mathrm{m}$

烧结矿平均粒度　　　$b' = 0.02\mathrm{m}$

矿石系数　　　　　　$\lambda = 0.3$

导料管水力学半径　　$r = \dfrac{D' - b'}{4} = 0.145\mathrm{m}$

将上述数值代入公式，则进入溜槽前的炉料速度：

$$C_0' = \lambda \sqrt{3.2gr}$$

$$= 0.3 \sqrt{3.2 \times 9.81 \times 0.145} = 0.64\mathrm{m/s}$$

炉料以 C_0' 的速度（重合于 z 坐标轴）垂直落入溜槽，然后改变方向 β，以 C_0 速度沿溜槽滑动。

二、摩擦系数 μ 的确定

利用式（16）计算炉料堆尖位置，首先要知道摩擦系数 μ。

内摩擦系数 μ_0 为炉料的静摩擦力与炉料对溜槽的正压力之比。当溜槽角度 $\beta = \beta_0$ 时，炉料开始沿溜槽滑动，则 β_0 称为炉料的摩擦角：

$$\mu_0 = \tan\beta_0$$

这就是有名的阿蒙顿定律，是法国科学家阿蒙顿（G. Amonton）于 1699 年提出的。利用阿蒙顿定律，在开炉前或高炉停风状态下，缓慢变化高炉溜槽角度，测得摩擦角 β_0，由此算出内摩擦

系数 μ_0，摩擦系数 μ 一般相当于内摩擦系数的 $70\% \sim 90\%$，近似地取 $\mu = 0.8\mu_0$，作为溜槽的摩擦系数。

利用 1:1 的试验装置或高炉设备，在送风前或停风状态下，测定。变换公式（1）：

$$C_1 = \sqrt{2gl_0(\sin\beta - \mu\cos\beta) + 4\pi^2\omega^2 l_0^2\cos\beta(\cos\beta + \mu\sin\beta) + C_0^2}$$

（1）

可以导出摩擦系数的计算公式：

$$\mu = \frac{C_1^2 - C_0^2 - (2gl_0\sin\beta + 4\pi^2\omega^2 l_0^2\cos^2\beta)}{4\pi^2\omega^2 l_0^2\cos\beta\sin\beta - 2gl_0\cos\beta}$$

（17）

如忽略 C_0，将 $C_0 = 0$ 代入上两式，得：

$$C_1 = \sqrt{2gl_0(\sin\beta - \mu\cos\beta) + 4\pi^2\omega^2 l_0^2\cos\beta(\cos\beta + \mu\sin\beta)}$$ （18）

$$\mu = \frac{C_1^2 - (2gl_0\sin\beta + 4\pi^2\omega^2 l_0^2\cos^2\beta)}{4\pi^2\omega^2 l_0^2\cos\beta\sin\beta - 2gl_0\cos\beta}$$

（19）

μ 与溜槽材质有关，在有关手册中可以查到不同材质的数值。文献［2］给出的钢溜槽对铁矿石的摩擦系数为 0.33，铁溜槽为 0.53。

μ 值对炉料分布的影响反映于公式（16）：

$$n = \sqrt{l_0^2\cos^2\beta + 2l_0\cos\beta L_x + \left(1 + \frac{4\pi^2\omega^2 l_0^2}{C_1^2}\right)L_x^2}$$ （16）

以生产数据代入式（16），计算结果如图 24 所示。

图 24 的计算条件：

溜槽长度　　$l_0 = 2.58$ m；

溜槽转速　　$\omega = 0.15$ 圈/s；

溜槽角度　　$\beta = 56°$；

料线深度　　$h_1 = 1.5$ m（注：$h = h_1 + h_2$，在此例计算中，假设 $h_2 = 0$，即 $h_1 = h$）。

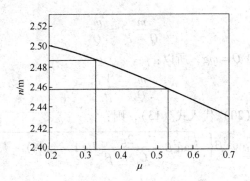

图 24 μ 对炉料分布 n 的影响

图 25 所示为 β 和 μ 对炉料分布 n 的影响。

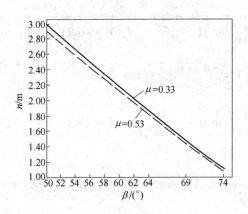

图 25 β 和 μ 对炉料分布 n 的影响

在具体的高炉上，溜槽的材质是一定的，它不是经常变动的参数，它的值主要取决于构成溜槽衬板的材质，对铁衬板的溜槽，取 $\mu=0.53$，对钢衬板的溜槽取 $\mu=0.33$[2]，计算精度可以满足布料要求，但异型衬板要实测 μ 值。

三、送风前测定堆尖位置 n 推算 μ 值

高炉停风时装料，包括开炉装料，炉内的煤气速度 $v=0$，所以式（5）中 $P=0$，故有：

29

$$\frac{m}{Q-P} = \frac{m}{Q}$$

因重量 $Q = mg$，所以：

$$\frac{m}{Q} = \frac{1}{g} \tag{20}$$

将式（20）代入式（13），则：

$$L_x = \frac{1}{g}C_1^2\cos^2\beta\left\{\sqrt{\tan^2\beta + \frac{2g}{C_1^2\cos^2\beta}[l_0(1-\sin\beta)+h]} - \tan\beta\right\} \tag{21}$$

将式（21）代入式（16），则：

$$n^2 = l_0^2\cos^2\beta + 2l_0\cos\beta\,\frac{1}{g}C_1^2\cos^2\beta \times$$

$$\left\{\sqrt{\tan^2\beta + \frac{2g}{C_1^2\cos^2\beta}[l_0(1-\sin\beta)+h]} - \tan\beta\right\} +$$

$$\left(1 + \frac{4\pi^2\omega^2l_0^2}{C_1^2}\right)\frac{1}{g^2}C_1^4\cos^4\beta \times$$

$$\left\{\sqrt{\tan^2\beta + \frac{2g}{C_1^2\cos^2\beta}[l_0(1-\sin\beta)+h]} - \tan\beta\right\}^2$$

解上式得：

$$\frac{4\cos^4\beta}{g^2}\Big\{2l_0\sin\beta[l_0(1-\sin\beta)+h] + [l_0(1-\sin\beta)+h]^2 - (n^2 -$$

$$l_0^2\cos^2\beta)\tan^2\beta\Big\}C_1^4 + \Big\{\frac{16\pi^2\omega^2l_0^2\cos^4\beta}{g^2}\{2l_0\sin\beta[l_0(1-\sin\beta)+h] +$$

$$2[l_0(1-\sin\beta)+h]^2 - (n^2 - l_0^2\cos^2\beta)\tan^2\beta\} + \frac{4\cos^2\beta}{g} \times$$

$$\{l_0\sin\beta(n^2 - l_0^2\cos^2\beta) - (n^2 - l_0^2\cos^2\beta)[l_0(1-\sin\beta)+h] -$$

$$2l_0^2\cos^2\beta[l_0(1-\sin\beta)+h]\}\Big\}C_1^2 + \Big\{n^2 - l_0^2\cos^2\beta -$$

$$\frac{8\pi^2\omega^2l_0^2\cos^2\beta}{g}[l_0(1-\sin\beta)+h]\Big\}^2 = 0$$

令：

$$A = \frac{4\cos^4\beta}{g^2}\left\{2l_0\sin\beta[l_0(1-\sin\beta)+h]+\right.$$

$$\left.[l_0(1-\sin\beta)+h]^2-(n^2-l_0^2\cos^2\beta)\tan^2\beta\right\}$$

$$B = \frac{16\pi^2\omega^2 l_0^2\cos^4\beta}{g^2}\left\{2l_0\sin\beta[l_0(1-\sin\beta)+h]+\right.$$

$$\left.2[l_0(1-\sin\beta)+h]^2-(n^2-l_0^2\cos^2\beta)\tan^2\beta\right\}+\frac{4\cos^2\beta}{g}\times$$

$$\left\{l_0\sin\beta(n^2-l_0^2\cos^2\beta)-(n^2-l_0^2\cos^2\beta)[l_0(1-\sin\beta)+h]-\right.$$

$$\left.2l_0^2\cos^2\beta[l_0(1-\sin\beta)+h]\right\}$$

$$D = \left\{n^2-l_0^2\cos^2\beta-\frac{8\pi^2\omega^2 l_0^2\cos^2\beta}{g}[l_0(1-\sin\beta)+h]\right\}^2$$

则：

$$AC_1^4 + BC_1^2 + D = 0 \qquad (22)$$

解式（22），得：

$$C_1^2 = \frac{-B \pm \sqrt{B^2-4AD}}{2A} \qquad (23)$$

在具体高炉中，式（21）或式（23）中所有的数据均已知，将测得的炉料堆尖距离 n 代入式（23），则求出 C_1^2 值，再代入式（19），算出 μ 值。

在高炉开炉前的装料过程中，一般要实测几批炉料，以了解炉料分布，并为程序的计算取得必要数据。首先实测堆尖位置距高炉中心线的距离，得到 n 值（见图21），再测量堆尖距料

尺零点的高度 h_1。料尺零点到溜槽垂直位置的距离为 h_2 是已知的，可从安装图纸上找到，也可实际测量。

目前，已有红外线或激光装置，完成炉料分布和料面形状测定。由北京科技大学和北京神网创新公司开发的高炉炉内监测技术已经在钢铁企业的 380 余座高炉上安装使用，本书将在第八章中，分析其使用结果。

数据送完，显示出运算结果 C_1 和 μ 值，现举例如下：

送入数据以高炉实际数据及开炉实测堆尖位置 n 值代入：$h = 1.5\text{m}$；$n = 2.84\text{m}$；$\beta = 57°$；$l_0 = 2.58\text{m}$；$h_2 = 1.2\text{m}$；$\omega = 0.15$ 圈/s。

计算结果：$C_1 = 5.5595\text{m/s}$；$\mu = 0.5347$。

不用计算机计算而用手工计算，当然也可以，计算方法是一样的。不过用计算机只需几分钟，手工计算则需几小时。

从式（19）和式（23）中可以看出，炉料堆尖位置 n 值和料线深度 h 值对摩擦系数 μ 值的计算，影响很大，而 n 值在式（22）中是以 n^2 出现的。因此，n 和 h 很小的测量误差，都可能导致推算失败。实际 μ 值在 $0 \sim 1$ 之间，即 $1 > \mu > 0$。用 n 值反算 μ 值，常因 h 或 n 测量不准，算出的 μ 值大于 1 或小于 0。经验表明，C_1 在 $3 \sim 5\text{m/s}$ 的范围内，计算出的 μ 值可信。

第四节　溜槽倾动轴高于溜槽底面的计算公式

随着无钟炉顶设备的发展，溜槽的吊挂结构和倾动机构也开始多样化。图 19 所示的溜槽，其倾动轴心基本和溜槽底面在同一水平面上，不论溜槽布料角度怎样变化，炉料流过溜槽的长度是不变的。如果溜槽倾动轴高于溜槽底部，则炉料流过溜槽的长度 l_β 随 β 角变化而改变，如图 26 所示。从图 26 中可以看出，炉料通过溜槽的长度与 l_0 值有以下关系：

$$l_\beta = l_0 - e\tan\beta \qquad (24)$$

式中　l_β——溜槽有效长度，即炉料通过溜槽的实际长度，m；

　　　e——溜槽倾动距，是溜槽倾动轴到溜槽底面的垂直距离，m。

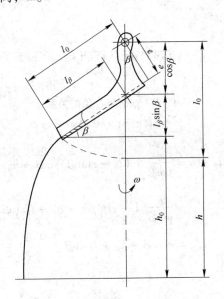

图 26　溜槽倾动轴高于底面的结构

图 27 是当 $l_0 = 3\text{m}$ 时，算出的 β 值与 l_β 值的关系。从图 27 中可以看出，随 β 角的增大，l_β 值迅速缩短。这一事实告诉我们，设计溜槽长度 l_0 时，倾动距 e 有重要影响，要考虑 e 值的作用。

从图 26 中可看出：

$$l_0 + h = \frac{e}{\cos\beta} + l_\beta\sin\beta + h_0$$

已知 $l_\beta = l_0 - e\tan\beta$，代入上式，则：

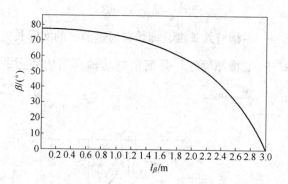

图 27 β 值与 l_β 值的关系

($l_0 = 3$m; $e = 0.65$m)

$$l_0 + h = \frac{e}{\cos\beta} + (l_0 - e\tan\beta)\sin\beta + h_0$$

$$= \frac{e}{\cos\beta}(1 - \sin^2\beta) + h_0 + l_0\sin\beta$$

$$= e\cos\beta + h_0 + l_0\sin\beta$$

所以：

$$h_0 = h - e\cos\beta + l_0(1 - \sin\beta) \tag{8'}$$

由式（7）和式（11）：

$$h_0 = C_1\sin\beta t_2 + \frac{Q - P}{2m}t_2^2 \tag{7}$$

$$t_2 = \frac{L_x}{C_1\cos\beta} \tag{11}$$

将式（8）′和式（11）代入式（7），得：

$$h - e\cos\beta + l_0(1 - \sin\beta) = C_1\sin\beta\frac{L_x}{C_1\cos\beta} + \frac{Q - P}{2mC_1^2\cos^2\beta}L_x^2$$

解上式，得：

$$h = \tan\beta L_x + \frac{Q - P}{2mC_1^2\cos^2\beta}L_x^2 - l_0(1 - \sin\beta) + e\cos\beta \quad (12)'$$

解式（12）'，得：

$$L_x = \frac{mC_1^2\cos^2\beta}{Q - P} \times$$

$$\left\{ \sqrt{\tan^2\beta + \frac{2(Q - P)}{mC_1^2\cos^2\beta}[l_0(1 - \sin\beta) - e\cos\beta + h]} - \tan\beta \right\} \quad (25)$$

将式（24）分别代入式（18）、式（16）和式（19），得：

$$C_1 = [2g(l_0 - e\tan\beta)(\sin\beta - \mu\cos\beta) +$$

$$4\pi^2\omega^2(l_0 - e\tan\beta)^2\cos\beta(\cos\beta + \mu\sin\beta)]^{1/2} \quad (26)$$

$$n = \left\{ (l_0 - e\tan\beta)^2\cos^2\beta + 2L_x(l_0 - e\tan\beta)\cos\beta + \right.$$

$$\left. \left[1 + \frac{4\pi^2\omega^2(l_0 - e\tan\beta)^2}{C_1^2} \right]L_x^2 \right\}^{1/2}$$

$$= \left\{ (l_0\cos\beta - e\sin\beta)^2 + 2(l_0\cos\beta - e\sin\beta)L_x + \right.$$

$$\left. \left[1 + \frac{4\pi^2\omega^2(l_0 - e\tan\beta)^2}{C_1^2} \right]L_x^2 \right\}^{1/2} \quad (27)$$

$$\mu = \frac{C_1^2 - [2g(l_0 - e\tan\beta)\sin\beta + 4\pi^2\omega^2(l_0 - e\tan\beta)^2\cos^2\beta]}{4\pi^2\omega^2(l_0 - e\tan\beta)^2\cos\beta\sin\beta - 2g(l_0 - e\tan\beta)\cos\beta}$$

$$(28)$$

依照第三节中论述的方法，在已知 n 值的前提下，推算摩

擦系数 μ 值，同样是可行的。解式（26）、式（27）和式（28），得到和式（22）相似的方程：

$$\frac{4}{g^2}\cos^4\beta\{[l_0(1-\sin\beta)-e\cos\beta+h]^2-[n^2-(l_0-e\tan\beta)^2\cos^2\beta]\tan^2\beta +$$

$$2(l_0-e\tan\beta)\sin\beta[l_0(1-\sin\beta)-e\cos\beta+h]\}C_1^4 +$$

$$\frac{4}{g}\cos^2\beta\{[n^2-(l_0-e\tan\beta)^2\cos^2\beta](l_0-e\tan\beta)\sin\beta -$$

$$[l_0(1-\sin\beta)-e\cos\beta+h][n^2-(l_0-e\tan\beta)^2\cos^2\beta] -$$

$$2(l_0-e\tan\beta)^2\cos^2\beta[l_0(1-\sin\beta)-e\cos\beta+h] +$$

$$\frac{4}{g}\pi^2\omega^2(l_0-e\tan\beta)^2\{2[l_0(1-\sin\beta)-e\cos\beta+h]^2\cos^2\beta -$$

$$[n^2-(l_0-e\tan\beta)^2\cos^2\beta]\sin^2\beta+2(l_0-e\tan\beta)\sin\beta[l_0(1-$$

$$\sin\beta)-e\cos\beta+h]\cos^2\beta\}\}C_1^2+\{n^2-(l_0-e\tan\beta)^2$$

$$\cos^2\beta-\frac{8}{g}\pi^2\omega^2(l_0-e\tan\beta)^2\cos^2\beta[l_0(1-$$

$$\sin\beta)-e\cos\beta+h]\}^2 = 0 \tag{22$'$}$$

利用式（22）$'$，算出 C_1 值，将 C_1 值代入式（28），算出 μ 值，这里从略。

第五节 计 算 实 例

一、计算炉料在溜槽末端的速度 C_1

式（26）给出炉料在溜槽末端的速度：

$$C_1 = \left[2g(l_0 - e\tan\beta)(\sin\beta - \mu\cos\beta) + 4\pi^2\omega^2 \right.$$

$$\left. (l_0 - e\tan\beta)^2\cos\beta(\cos\beta + \mu\sin\beta) \right]^{\frac{1}{2}} \quad (26)$$

在式（26）中，除 μ 值外，其他均是操作参数，都是已知的。μ 值可用有关手册中给出的数据或用第三节中讨论的方法测定。因 μ 值对炉料分布影响较小，选用手册上的数据是可以使用的，一般在 0.4~0.5 之间。

二、计算炉料分布 n 和 L_x

计算炉料分布 n 值用式（27），计算 L_x 值用式（25）：

$$L_x = \frac{mC_1^2\cos^2\beta}{Q - P} \times$$

$$\left\{ \sqrt{\tan^2\beta + \frac{2(Q - P)}{mC_1^2\cos^2\beta}[l_0(1 - \sin\beta) - e\cos\beta + h]} - \tan\beta \right\} \quad (25)$$

$$n = \left\{ (l_0\cos\beta - e\sin\beta)^2 + 2(l_0\cos\beta - e\sin\beta)L_x + \right.$$

$$\left. \left[1 + \frac{4\pi^2\omega^2(l_0 - e\tan\beta)^2}{C_1^2} \right]L_x^2 \right\}^{\frac{1}{2}} \quad (27)$$

将首钢 2 号高炉实际数据（1986 年的容积为 1327m³）代入式（25）、式（26）和式（27），得：

摩擦系数 $\mu = 0.53$；

溜槽长度 $l_0 = 2.58$m；

溜槽倾动距 $e = 0.42$m；

溜槽转速 $\omega = 0.15$ 圈/s；

料线高差 $h_2 = 1.2$m。

算出在不同料线深度和不同布料角度时的 C_1 值、l_β 值、L_x 值和 n 值，结果列于表 4。

表 4　炉料分布 C_1 值、l_β 值、n 值及 L_x 值

$\mu=0.53,\ \omega=0.15$ 时的 C_1 值

溜槽角度 $\beta/(°)$	50	52	54	55	56	57	58	59	60	61	62	63	64	65	69	74
炉料在溜槽末端速度 $C_1/\mathrm{m\cdot s^{-1}}$	4.46	4.57	4.65	4.69	4.73	4.76	4.79	4.81	4.83	4.84	4.85	4.85	4.85	4.84	4.72	4.26
溜槽有效长度 l_β/m	2.08	2.04	2.00	1.98	1.96	1.93	1.91	1.88	1.85	1.82	1.79	1.76	1.72	1.68	1.49	1.12

$\mu=0.53,\ \omega=0.15$ 时的 n 值

$\beta/(°)$ h/m	50	52	54	55	56	57	58	59	60	61	62	63	64	65	69	74
0.0	2.26	2.12	1.97	1.90	1.83	1.76	1.68	1.61	1.54	1.47	1.40	1.33	1.26	1.19	0.92	0.58
0.5	2.49	2.34	2.18	2.11	2.03	1.95	1.88	1.80	1.72	1.65	1.57	1.49	1.42	1.34	1.04	0.67
1.0	2.69	2.53	2.37	2.29	2.21	2.13	2.05	1.97	1.89	1.81	1.73	1.64	1.56	1.48	1.16	0.75
1.5	2.88	2.72	2.55	2.47	2.38	2.30	2.21	2.13	2.04	1.96	1.87	1.78	1.70	1.61	1.26	0.83
2.0	3.06	2.89	2.72	2.63	2.54	2.45	2.36	2.28	2.19	2.10	2.00	1.91	1.82	1.73	1.36	0.90
2.5	3.22	3.05	2.87	2.78	2.69	2.60	2.51	2.41	2.32	2.23	2.13	2.04	1.94	1.85	1.46	0.96
3.0	3.38	3.21	3.02	2.93	2.84	2.74	2.64	2.55	2.45	2.35	2.25	2.15	2.05	1.95	1.55	1.03
3.5	3.53	3.35	3.16	3.07	2.97	2.87	2.77	2.67	2.57	2.47	2.37	2.27	2.16	2.06	1.63	1.08

$\mu=0.53,\ \omega=0.15$ 时的 L_x 值

$\beta/(°)$ h/m	50	52	54	55	56	57	58	59	60	61	62	63	64	65	69	74
0.0	0.89	0.83	0.77	0.74	0.71	0.68	0.65	0.63	0.60	0.57	0.55	0.52	0.49	0.47	0.38	0.27
0.5	1.10	1.04	0.97	0.94	0.90	0.87	0.84	0.80	0.77	0.74	0.71	0.68	0.65	0.62	0.50	0.36
1.0	1.29	1.22	1.15	1.11	1.08	1.04	1.00	0.97	0.93	0.89	0.86	0.82	0.79	0.75	0.61	0.44
1.5	1.47	1.39	1.32	1.28	1.24	1.20	1.16	1.12	1.08	1.04	1.00	0.95	0.91	0.87	0.71	0.51
2.0	1.63	1.56	1.47	1.43	1.39	1.35	1.30	1.26	1.21	1.17	1.12	1.08	1.03	0.99	0.81	0.58
2.5	1.79	1.71	1.62	1.58	1.53	1.48	1.44	1.39	1.34	1.29	1.25	1.20	1.15	1.10	0.90	0.64
3.0	1.94	1.85	1.76	1.71	1.66	1.62	1.57	1.52	1.46	1.41	1.36	1.31	1.26	1.20	0.99	0.70
3.5	2.08	1.99	1.89	1.84	1.79	1.74	1.69	1.64	1.58	1.53	1.47	1.41	1.36	1.30	1.07	0.76

表 4 给出的 n 值是高炉布料的基础数据，将这个表绘成图，得到炉料分布曲线（见图 28）。过去，一些厂为得到这组曲线，不得不花巨资做试验，以 1∶1 的试验装置，在不同的装料制度下频繁测量，所花费的人力、物力，可想而知。计算表 4 中所列的数据，人工需几小时，计算机则只需几分钟。表 5 是计算 C_1、l_β、L_x 和 n 值的程序。

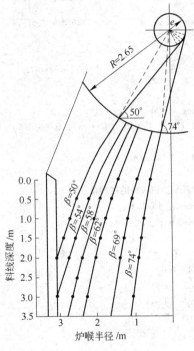

图 28　炉料分布曲线

表 5　计算 C_1、L_β、L_x 和 n 值程序

本程序用 Visual Basic 6.0 开发，编制时使程序尽量简单，只用到 Windows 的公用资源，所以程序编译后，.exe 文件可以在 Windows 环境下运行。

用户界面的窗体如下：

该窗体上主要控件有 text1、text2、text3、text4、text5 5 个文本框，用于接收用户输入的摩擦系数、溜槽长度、溜槽倾动距、溜槽转速、料线高差等数据，有"计算"、"打印"、"退出"三个命令按钮，单击按钮分别执行程序如下：

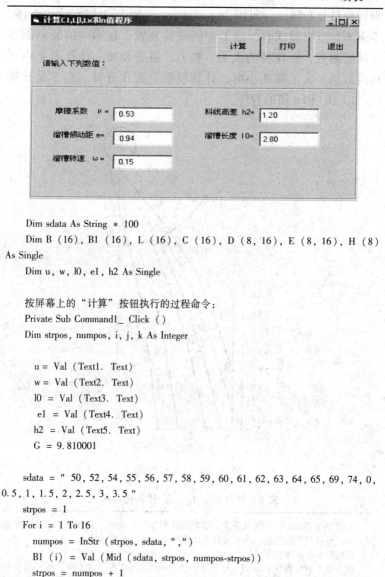

Dim sdata As String * 100

Dim B（16），B1（16），L（16），C（16），D（8，16），E（8，16），H（8）As Single

Dim u，w，l0，e1，h2 As Single

按屏幕上的"计算"按钮执行的过程命令：

```
Private Sub Command1_ Click（）
Dim strpos, numpos, i, j, k As Integer

    u = Val（Text1. Text）
    w = Val（Text2. Text）
    l0 = Val（Text3. Text）
     e1 = Val（Text4. Text）
    h2 = Val（Text5. Text）
    G = 9. 810001


sdata = " 50, 52, 54, 55, 56, 57, 58, 59, 60, 61, 62, 63, 64, 65, 69, 74, 0,
0. 5, 1, 1. 5, 2, 2. 5, 3, 3. 5 "
strpos = 1
For i = 1 To 16
  numpos = InStr（strpos, sdata, ","）
  B1（i）= Val（Mid（sdata, strpos, numpos-strpos））
  strpos = numpos + 1
Next i
```

```
For i = 1 To 8
    numpos = InStr (strpos, sdata, ",")
    H (i) = Val (Mid (sdata, strpos, numpos-strpos))
    H (i) = H (i) + h2
    strpos = numpos + 1
Next i


For i = 1 To 16
    B (i) = (B1 (i) / 180) * 3.14
    L (i) = l0 - e1 * Tan (B (i))
Next i


For j = 1 To 16
    C (j) = 4 * 3.14 ^ 2 * w ^ 2 * L (j) ^ 2 * Cos (B (j)) * (Cos (B
(j))) + u * Sin (B (j))
    C (j) = Sqr (2 * G * (Sin (B (j)) - u * Cos (B (j))) * L (j) + C
(j))
Next j
For j = 1 To 8
For k = 1 To 16
    D (j, k) = 2 * G / (C (k) ^ 2 * Cos (B (k)) ^ 2)
    D (j, k) = D (j, k) * (l0 * (1 - Sin (B (k))) + H (j) - e1 * Cos
(B (k)))
    D (j, k) = Sqr (Tan (B (k)) ^ 2 + D (j, k)) - Tan (B (k))
    D (j, k) = (1 / G) * C (k) ^ 2 * Cos (B (k)) ^ 2 * D (j, k)
Next k: Next j


For j = 1 To 8
For k = 1 To 16
    E (j, k) = (1 + (4 * 3.14 ^ 2 * w ^ 2 * L (k) ^ 2 / C (k) ^ 2)) * D (j,
k) ^ 2
    E (j, k) = Sqr (L (k) ^ 2 * Cos (B (k)) ^ 2 + 2 * L (k) * Cos (B
(k)) * D (j, k) + E (j, k))
Next k: Next j
```

```
For i = 1 To 8
H (i) = H (i) – h2
Next i


End Sub
```

按屏幕上的"打印"按钮执行的过程命令，下列程序运行在窗口显示计算结果，如果在打印机输出，只要写成 Printer. Print，在打印内容完毕后要加 Printer. EndDoc 语句

```
Private Sub Command2_ Click ( )
    Label1. Visible = False
    Frame1. Visible = False
    Form1. AutoRedraw = True


Dim prttext As String * 200
Dim prttext1 As String * 27
prttext = " "
prttext1 = " "


print ( " " )
Print ( " 炉料分布 n 值及 Lx 值" )
Print
( " – – – – – – – – – – – – – – – – – – – – – – – – – – – " )
Print ( " μ = " ) & Val ( u ) & " , ω = " & Val ( w ) & " , e = " & Val ( e1 ) & "
时 C1 值"
Print
( " – – – – – – – – – – – – – – – – – – – – – – – – – – – – – – – – – – – " )


For i = 1 To 16
Mid ( prttext, 1 * ( i – 1 ) * 7 + 8, 7 ) = Format ( Round ( Val ( B1 ( i ) ),
2 ), " #0" )
Next i
Print ( " 溜槽角度 β （度）" ) & prttext
```

```
prttext = " "

For i = 1 To 16
Mid (prttext, 1 * (i - 1) * 6 + 8, 6) = Format (Round (Val (C (i)), 2),
" #0. 00")
Next i

Print ("炉料在溜槽末")
Print ("端速度 C1 (m/s) ") & prttext

For i = 1 To 16
Mid (prttext, 1 * (i - 1) * 6 + 8, 6) = Format (Round (Val (L (i)), 2),
" #0. 00")
Next i

Print ("Lβ, (米) ") & prttext

Print
(" _ _ _ _ _ _ _ _ _ _ _ _ _ _ _ _ _ _ _ _ _ _ _ _ _ _ _ _ _ _ _ _ _ ")
Print (" μ = ") & Val (u) & ", ω = " & Val (w) & ", e = " & Val (e1) & "
时 n 值"

Print
(" _ _ _ _ _ _ _ _ _ _ _ _ _ _ _ _ _ _ _ _ _ _ _ _ _ _ _ _ _ _ _ _ ")
prttext = " "
For i = 1 To 16
Mid (prttext, 1 * (i - 1) * 7 + 8, 7) = Format (Round (Val (B1 (i)),
2), " #0")
Next i

Print (" h \ β ") & prttext
Print
(" _ _ _ _ _ _ _ _ _ _ _ _ _ _ _ _ _ _ _ _ _ _ _ _ _ _ _ _ _ _ _ _ _ ")
```

```
For i = 1 To 8

  prttext = " "
  Mid (prttext1, 6, 6) = Format (Round (Val (H (i)), 2), " #0. 0")
  For j = 1 To 16

    Mid (prttext, 1 * (j - 1) * 6 + 8, 6) = Format (Round (Val (E (i,
j)), 2), " #0. 00")
    Next j

    Print prttext1 & prttext
  Next i

Print
( " _ _ _ _ _ _ _ _ _ _ _ _ _ _ _ _ _ _ _ _ _ _ _ _ _ _ _ _ _ _ _ _ _ _ _ _ ")
Print (" Lx                    ")

  Print
( " _ _ _ _ _ _ _ _ _ _ _ _ _ _ _ _ _ _ _ _ _ _ _ _ _ _ _ _ _ _ _ _ ")

For i = 1 To 8
    prttext = " "
    Mid (prttext1, 6, 6) = Format (Round (Val (H (i)), 2), " #0. 0")
    For j = 1 To 16
        Mid (prttext, 1 * (j - 1) * 6 + 8, 6) = Format (Round (Val (D (i,
j)), 2), " #0. 00")
    Next j
      Print prttext1 & prttext
  Next i

  Print
( " _ _ _ _ _ _ _ _ _ _ _ _ _ _ _ _ _ _ _ _ _ _ _ _ _ _ _ _ _ _ ")

End Sub
```

运行结果：

```
计算C1,Lβ,Lx和n值程序                                        _|□|×|

                    炉料分布n值及Lx值              计算    打印    退出

            μ =.53，ω =.15，e =.42 时C1值

溜槽角度 β (度)  50  52  54  55  56  57  58  59  60  61  62  63  64  65  69  74
炉料在溜槽末
端速度 C1(m/s) 4.40 4.51 4.60 4.65 4.68 4.72 4.75 4.78 4.80 4.82 4.83 4.84 4.84 4.84 4.74 4.30
Lβ (米)       2.08 2.04 2.00 1.98 1.96 1.93 1.91 1.88 1.85 1.82 1.79 1.76 1.72 1.68 1.49 1.12

            μ =.53，ω =.15，e =.42 时n值

h  \  β    50  52  54  55  56  57  58  59  60  61  62  63  64  65  69  74

0.0       2.26 2.11 1.97 1.90 1.83 1.75 1.68 1.61 1.54 1.47 1.40 1.33 1.26 1.19 0.92 0.58
0.5       2.48 2.33 2.18 2.10 2.03 1.95 1.87 1.80 1.72 1.64 1.57 1.49 1.42 1.34 1.04 0.67
1.0       2.68 2.53 2.37 2.29 2.21 2.13 2.05 1.97 1.89 1.80 1.72 1.64 1.56 1.48 1.16 0.75
1.5       2.87 2.71 2.54 2.46 2.38 2.29 2.21 2.12 2.04 1.95 1.87 1.78 1.70 1.61 1.27 0.83
2.0       3.04 2.88 2.71 2.62 2.54 2.45 2.36 2.27 2.18 2.09 2.00 1.91 1.82 1.73 1.37 0.90
2.5       3.21 3.04 2.86 2.78 2.69 2.59 2.50 2.41 2.32 2.22 2.13 2.04 1.94 1.85 1.46 0.97
3.0       3.36 3.19 3.01 2.92 2.83 2.73 2.64 2.54 2.45 2.35 2.25 2.15 2.05 1.95 1.55 1.03
3.5       3.51 3.34 3.15 3.06 2.96 2.87 2.77 2.67 2.57 2.47 2.37 2.26 2.16 2.06 1.63 1.09

                        Lx

0.0       0.89 0.83 0.77 0.74 0.71 0.68 0.65 0.62 0.60 0.57 0.54 0.52 0.49 0.47 0.38 0.27
0.5       1.09 1.03 0.96 0.93 0.90 0.87 0.83 0.80 0.77 0.74 0.71 0.68 0.65 0.62 0.50 0.36
1.0       1.28 1.21 1.14 1.11 1.07 1.04 1.00 0.96 0.93 0.89 0.86 0.82 0.79 0.75 0.61 0.44
1.5       1.46 1.38 1.31 1.27 1.23 1.19 1.15 1.11 1.07 1.03 0.99 0.95 0.91 0.87 0.71 0.51
2.0       1.62 1.54 1.46 1.42 1.38 1.34 1.30 1.25 1.21 1.17 1.12 1.08 1.03 0.99 0.81 0.58
2.5       1.77 1.69 1.61 1.57 1.52 1.48 1.43 1.39 1.34 1.29 1.24 1.20 1.15 1.10 0.90 0.64
3.0       1.92 1.83 1.75 1.70 1.66 1.61 1.56 1.51 1.46 1.41 1.36 1.31 1.25 1.20 0.99 0.71
3.5       2.05 1.97 1.88 1.83 1.78 1.73 1.68 1.63 1.58 1.52 1.47 1.41 1.36 1.30 1.07 0.76
```

按屏幕上的退出按钮执行的过程命令：

```
Private Sub Command3_ Click ( )
End
End Sub
```

表 6 是溜槽角度每变化 1°，炉料堆尖位置水平移动的距离。从表 6 中可以看出，变动的距离除受溜槽位置（布料角度）影响外，还受料线深度影响。

表 6   溜槽角度每变化 1°炉料堆尖位置水平移动的距离   （m）

h \ β	50°	52°	54°	56°	58°	60°	69°	74°
0	0.065	0.060	0.060	0.060	0.055	0.053	0.050	0.046
1.0	0.065	0.070	0.070	0.065	0.055	0.067	0.066	0.062
1.7	0.070	0.070	0.070	0.070	0.075	0.070	0.072	0.071
2.5	0.075	0.075	0.070	0.080	0.075	0.075	0.082	0.079

注：原始数据 $\mu = 0.615$；$l_0 = 2.58$m；$\omega = 0.15$ 圈/s；$e = 0$m。

三、炉料通过溜槽的时间 t_1

溜槽的有效长度 l_β 是炉料在溜槽上运动的实际距离。已知炉料进入溜槽的速度 C_0 和末端的速度为 C_1，则炉料通过溜槽的时间 t_1 为：

$$t_1 = \frac{l_\beta}{\frac{1}{2}(C_1 + C_0)} \tag{29}'$$

已知 C_0 可以忽略不计，即 $C_0 \approx 0$，则式（29）$'$ 变成：

$$t_1 = \frac{l_\beta}{\frac{1}{2}C_1} \tag{29}$$

$$= \frac{2}{2.325} = 0.86s$$

用前面的计算结果代入式（29），当 $h = 1.5\text{m}$、$\beta = 54°$ 时，由表 4 得知，$C_1 = 4.65\text{m/s}$、$l_\beta = 2.0\text{m}$。按表 5 所列程序计算结果见"运行结果"。

四、炉料在空区中的运动时间 t_2

由式（11）知道，炉料在空区中的运动时间，即从溜槽末端到炉内料面这段时间 t_2 为：

$$t_2 = \frac{L_x}{C_1 \cos\beta} \tag{11}$$

还以 $C_1 = 4.65\text{m/s}$、$\beta = 54°$ 为例，先用式（25）算出 L_x 值：

$$L_x = \frac{mC_1^2 \cos^2\beta}{Q - P} \times$$

$$\left\{ \sqrt{\tan^2\beta + \frac{2(Q-P)}{mC_1^2\cos^2\beta}[l_0(1 - \sin\beta) - e\cos\beta + h]} - \tan\beta \right\} \tag{25}$$

当 $P = 0$ 时，式（25）变成：

$$L_x = \frac{1}{g}C_1^2\cos^2\beta \times$$

$$\left\{ \sqrt{\tan^2\beta + \frac{2g}{C_1^2\cos^2\beta}[l_0(1 - \sin\beta) - e\cos\beta + h]} - \tan\beta \right\} \tag{25}'$$

将各项值代入式（25）′，即可求出 L_x 值。

由表 5 可知，当 $\beta = 54°$、$h = 1.5\text{m}$ 时，$L_x = 1.31\text{m}$，代入式（11），得：

$$t_2 = \frac{L_x}{C_1\cos\beta} = \frac{1.31}{4.65 \times 0.5877} = 0.48\text{s}$$

现将 $C_1 = 4.65\text{m/s}$，$\beta = 54°$，$l_0 = 2.58\text{m}$，$e = 0.42\text{m}$，$h = (1.5 + 1.2) = 2.7\text{m}$，$g = 9.81\text{m/s}^2$ 代入式（25）′，得：

$$L_x = \frac{1}{9.81} \times 4.65^2 \times 0.5877^2 \times \left\{ \left\{ 1.3764^2 + \right. \right.$$
$$\frac{2 \times 9.81}{4.65^2 \times 0.5877^2} \times [2.58 \times (1 - 0.8090) - $$
$$\left. \left. 0.42 \times 0.5877 + 2.7 \right]\right\}^{\frac{1}{2}} - 1.3764 \right\}$$
$$= 1.315\text{m}$$

第六节　大钟布料方程

大钟布料器与溜槽布料器不同，其区别在于：

（1）大钟不旋转，因此在统一布料方程中转速 $\omega = 0$。

（2）炉料在大钟内是静止的，在大钟布料方程中，炉料初速度 $C_0 = 0$。

（3）当大钟打开，炉料从大料斗落入炉内，炉料沿大钟的滑行距离是不同的，如图 29 所示。

（4）比较图 30 可知，溜槽布料器的料线深度 h 受溜槽角度 β 影响，相当于大钟的 $h + l_0 - l_0\sin\beta$。而大钟角度 β 是固定不变的，这个差别是因溜槽布料器和大钟布料器料线定义不同引起的。

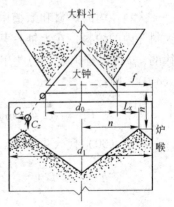

图 29　炉料由大钟到炉喉内的运动示意图

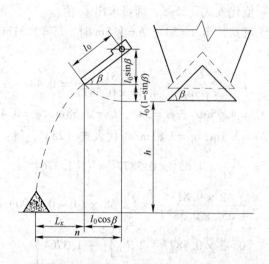

图 30　溜槽布料器与大钟布料器料线深度的差别

现将 $C_0 = 0$、$\omega = 0$ 代入式 （1），则：

$$C_1 = \sqrt{2gl_0(\sin\beta - \mu\cos\beta) + 4\pi^2\omega^2\cos\beta(\cos\beta + \mu\sin\beta)l_0^2 + C_0^2}$$

$$= \sqrt{2gl_0(\sin\beta - \mu\cos\beta)}$$

大料斗内的炉料和溜槽中的炉料不同。由图 29 可以看出，大料斗内的炉料，在大钟打开后下滑，与大钟的接触是没有规律的，μ 值很难确定，为此用一个 η 值修正。令 $\eta = l_0(\sin\beta - \mu\cos\beta)$，则：

$$C_1 = \sqrt{2gl_0(\sin\beta - \mu\cos\beta)} = \sqrt{2g\eta} \qquad (30)$$

将式（30）代入式（12），则：

$$h = L_x\tan\beta + \frac{Q - P}{2mC_1^2\cos^2\beta}L_x^2 - l_0(1 - \sin\beta)$$

$$= L_x\tan\beta + \frac{Q - P}{4Q\eta\cos^2\beta}L_x^2 - l_0(1 - \sin\beta)$$

48

由于定义不同，溜槽换成大钟，h 值应差 $l_0(1 - \sin\beta)$，故统一方程应用于大钟。令 $l_0(1 - \sin\beta) = 0$，上式变成：

$$h = L_x\tan\beta + \frac{Q - P}{4Q\eta\cos^2\beta}L_x^2 \tag{31}$$

式（31）表明了用大钟布料时，料线深度和炉料落点的关系。以下逐项分析大钟布料方程：

（1）将 $\omega = 0$，$C_1 = \sqrt{2g\eta}$，$l_0(1 - \sin\beta) = 0$ 代入式（13），则：

$$L_x = \frac{mC_1^2\cos^2\beta}{Q - P} \times$$

$$\left\{\sqrt{\tan^2\beta + \frac{2(Q - P)}{mC_1^2\cos^2\beta}[l_0(1 - \sin\beta) + h]} - \tan\beta\right\}$$

$$= \frac{2Q\eta\cos^2\beta}{Q - P}\left(\sqrt{\tan^2\beta + \frac{Q - P}{Q\eta\cos^2\beta}h} - \tan\beta\right) \tag{32}$$

式（32）表明了用大钟布料时，炉料堆尖位置和各布料参数的定量关系。

（2）将 $\omega = 0$ 代入式（14），则：

$$L_y = 2\pi\omega l_0\frac{L_x}{C_1} = 0$$

上式说明，大钟不转动，炉料在空区里运动，没有 y 向分力作用，y 向速度为零。

（3）将 $\omega = 0$，$C_1 = \sqrt{2g\eta}$ 代入式（16），则：

$$n = \sqrt{l_0^2\cos^2\beta + 2l_0\cos\beta L_x + \left(1 + \frac{4\pi^2\omega^2 l_0^2}{C_1^2}\right)L_x^2}$$

$$= \sqrt{l_0^2\cos^2\beta + 2l_0\cos\beta L_x + L_x^2}$$

$$= l_0\cos\beta + L_x \tag{33}$$

（4）将 $C_1 = \sqrt{2g\eta}$ 代入式（9），则：

$$C_x = C_1\cos\beta = \sqrt{2g\eta}\cos\beta \tag{34}$$

(5) 将 $C_1 = \sqrt{2g\eta}$ 分别代入式（4）和式（6），则：

$$C'_z = C_1 \sin\beta = \sqrt{2g\eta}\sin\beta \tag{35}$$

$$C_z = C'_z + \frac{Q-P}{m}t_2 = \sqrt{2g\eta}\sin\beta + \frac{Q-P}{m}t_2 \tag{36}$$

（6）由图 30 可以看出，$l_0\cos\beta$ 相当于大钟直径 d_0 的一半，即：

$$l_0\cos\beta = \frac{1}{2}d_0 \tag{37}$$

将式（37）代入式（33），则：

$$n = l_0\cos\beta + L_x = \frac{1}{2}d_0 + L_x \tag{38}$$

在以下讨论中提到的大钟半径，在统一布料方程中是指 $l_0\cos\beta$，在大钟布料方程中是指 $\frac{1}{2}d_0$。

参 考 文 献

[1] 阿尔费洛夫，等. 存仓装置. 北京：机械工业出版社，1958：32~33
[2] 北京有色冶金设计研究院，等. 金属矿山采矿设备设计. 北京：冶金工业出版社，1977：8

第二章 炉料分布规律

高炉布料规律一直是高炉工作者研究的课题。以 M. A. 巴甫洛夫为首的前苏联学派学者在这方面做了很多工作，归纳起来有以下三条：

（1）矿石落在碰点以上，料线愈深，愈加重边缘；反之，则相反。

（2）矿石批重愈大，愈加重中心；批重愈小，愈加重边缘。

（3）矿石与焦炭的堆角比较，矿石堆角大于焦炭堆角，正同装加重边缘，倒同装加重中心；焦炭堆角大于矿石堆角，则相反[1~6]。

这些规律在我国也很有影响[7~10]，对指导高炉实践，改善高炉操作起过积极作用。随着生产发展，越来越频繁地出现布料上的"反常"。大量的反常现象说明上述规律是有条件的、不全面的。

探索高炉布料规律进行了多年。然而，到20世纪70年代还不能进行定量的计算，给高炉制定合理的装料制度带来很多困难，各高炉不得不依靠反复实践，进行摸索。

本章将研究炉料分布规律。为减少重复，以下主要以大钟布料方程作为研究工具，进行普遍推理。

第一节　料线的作用

分析式（31）和式（32）：

$$h = L_x \tan\beta + \frac{Q-P}{4Q\eta\cos^2\beta}L_x^2 \tag{31}$$

$$L_x = \frac{2Q\eta\cos^2\beta}{Q - P}\left(\sqrt{\tan^2\beta + \frac{Q - P}{Q\eta\cos^2\beta}h} - \tan\beta \right) \qquad (32)$$

从式（32）可以看出，料线对炉料堆尖位置的作用。

定理 I 炉料分布与料线有关，在其他条件一定时，料线愈深（h 值愈大），堆尖愈靠近边缘（L_x 值愈大），边缘分布炉料愈多。

根据上列公式可以做出以下推论：

推论 1 从式（32）中可以看出，料面堆尖位置除受料线影响外，还受冶炼强度（关系到 P）、矿石特性（关系到 Q）及大钟角度（β）的影响。从式（32）中可以看出，在高炉操作过程中，即使料线不动，上述因素变化也会引起炉料分布变化，从而导致煤气分布变化；由于其他因素的影响，虽料线降低（h 增大），边缘也可能减轻。过去把这种现象称为"反常现象"，实际是过去的理论解释不了这种现象，而这种现象正是布料客观规律的反映。

推论 2 当 $L_x = f$（f 是炉喉间隙值）时，式（31）变成：

$$h_{\max} = L_x\tan\beta + \frac{Q - P}{4Q\eta\cos^2\beta}L_x^2$$

$$= f\tan\beta + \frac{f^2(Q - P)}{4Q\eta\cos^2\beta} \qquad (39)$$

$L_x = f$ 时，炉料堆尖与炉墙重合，此时边缘布料最多，炉料碰点恰好是堆尖位置。当料线深度超过 $h_{\max}$ 时，炉料将碰撞炉墙反弹入炉，故称此料线深度为临界料线，以 $h_{\max}$ 表示。

推论 3 当 $h > h_{\max}$ 时，炉料与炉墙相碰，炉料增加一次碰撞，多了一次破碎机会，不利于煤气利用。所以，$h \leqslant h_{\max}$ 是正常操作料线的必要条件。

推论 4 若 $L_x = 0$，则式（31）变成：

$$h = L_x\tan\beta + \frac{Q - P}{4Q\eta\cos^2\beta}L_x^2 = 0$$

此时炉料堆尖在大钟（或溜槽）下缘，只有装满料才有可能出现这种现象。炉料满到大钟（或溜槽）下缘，料面易碰撞大钟或溜槽，使大钟杆弯曲或溜槽转动机构遭到破坏，这是高炉正常生产所不允许的。

推论5 停风时，$P = 0$，式（31）和式（32）分别变成：

$$h = L_0 \tan\beta + \frac{L_0^2}{4\eta\cos^2\beta} \tag{40}$$

$$L_0 = 2\eta\cos^2\beta\left(\sqrt{\tan^2\beta + \frac{h}{\eta\cos^2\beta}} - \tan\beta\right) \tag{41}$$

高炉停风时，炉料分布与炉料密度无关，炉料分布仅由料线（h）和大钟角度（β）决定。

对于无钟布料器，当 $P = 0$ 时，式（12）和式（13）分别变成：

$$h = L_0 \tan\beta + \frac{g}{2C_1^2\cos^2\beta}L_0^2 - l_0(1 - \sin\beta) \tag{42}$$

$$L_0 = \frac{1}{g}C_1^2\cos^2\beta\left\{\sqrt{\tan^2\beta + \frac{2g}{C_1^2\cos^2\beta}[l_0(1 - \sin\beta) + h]} - \tan\beta\right\} \tag{43}$$

此时，炉料分布除受 h 和 β 影响外，还受转速 ω（决定 C_1）影响。

推论6 式（32）减式（41），则：

$$\Delta L = L_x - L_0$$

$$= \frac{2\eta\cos^2\beta}{Q - P} \times \left[Q\sqrt{\tan^2\beta + \frac{Q - P}{Q\eta\cos^2\beta}h} - (Q - P)\right.$$

$$\left.\sqrt{\tan^2\beta + \frac{h}{\eta\cos^2\beta}} - P\tan\beta\right] \tag{44}$$

这说明其他条件不变时，送风和停风比较，炉料分布的差别可以用式（44）算出来。开炉送风前测得的料面与高炉正常操作时有区别，操作条件相同，送风后的炉料堆尖位置较停风时更靠近炉墙。堆尖向炉墙移动的距离等于式（44）中的 ΔL。

在第三章中将证明，对于粒度大于 5mm 的炉料，煤气流对布料的影响很小，送风或停风，炉料的分布是相近的。

推论 7 从公式（31）可以看出，当 h、Q、P 值一定时，若 $\beta_1 > \beta_2 > \beta_3 > \cdots$，则 $L_1 < L_2 < L_3 < \cdots$。其他条件不变，大钟（溜槽）角度对布料有重要影响。β 值愈大，炉料愈布向中心；反之，则相反。

第二节　装料次序的作用

炉料落入炉内，从堆尖向两侧按一定角度形成斜面，这就是炉料在炉内的分布。以 a^*、b^* 表示新料面或二次料面，即一批料入炉后在炉喉内形成的料面；c^*、d^* 表示旧料面，称为原始料面或一次料面，即一批料装入前，炉喉内料面形状。设高炉中心线为 z 坐标轴，垂直于 z 轴的为 x 坐标轴。一批料在炉喉内形成的新料面，自高炉中心线到新料面有料处的距离为 a_0（见图 31），则在 x、z 坐标内，新料面可用 4 个线性方程分别描述：

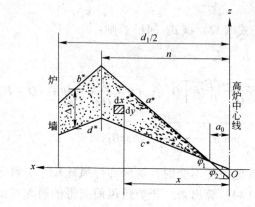

图 31　炉料在炉喉内的分布之一

54

a^* 线　　$y = x\tan\varphi_2 - a_0(\tan\varphi_2 - \tan\varphi_1)$　　　　（45）

b^* 线　　$y = (2n - x)\tan\varphi_2 - a_0(\tan\varphi_2 - \tan\varphi_1)$　（46）

c^* 线　　$y = x\tan\varphi_1$　　　　　　　　　　　　　（47）

d^* 线　　$y = (2n - x)\tan\varphi_1$　　　　　　　　　（48）

式中　y——表示料面的纵向位置，m；

　　　x——自高炉中心线到料面上任一点的水平距离，m；

　　　n——自高炉中心线到炉料堆尖的水平距离，$n = L_x + \dfrac{d_0}{2}$，m；

　　　d_0——大钟直径，m；

　　　a_0——一批料未分布区域的半径，即自高炉中心线到有新料处的距离，m；

　φ_1，φ_2——分别为原始料面和新料面炉料在炉内的堆角，（°）。

　　每一批料的炉料在炉喉垂直面上的分布如图31所示。一批料在炉喉内任一点的厚度可由下式算出：

（1）$n \leqslant d_1/2$。即从堆尖到中心，式（45）减式（47）得：

$$\Delta y_1 = (x - a_0)(\tan\varphi_2 - \tan\varphi_1)　　　　（49）$$

（2）$n > d_1/2$。即从堆尖到炉墙处一批料的料层厚度，等于式（46）减式（48）所得值：

$$\Delta y_2 = (2n - x - a_0)(\tan\varphi_2 - \tan\varphi_1)　　　（50）$$

式中　d_1——炉喉直径，m；

　　　Δy_1——自高炉中心线到堆尖范围内，一批料的料层厚度，m；

　　　Δy_2——从炉料的堆尖到炉墙范围内，一批料的料层厚度，m。

　　当 $a_0 = 0$ 时，一批料刚刚布满旧料面，这个料面称为临界料面。临界料面一批料的各点分布厚度可将 $a_0 = 0$ 代入式（49）、式（50）进行计算：

$$\Delta y_1 = x(\tan\varphi_2 - \tan\varphi_1) \tag{51}$$

$$\Delta y_2 = (2n - x)(\tan\varphi_2 - \tan\varphi_1) \tag{52}$$

如果批重继续扩大，不仅高炉中心已布有新料，而且有一定厚度。这时，图31中 a^*、b^* 线平行上移，变成图32的形状。此时各点处的料层厚度为：

$$\Delta y_1 = x(\tan\varphi_2 - \tan\varphi_1) + y_0 \tag{53}$$

$$\Delta y_2 = (2n - x)(\tan\varphi_2 - \tan\varphi_1) + y_0 \tag{54}$$

式中　y_0——批料在高炉中心线处的厚度，m。

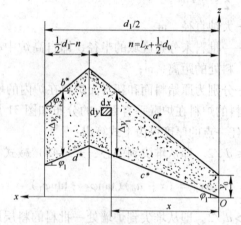

图32　炉料在炉喉内的分布之二

从式(49)~式（54）中可以看出：当 $\varphi_2 > \varphi_1$ 时，Δy_1 随 x 增大而增大，Δy_2 随 x 增大而减小；当 $\varphi_2 < \varphi_1$ 时，Δy_1 随 x 增大而减小，Δy_2 随 x 增大而增大。由此提出定理Ⅱ。

定理Ⅱ　当 y_0、n 值一定时，堆角大的炉料布到堆角小的炉料上边，以堆尖为界，自炉子中心到堆尖，愈向边缘，炉料分布愈多；自堆尖到炉墙则相反。

推论1　y_0 值一定，实际是批重一定（参看本章第四节），将式（32）代入式（38），则：

56

$$n = L_x + \frac{d_0}{2} = \frac{d_0}{2} + \frac{2\eta Q\cos^2\beta}{Q - P}$$

$$\times \left(\sqrt{\tan^2\beta + \frac{Q - P}{Q\eta\cos^2\beta}h} - \tan\beta \right) \qquad (55)$$

当 $P = 0$ 时，代入式（55），则：

$$n = L_x + \frac{d_0}{2}$$

$$= \frac{d_0}{2} + 2\eta\cos^2\beta\left(\sqrt{\tan^2\beta + \frac{h}{\eta\cos^2\beta}} - \tan\beta \right) \qquad (55)'$$

式（55）′适用于高炉停风状态计算炉料分布。开炉前，测料面或依测料面的数据，推算修正系数 η 等，均适用。

分析式（55）可以看出，只有在 n 值一定时，料线（h）、矿石特性（Q）、煤气速度（关系到 P）才一定。所以定理 II 只有在料线、批重、炉料粒度、炉料比重和煤气速度一定时，才能成立。

推论 2 过去关于装料次序的布料规律，是定理 II 的一种特例。即在炉喉内，当矿石堆角大于焦炭堆角时，矿石布在焦炭上边（倒装），加重中心；如焦炭布在矿石上（正装），则加重边缘。这一规律只有在满足下述条件时才成立：

（1）n、y_0 为常数；

（2）$n = d_1/2$，即堆尖与炉墙重合；

（3）$\varphi_K > \varphi_J$，即矿石堆角大于焦炭堆角。

否则，将出现反常现象。

推论 3 当料线、装料次序及上述其他因素同时或分别变化时，可由式（31）、式（32）、式（53）和式（54）描述炉料的分布状态。

在满足条件 y_0、n 为常数，$n = d_1/2$ 的情况下，式（53）分为以下 3 种情况讨论：

（1）$\varphi_2 > \varphi_1$，即堆角大的炉料布到堆角小的炉料上边：

1）当 $x = 0$ 时，由式（53）可知：

$$\Delta y_{\min} = y_0 \qquad (56)$$

式（56）是高炉中心处的料层厚度。

2）当 $x = n$ 时，由式（53）可知：

$$\Delta y_{\max} = n(\tan\varphi_2 - \tan\varphi_1) + y_0 \qquad (57)$$

这是堆尖处的料层厚度。

3）当 $0 \leqslant x \leqslant d_1/2$ 时：

$$\Delta y_{\min} \leqslant \Delta y_1 \leqslant y_{\max} \qquad (58)$$

式（58）表明，料层厚度自高炉中心到炉墙逐渐增厚。

（2）$\varphi_2 < \varphi_1$，即堆角小的炉料布到堆角大的炉料上边：

1）当 $x = 0$ 时，由式（53）可知：

$$\Delta y_{\max} = y_0 \qquad (59)$$

这时高炉中心料层最厚。

2）当 $x = n$ 时，由式（53）可知：

$$\Delta y_{\min} = n(\tan\varphi_2 - \tan\varphi_1) + y_0 \qquad (60)$$

这时靠炉墙处料层最薄。

3）当 $0 \leqslant x \leqslant d_1/2$ 时：

$$\Delta y_{\min} \leqslant \Delta y_1 \leqslant \Delta y_{\max} \qquad (61)$$

式（61）表明，料层厚度自炉墙到高炉中心逐渐增厚。

（3）$\varphi_1 \approx \varphi_2$，即两种炉料堆角相近：

$$0 \leqslant x \leqslant n, \Delta y_1 = y_0 \qquad (62)$$

推论 4 焦炭堆角与矿石堆角相近时，炉料分布与装料次序无关，此时用装料次序调剂煤气分布是无效的。

通过上述 3 种情况，分析了装料次序对炉料分布的影响。过去的布料理论认为，正装加重边缘，倒装加重中心，实际是不全面的，必须根据堆角变化情况全面分析。有时因堆角不同，装料次序变化，对布料影响不明显，甚至恰恰相反。

第三节 界 面 效 应

不同的炉料在料面上相互作用，对布料有重要影响，这种作用称为界面效应。

界面效应主要有混合、变形两方面。

一、混合

不同的炉料如果同装，在大钟内和离开大钟后，均有部分混合。

两种粒度不同的炉料同时或分别装入炉内，在布料界面上互相渗透，也有混合，并形成混合层。混合层孔隙度小，对高炉强化是不利的。在炉料中，矿石和焦炭的粒度差越大，混合层所占比例越高。图33所示为烧结矿在焦炭层中的渗透，是武钢按当时1~3号高炉尺寸在1:1模型上试验的结果[11]。大钟开

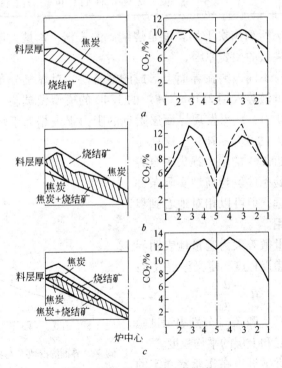

图33　烧结矿在焦炭层中的渗透

a—1、2号高炉，KKJJ↓，$h = 1.4m$，$W_K = 20t$；b—3号高炉，JJKK↓，$h = 1.9m$，

$W_K = 23t$；c—1号高炉，JKJK↓，$h = 1 \sim 1.25m$，$W_K = 15.2t$

启时焦炭先落到料面，其后焦炭与烧结矿混合料落到料面，将先落的焦炭部分挤向中心。最后，烧结矿落在焦炭上面，其中部分粒度较小的烧结矿渗到焦炭层的孔隙中，形成焦矿混合层，恶化了透气性。另有部分小块烧结矿穿过焦层，形成新的矿石层。武钢试验的矿石和焦炭粒度组成见表7。

表7　武钢试验的矿石和焦炭粒度组成　　　　（%）

炉料	粒度/mm							
	>80	80~60	60~40	40~25	25~10	10~5	<5	平均
焦　炭	26.9	38.5	27.6	4.9	2.1			65.4
烧结矿			5.5	9.0	45.3	19.1	21.1	15.7

表7所列焦炭平均粒度是烧结矿的4倍，这是大量烧结矿渗进焦炭层的主要原因。

两种不同炉料在界面上形成的混合层，对煤气分布影响较大。傅世敏等人用 $2516m^3$ 高炉的 1/40 的模型做试验，以玻璃球模拟矿石，结果发现界面层附近的阻力损失相当于每层料总阻力损失的 9%~26%。这就是说有将近 1/4 的阻力损失来自界面。试验条件虽与高炉实际条件相差很远，但可以相对地看到界面的作用。

傅世敏等人为定量地表明界面间的渗混程度，定义渗混数 R：

$$R = \frac{d_{p下层}}{d_{p上层}}$$

式中，$d_{p下层}$ 和 $d_{p上层}$ 分别表示试验炉料下层和上层的平均粒度。

傅世敏等人在实验室测定的界面渗混数 R 与界面阻力损失 $\Delta P_{界面}$ 间的关系[12]如图34所示。

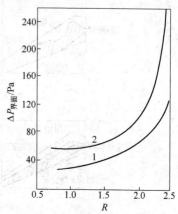

图34　界面渗混数 R 与界面阻力
损失 $\Delta p_{界面}$ 的关系

1—风量为 $2.82m^3/min$；
2—风量为 $3.63m^3/min$

二、变形

在装料过程中，由于上层炉料对下层炉料的撞击、推挤作用，料面发生不规则变形。巴克（P. Бааке）的模型试验表明，采用倒同装，焦炭以较大的堆角在炉喉内分布尚未稳定，立即受到同一批矿石的推挤，结果大量焦炭被推到高炉中心（见图35）[13]。

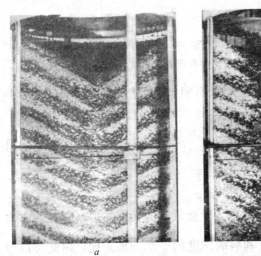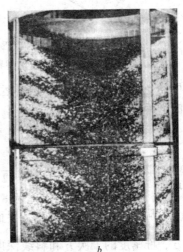

图 35　倒同装时焦炭（黑色）被挤到高炉中心
a—正同装，$K_3J_4\downarrow$；b—倒同装，$J_3K_4\downarrow$

实际上，料面的混合和变形往往是同时发生的。图36所示为日本模型界面效应的试验结果[14]。

界面效应给高炉布料带来的缺陷是明显的：首先，它破坏了炉料的层状结构，使布料操作复杂化；其次，由于矿、焦的互相作用，界面上的混合层是难以避免的，它对料柱透气性会有不同程度的不利影响。

界面效应除受装料设备影响外，炉料在空区中运动所产生的动量是混合与变形的推动力。设炉料平均粒度直径为 d，堆密

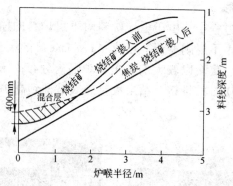

图36　日本模型界面效应的试验结果

度为 ρ，料线深度为 h，炉料运动速度为 C，则一块料落到料面时的冲量为：

$$mC = \frac{4}{3}\pi\rho d^3 \sqrt{\frac{2h}{g}} = \xi\rho d^3 \sqrt{h} \qquad (63)$$

式中　ξ——常数，$\xi = \frac{4}{3}\pi\sqrt{\frac{2}{g}}$。

从式（63）可以看出，界面效应的大小与炉料直径的 3 次方、堆密度的 1 次方和料线深度的 $\frac{1}{2}$ 次方成正比。由此可以得出结论：

（1）同一种炉料，粒度 d 越大，界面效应越强；

（2）堆密度 ρ 越大，界面效应越强；

（3）料线 h 越深，界面效应越强。

此外，炉料分布的大量试验结果还说明，不同炉料的粒度差越大，界面效应越强。

同装和分装对界面效应的影响比较复杂：

一方面，同装时第一种料在炉喉内的堆积料面尚未稳定，第二种料即撞击、推挤，炉内堆角容易发生较大的变形；而分装时，第一种料面已经稳定，经过一定时间，在炉料向下运动炉内堆角更小的情况下，第二种炉料再撞击、推挤，变形比较小。

另一方面，同装时，第二种料的料线比第一种的浅（第一种料形成的料层 Δy）；分装时第二种料的料线和第一种料的料线相等（同一料线深度）或稍浅（不等料线）。从这个意义上分析，同装的界面效应有比分装小的因素。当然分装且不等料线时，界面效应最小。不等料线分装和等料线分装比较，前者料线浅、h 值小，故炉料动量 mC 值小。这是不等料线分装能够改善煤气利用的重要原因。

批重大，整个高炉料柱的界面减少，所以大批重的界面效应也较少，这是大批重有利于煤气利用和高炉稳定的原因之一。

此外，从式（63）也可以明显地看出，大粒度炉料和深料线操作都会使界面效应增大，不利于高炉顺行和煤气利用。

设计布料装置时，必须考虑界面效应的不利影响，好的布料器应能减少界面效应。

第四节　批重的作用

设炉料堆密度为 ρ，一批料的体积为 V（图 31 中阴影部分绕 z 轴旋转所得体积就是 V），则炉料批重 W 为：

$$W = \rho V = \rho^2 \int_{\Omega} \int x \mathrm{d}x \mathrm{d}y$$

$$= \rho^2 \Big[\int_{a_0}^{n} \pi x \mathrm{d}x \int_{x\tan\varphi_1}^{x\tan\varphi_2 - a_0(\tan\varphi_2 - \tan\varphi_1)} \mathrm{d}y + \int_{n}^{d1/2} \pi x \mathrm{d}x \times$$

$$\int_{(2n-x)\tan\varphi_1}^{(2n-x)\tan\varphi_2 - a_0(\tan\varphi_2 - \tan\varphi_1)} \mathrm{d}y \Big]$$

$$= \frac{1}{3} \rho \pi (\tan\varphi_2 - \tan\varphi_1) \Big(a_0^3 - \frac{3}{4} d_1^2 a_0 + \frac{3}{2} n d_1^2 - \frac{1}{4} d_1^3 - 2n^3 \Big)$$

$$(64)$$

如料批刚好布到中心线，则 $a_0 = 0$，代入式（64），得临界批重 W_0：

$$W_0 = \rho \pi (\tan\varphi_2 - \tan\varphi_1) \Big(\frac{1}{2} n d_1^2 - \frac{1}{12} d_1^3 - \frac{2}{3} n^3 \Big) \quad (65)$$

如堆尖与炉墙重合，即 $n = \dfrac{1}{2}d_1$，代入式（64），则：

$$W = \frac{1}{3}\rho\pi(\tan\varphi_2 - \tan\varphi_1)\left(a_0^3 + \frac{1}{4}d_1^3 - \frac{3}{4}a_0 d_1^2\right) \quad (66)$$

当 $W < W_0$，炉料布不到中心，可由式（64）导出未布料区半径 a_0，解式（64）得：

$$a_0^3 - \frac{3}{4}d_1^2 a_0 + \left[\frac{3}{2}nd_1^2 - \frac{1}{4}d_1^3 - 2n^3 - \frac{3W}{\rho\pi(\tan\varphi_2 - \tan\varphi_1)}\right] = 0$$

或写成：

$$a_0^3 + pa_0 + q = 0$$

式中，$p = -\dfrac{3}{4}d_1^2$；

$$q = \frac{3}{2}d_1^2 n - 2n^3 - \frac{1}{4}d_1^3 - \frac{3W}{\rho\pi(\tan\varphi_2 - \tan\varphi_1)}$$

解三次方程得：

$$a_0 = \sqrt[3]{-\frac{q}{2} + \sqrt{\left(\frac{q}{2}\right)^2 + \left(\frac{p}{3}\right)^3}} + \sqrt[3]{-\frac{q}{2} - \sqrt{\left(\frac{q}{2}\right)^2 + \left(\frac{p}{3}\right)^3}}$$

$$(67)$$

如果一批料已布到炉喉中心线，则可从图 32 所示的 a^*、b^*、c^*、d^* 四条线所围的面积绕 z 轴旋转，求出一批料的炉料体积 V：

$$V = 2\iint_{\Omega} \pi x \mathrm{d}x\mathrm{d}y = 2\pi\int_0^n x\mathrm{d}x\int_{x\tan\varphi_1}^{x\tan\varphi_2 + y_0}\mathrm{d}y +$$

$$2\pi\int_n^{d_1/2} x\mathrm{d}x\int_{(2n-x)\tan\varphi_1}^{(2n-x)\tan\varphi_2 + y_0}\mathrm{d}y$$

$$= \pi\left[\left(\frac{n}{2}d_1^2 - \frac{d_1^3}{12} - \frac{2}{3}n^3\right)(\tan\varphi_2 - \tan\varphi_1) + \frac{d_1^2}{4}y_0\right]$$

$$W = \rho V = \rho\pi\left[\left(\frac{n}{2}d_1^2 - \frac{d_1^3}{12} - \frac{2}{3}n^3\right)(\tan\varphi_2 - \tan\varphi_1) + \frac{d_1^2}{4}y_0\right]$$

$$(68)$$

式（68）有几种变形，在特定条件下可以简化计算：

（1）当 $y_0 = 0$ 时，即一批料分布在高炉中心处的厚度是零，则式（68）变成式（65）：

$$W_0 = \rho\pi(\tan\varphi_2 - \tan\varphi_1)\left(\frac{1}{2}nd_1^2 - \frac{1}{12}d_1^3 - \frac{2}{3}n^3\right) \qquad (65)$$

炉料批重如果小于 W_0，则炉料不能分布到中心，故 W_0 称为临界批重。

（2）当 $n = d_1/2$ 时，堆角与炉墙重合，则式（68）变成：

$$W = \rho\pi\left[\frac{d_1^3}{12}(\tan\varphi_2 - \tan\varphi_1) + \frac{d_1^2}{4}y_0\right] \qquad (69)$$

（3）当 $y_0 = 0$，$n = d_1/2$ 时，即炉料堆尖与炉墙重合，炉料刚好布满料面，则：

$$W_0 = \frac{1}{12}\rho\pi(\tan\varphi_2 - \tan\varphi_1)d_1^3 \qquad (70)$$

批重对布料的影响，在不同范围有所不同。设边缘料层厚度为 y_B，中心处料层厚度为 y_0，堆尖处料层厚度为 y_C，则这三点料层厚度可用式（53）、式（54）算出。以 $x = n$ 代入式（53）、式（54），则：

$$y_C = \Delta y_1 = \Delta y_2 = n(\tan\varphi_2 - \tan\varphi_1) + y_0 \qquad (71)$$

以 $x = d_1/2$ 代入式（54），得：

$$y_B = \left(2n - \frac{d_1}{2}\right)(\tan\varphi_2 - \tan\varphi_1) + y_0 \qquad (72)$$

以 $n = d_1/2$ 代入式（71）、式（72），得：

$$y_B = y_C = \frac{1}{2}d_1(\tan\varphi_2 - \tan\varphi_1) + y_0 \qquad (73)$$

解式（69）得：

$$y_0 = \frac{4W}{\pi\rho d_1^2} - \frac{1}{3}d_1(\tan\varphi_2 - \tan\varphi_1) \qquad (74)$$

以式（74）代入式（73）得：

$$y_B = y_C = \frac{4W}{\pi\rho d_1^2} + \frac{1}{6}d_1(\tan\varphi_2 - \tan\varphi_1) \qquad (75)$$

式（73）~式（75）是炉料布满中心时的情况。通过式（73）~式

(75)可以明显看出,随着批重 W 增加,中心不断加重(y_0 增加),y_B 和 y_G 也都相应变厚,但增厚速度较中心缓慢。由此可知,批重过大时,不仅加重中心,而且边缘和中心两头均重,炉料分布趋向均匀。

从式(71)～式(75)中还可看出,批重减小时,不仅中心减轻(y_0 减小),而且边缘也相应减轻(y_B 减小),如果批重很小必然出现边缘和中心两头轻的局面。

为了进一步研究布料规律,将批重逐渐扩大,批重每增加 ΔW,中心处料层厚度相应增加 Δy_0,增加 N 次,则 $y_0 = N\Delta y_0$。批重变化时炉料在炉喉内的分布如图37所示。从图37中可以看出,当批重大于 W_0 时,随批重增加而加重中心;如批重小于 W_0,则矿石布不到中心,随批重增加而加重边缘,或没有明显影响。由此提出定理Ⅲ。

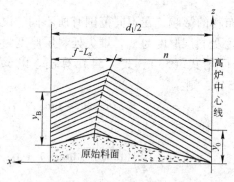

图37 批重变化时炉料在炉喉内的分布

定理Ⅲ 批重有一个临界值。当批重大于临界值时,随矿石批重增加而加重中心,过大则炉料分布趋向均匀;当批重小于临界值时,矿石布不到中心,随批重增加而加重边缘或作用不明显。

为说明这一规律,给批重 W_0 和 ΔW 以一定值,则可算出 y_B、y_G、y_0 的真实值,用 y_B/y_0、y_G/y_0、批重 $W_0 + N\Delta W$ 的关系,作一条描述炉料批重的特征曲线(见图38)。从图38中可以明显看出,批重有3个不同特征的区间:激变区、缓变区、微变区。批重值在激变区,增加批重时,边缘减轻极快,中心加重也极

66

快;批重值在微变区,不论批重增加或减少,对炉料分布影响都不大;批重值在缓变区,批重变化对炉料分布的影响介于两者之间。

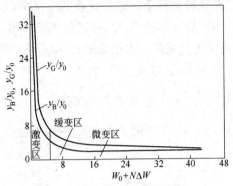

图 38　炉料批重的特征曲线

推论 1　当矿石批重在激变区时,批重波动对布料影响较大。所以,矿石批重选在激变区是不合适的。矿石批重在微变区时,不论批重扩大或减少,对炉料分布均无显著影响。在微变区炉料分布稳定,煤气流稳定,特别是有利于形成合理的软熔层,对高炉稳定顺行、改善煤气利用,均有重要作用,因此批重值应在微变区。在这种条件下,批重作为临时调剂手段,已失去意义。

推论 2　如果炉料粉末很多,料柱透气性较差,为保证高炉顺行,防止微变区批重使煤气两头堵塞,合理的批重值应在缓变区内。在此区域,批重少许波动不致引起煤气流较大变化;适当改变批重,又可调剂煤气分布。

推论 3　对于大钟布料器,如 $n < \dfrac{d_1}{2}$（堆尖在炉墙里边）, $y_B = 0$（边缘矿石较少或没有）,此时批重很小,炉料只能布到堆尖附近。这种小批重不仅不会加重边缘而且造成两头轻,见图 39 和式（50）。

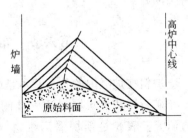

图 39　小批重在炉喉内的分布

67

推论 4 当 $n = \dfrac{d_1}{2}$ 时，即堆尖与炉墙重合，边缘料层厚度应为式（73）。在这种条件下，矿石批重减小（W 减小），中心减轻，即使小于 W_0 后继续减小，已起加重边缘作用。这就是一般常说的"小批重加重边缘，大批重加重中心"的规律。

推论 5 如果批重过大（W 值过大），则 y_B 值很大，y_0 值也很大$\left(\text{即} \dfrac{4W}{\pi \rho d_1^2} \text{值因} W \text{值很大而变大}\right)$，此时不仅加重中心，也加重边缘，出现"两头堵"的现象。批重过大，影响高炉透气性。

第五节 批重特征数

一批料在炉内的料面分布是规则的，其边缘与中心的厚度规定了一批料分布的形状，两者厚度之比 y_B/y_0 反映了这种炉料在炉内分布的特点，在其他条件一定时，它是批重的函数。炉料在各处的分布随该值变化，该值越大，表示这种炉料在边缘分布得越多。设 $D_{K(J)}$ 是批重的特征数，则：

$$D_{K(J)} = \frac{y_B}{y_0} \tag{76}$$

D_K 和 D_J 分别表示矿石和焦炭在炉内的分布特征数，它对分析装料制度很有用。在第三章和第五章里，将用 D_K、D_J 值分析各类问题。

第六节 布料特征数

炉料在炉喉内的分布基本是矿石和焦炭的分布。

矿石层和焦炭层对透气性的影响，许多冶金学家曾经进行过研究。表 8 是斯切潘诺维奇（M. Стефанович）曾研究[15,16]的炉料特性。

表 8　对透气性影响的炉料的物理性能

炉 料	堆密度 /kg·m⁻³	孔隙度 /%	孔隙计算直径 /mm	粒度组成/%							
				>80 mm	80~60 mm	60~40 mm	40~25 mm	25~10 mm	10~0 mm	10~3 mm	3~0 mm
焦 炭	500	47.0	32	19.4	35.9	36.1	7.4	0.3	0.9		
烧结矿	1695	42.6	3.9		3.8	10.2	14.9	40.2		26.9	4.0

　　用表 8 的炉料按不同的层状布料方式,在相同的气流速度条件下进行计算,矿石的阻力比焦炭大 10~20 倍。显然在层状分布的炉料中,矿石层与焦炭层厚度之比在很大程度上决定了煤气的流通量。

　　斯切潘诺维奇以料层截面上压头损失相等为分析的出发点,模拟高炉炉喉条件,在温度为 300℃、压力为 122.5kPa、料层截面的平均气流速度为 1.75m/s 的条件下,分析了炉料不均匀分布对煤气分布的影响(见图 40)。

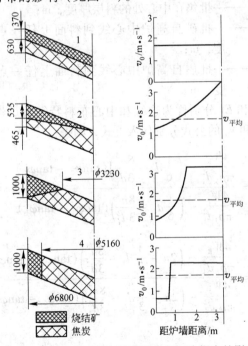

图 40　炉料分布对煤气速度分布和压头损失的影响
各种炉料分布的压头损失:
1—7.4kPa; 2—6.6kPa; 3—4.5kPa; 4—2.4kPa

图 40 说明了矿石层和焦炭层对煤气流分布的重大作用。矿石层的透气性差，焦炭层的透气性好，因此矿石和焦炭在炉喉水平面上各点的比例就成为影响煤气流分布的重要因素。上部调剂主要就是通过不同的布料方式改变矿石和焦炭在各处分布的比例。矿石和焦炭在炉喉内边缘与中心分布之比，表明了布料的基本特征：

$$E_B = \frac{y_{BK}}{y_{BJ}}, \quad E_0 = \frac{y_{0K}}{y_{0J}}, \quad E_x = \frac{y_{xK}}{y_{xJ}}$$

式中　y_{BK}——一批矿在边缘处的料层厚度，m；

　　　y_{BJ}——一批焦在边缘处的料层厚度，m；

　　　y_{0K}——一批矿在中心处的料层厚度，m；

　　　y_{0J}——一批焦在中心处的料层厚度，m；

　　　y_{xK}——一批矿自高炉中心线到料面上任一点的料层厚度，m；

　　　y_{xJ}——一批焦自高炉中心线到料面上任一点的料层厚度，m。

将 E_B 和 E_0 分别称为边缘和中心布料特征数。将前面给出的计算 y_B 和 y_0 的公式分别代入上式，则得：

$$E_B = \frac{\dfrac{4W_K}{\pi\rho_K d_1^2} - \left(\dfrac{1}{6}d_1 - \dfrac{8n^3}{3d_1^2}\right)(\tan\varphi_2 - \tan\varphi_1)}{\dfrac{4W_J}{\pi\rho_J d_1^2} - \left(\dfrac{1}{6}d_1 - \dfrac{8n^3}{3d_1^2}\right)(\tan\varphi_2 - \tan\varphi_1)} \tag{77}$$

$$E_0 = \frac{\dfrac{4W_K}{\pi\rho_K d_1^2} - \left(2n - \dfrac{1}{3}d_1 - \dfrac{8n^3}{3d_1^2}\right)(\tan\varphi_2 - \tan\varphi_1)}{\dfrac{4W_J}{\pi\rho_J d_1^2} - \left(2n - \dfrac{1}{3}d_1 - \dfrac{8n^3}{3d_1^2}\right)(\tan\varphi_2 - \tan\varphi_1)} \tag{78}$$

式中

$$n = \frac{1}{2}d_0 + \frac{2\eta Q\cos^2\beta}{Q - P}\left(\sqrt{\tan^2\beta + \frac{Q - P}{\eta Q\cos^2\beta}h} - \tan\beta\right) \tag{55}$$

从式（77）、式（78）、式（55）中可以看出，E 值受以下因素影响：

（1）操作因素。料线（关系到 h），批重（W），装料次序（φ_1、φ_2（矿和焦）），冶炼强度（关系到 Q、η、φ_1、φ_2）；

（2）原料因素。炉料堆角（关系到 φ_1、φ_2），炉料粒度（关系到 Q、η、φ_1、φ_2），炉料堆密度（ρ_K、ρ_J）；

（3）设备因素。炉喉直径（d_1），大钟直径（d_0），大钟角度（β）。

大钟行程和大钟开启速度对炉料分布也有影响，在公式中没有直接反映出来。

第七节　炉料分布的计算方法

为便于使用计算公式，将上述公式汇成表9和表10。

表9所列公式中式(79)～式(82)未在前面推导，为了叙述方便，这里补充推导如下：

（1）已知式（68）：

$$W = \rho\pi\left[\left(\frac{n}{2}d_1^2 - \frac{d_1^3}{12} - \frac{2}{3}n^3\right)(\tan\varphi_2 - \tan\varphi_1) + \frac{d_1^2}{4}y_0\right]$$

解上式得：

$$\frac{1}{4}d_1^2 y_0 = \frac{W}{\pi\rho} - \left(\frac{n}{2}d_1^2 - \frac{d_1^3}{12} - \frac{2}{3}n^3\right)(\tan\varphi_2 - \tan\varphi_1)$$

$$y_0 = \frac{4W}{\pi\rho d_1^2} - \left(2n - \frac{1}{3}d_1 - \frac{8n^3}{3d_1^2}\right)(\tan\varphi_2 - \tan\varphi_1) \quad (79)$$

（2）已知式（50）：

$$\Delta y_2 = (2n - x - a_0)(\tan\varphi_2 - \tan\varphi_1)$$

式中，x 是自堆尖到炉墙之间的任意位置。当 $x = \frac{1}{2}d_1$ 时，式（50）变成计算炉墙处料层厚度的公式。将 $x = \frac{1}{2}d_1$ 代入上式得：

表 9 料层厚度计算公式

公式应用范围	炉料布到中心	公式编号	炉料未布到中心	公式编号
$n = \dfrac{1}{2}d_1$	中心料层厚　$y_0 = \dfrac{4W}{\pi\rho d_1^2} - \dfrac{1}{3}d_1(\tan\varphi_2 - \tan\varphi_1)$	(74)	未布料区半径： $a_0 = \sqrt[3]{-\dfrac{q}{2} + \sqrt{\left(\dfrac{q}{2}\right)^2 + \left(\dfrac{p}{3}\right)^3}}$ $\quad + \sqrt[3]{-\dfrac{q}{2} - \sqrt{\left(\dfrac{q}{2}\right)^2 + \left(\dfrac{p}{3}\right)^3}}$	(67)
	边缘料层厚　$y_B = \dfrac{4W}{\pi\rho d_1^2} + \dfrac{1}{6}d_1(\tan\varphi_2 - \tan\varphi_1)$	(75)	式中　$p = -\dfrac{3}{4}d_1^2$	
	$y_B = \dfrac{1}{2}d_1(\tan\varphi_2 - \tan\varphi_1) + y_0$	(73)	$q = \dfrac{3}{2}d_1^2 n - 2n^3 - \dfrac{1}{4}d_1^3 - \dfrac{3W}{\rho\pi(\tan\varphi_2 - \tan\varphi_1)}$	
$n \leqslant \dfrac{1}{2}d_1$ （普遍适用）	中心料层厚　$y_0 = \dfrac{4W}{\pi\rho d_1^2} - \left(2n - \dfrac{1}{2}d_1\right)(\tan\varphi_2 - \tan\varphi_1)$	(79)	$y_B = \left(\dfrac{1}{2}d_1 - a_0\right)(\tan\varphi_2 - \tan\varphi_1)$	(81)
	边缘料层厚　$y_B = \left(2n - \dfrac{1}{3}d_1 - \dfrac{8n^3}{3d_1^2}\right)(\tan\varphi_2 - \tan\varphi_1) + y_0$ $\quad = \dfrac{4W}{\pi\rho d_1^2} - \left(\dfrac{1}{6}d_1 - \dfrac{8n^3}{3d_1^2}\right)(\tan\varphi_2 - \tan\varphi_1)$	(72)	$y_B = \left(2n - \dfrac{1}{2}d_1 - a_0\right)(\tan\varphi_2 - \tan\varphi_1)$	(80)
	堆尖处 料层厚　$y_G = n(\tan\varphi_2 - \tan\varphi_1) + y_0$ $\quad = \dfrac{4W}{\pi\rho d_1^2} - \left(n - \dfrac{1}{3}d_1 - \dfrac{8n^3}{3d_1^2}\right)(\tan\varphi_2 - \tan\varphi_1)$	(84) (71) (82)	$y_G = (n - a_0)(\tan\varphi_2 - \tan\varphi_1)$	(83)

72

公式应用范围		炉料布到中心	公式编号	炉料未布到中心	公式编号
料面上任一点料层厚度 Δy	自中心到堆尖	$\Delta y_1 = x(\tan\varphi_2 - \tan\varphi_1) + y_0$	(53)	$\Delta y_1 = (x - a_0)(\tan\varphi_2 - \tan\varphi_1)$	(49)
	自堆尖到炉墙	$\Delta y_2 = (2n - x)(\tan\varphi_2 - \tan\varphi_1) + y_0$	(54)	$\Delta y_2 = (2n - x - a_0)(\tan\varphi_2 - \tan\varphi_1)$	(50)

表 10 批重计算公式

公式应用范围		炉料布到中心	公式编号	炉料未布到中心	公式编号
$n = \frac{1}{2}d_1$	任意批重	$W = \rho\pi\left[\frac{1}{12}d_1^3(\tan\varphi_2 - \tan\varphi_1) + \frac{1}{4}d_1^2 y_0\right]$	(69)	$W = \frac{1}{3}\rho\pi\left(a_0^3 + \frac{1}{4}d_1^3 - \frac{3}{4}a_0 d_1^2\right) \times (\tan\varphi_2 - \tan\varphi_1)$	(66)
	临界批重	$W_0 = \frac{1}{12}\rho\pi(\tan\varphi_2 - \tan\varphi_1)d_1^3$	(70)		
$n \leqslant \frac{1}{2}d_1$ （普遍适用）	任意批重	$W = \rho\pi\left[\left(\frac{1}{2}nd_1^2 - \frac{1}{12}d_1^3 - \frac{2}{3}n^3\right)(\tan\varphi_2 - \tan\varphi_1) + \frac{1}{4}d_1^2 y_0\right]$	(68)	$W = \frac{1}{3}\rho\pi\left(a_0^3 - \frac{3}{4}d_1^2 a_0 + \frac{3}{2}nd_1^2 - \frac{1}{4}d_1^3 - 2n^3\right)(\tan\varphi_2 - \tan\varphi_1)$	(64)
	临界批重	$W_0 = \rho\pi\left(\frac{1}{2}nd_1^2 - \frac{1}{12}d_1^3 - \frac{2}{3}n^3\right) \times (\tan\varphi_2 - \tan\varphi_1)$	(65)		

$$y_B = \left(2n - \frac{1}{2}d_1 - a_0\right)(\tan\varphi_2 - \tan\varphi_1) \qquad (80)$$

（3）当 $n = \frac{1}{2}d_1$ 时，堆尖与炉墙重合。以 $n = \frac{1}{2}d_1$ 代入式（80）得到式（81）：

$$y_B = \left(2n - \frac{1}{2}d_1 - a_0\right)(\tan\varphi_2 - \tan\varphi_1)$$

$$= \left(\frac{1}{2}d_1 - a_0\right)(\tan\varphi_2 - \tan\varphi_1) \qquad (81)$$

（4）由式（71）可知：

$$y_G = n(\tan\varphi_2 - \tan\varphi_1) + y_0$$

将式（79）代入上式，则：

$$y_G = n(\tan\varphi_2 - \tan\varphi_1) + \frac{4W}{\pi\rho d_1^2} -$$

$$\left(2n - \frac{1}{3}d_1 - \frac{8n^3}{3d_1^2}\right)(\tan\varphi_2 - \tan\varphi_1)$$

$$= \frac{4W}{\pi\rho d_1^2} - \left(n - \frac{1}{3}d_1 - \frac{8n^3}{3d_1^2}\right)(\tan\varphi_2 - \tan\varphi_1) \qquad (82)$$

（5）由式（49）可知：

$$\Delta y_1 = (x - a_0)(\tan\varphi_2 - \tan\varphi_1)$$

当 $x = n$ 时，则：

$$y_G = (n - a_0)(\tan\varphi_2 - \tan\varphi_1) \qquad (83)$$

y_G 即堆尖处的料层厚度。

（6）由式（72）可知：

$$y_B = \left(2n - \frac{d_1}{2}\right)(\tan\varphi_2 - \tan\varphi_1) + y_0$$

将式（79）代入上式，则：

$$y_B = \left(2n - \frac{d_1}{2}\right)(\tan\varphi_2 - \tan\varphi_1) + \frac{4W}{\pi\rho d_1^2} -$$

$$\left(2n - \frac{1}{3}d_1 - \frac{8n^3}{3d_1^2}\right)(\tan\varphi_2 - \tan\varphi_1)$$

$$= \frac{4W}{\pi\rho d_1^2} - \left(\frac{1}{6}d_1 - \frac{8n^3}{3d_1^2}\right)(\tan\varphi_2 - \tan\varphi_1) \qquad (84)$$

关于表9和表10的使用,这里做一简单说明:

对于一般操作分析,多半假定堆尖与炉墙重合 $\left(\text{即 } n = \dfrac{1}{2}d_1\right)$,这样公式较简单,是生产上经常使用的。经验表明,这种简化是可行的。

至于研究高炉布料,最好先用式(16)或式(38)算出炉料的堆尖位置 n,然后再用表9所列的 $n \leqslant \dfrac{1}{2}d_1$ 的公式,算出边缘和中心的料层厚度。堆尖位置的影响有时很大,不应忽视。

详细计算方法和步骤,将在后面举例说明。

第八节 修正系数的确定

开炉装料时,实际测量炉料在炉喉内的分布,测量碰点以上炉料的堆尖位置 L_0 和料线深度 h,因尚未送风,$P = 0$,h 和 L_0 均已知,应用式(40)即可得 η 值:

$$h = L_0 \tan\beta + \frac{L_0^2}{4\eta\cos^2\beta} \tag{40}$$

解式(40)得:

$$\eta = \frac{L_0^2}{4\cos^2\beta(h - L_0\tan\beta)} \tag{85}$$

测量料面的料线深度 h 和堆尖位置 L_0,代入式(85),算出 η 值。此外,还可用炉料碰点深度值 $h_{\max}$ 推算 η 值:

开炉装料时,在炉喉保护板上涂上标志,加料时测定炉料碰撞区间,以碰点密集区为准,取平均值求出 $h_{\max}$,将此值代入式(39)求得 η:

$$h_{\max} = f\tan\beta + \frac{f^2(Q - P)}{4Q\eta\cos^2\beta} \tag{39}$$

解式(39)得:

$$\eta = \frac{f^2}{4\cos^2\beta(h_{\max} - f\tan\beta)} \tag{86}$$

修正系数 η 值与高炉容积有关，图 41 所示为修正系数 η 与高炉容积的关系，是从式（85）、式（86）用开炉资料推算的 η 值。因数据较少，还画不出一条较完整的曲线。

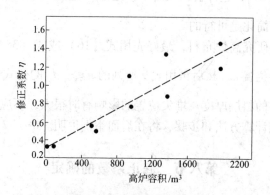

图 41　修正系数 η 与高炉容积的关系

第九节　阻力系数的确定

图 42 所示为阻力系数的测定原理示意图。

煤气阻力系数 k 与煤气流动特性有关，是雷诺数 Re 的函数。可以用流体力学的方法直接测定。用天平吊挂要测的炉料，称出质量，然后通风，根据不同的流速求出各自的炉料质量值，算出气体的雷诺数，得到一条实用的曲线：

$$k = \phi(Re)$$

也可以利用有关书籍中给出的数据。图 43 是取自《竖炉热交换》一书中的一组曲线[17]，它可用于高炉计算。

使用图 43 的数据，首先要算出煤气的雷诺数 Re：

$$Re = \frac{vd}{\nu} \qquad (87)$$

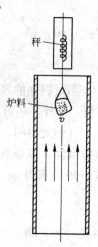

图 42　测定阻力系数的测定原理

式中 v——煤气速度，m/s；

d——炉料直径，m；

ν——煤气运动黏度，m^2/s。

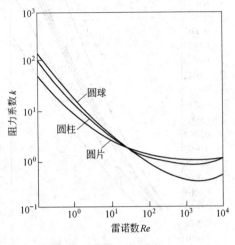

图 43 阻力系数值

v 值和 d 值在具体高炉操作条件下是已知的。图 44[18] 给出了各种气体在不同温度下的运动黏度值。按实际煤气成分和温度，查表得到各自的值，然后再按各煤气成分的比例乘以相应的运动黏度值，累加到一起即得到高炉煤气的运动黏度值。

表 11 是高炉煤气黏度的实例[18]。计算式（87）时，并不需要煤气黏度，表 11 供研究高炉流体力学的研究者参考。

表 11 高炉煤气黏度

煤气成分(体积)/%					黏度/$m^2 \cdot s^{-1}$	
CO_2	CO	H_2	CH_4	N_2	实验数据	冶炼数据
10.4	28.5	1.6		59.5	0.0001738	0.0001798
10.6	29.8	3.9	0.3	55.4	0.0001748	0.0001794
8.9	30.7	3.3	0.4	56.7	0.0001747	0.0001797
8.7	32.8	1.5	0.2	56.8	0.0001749	0.0001802

注：表中数据为 20℃下测得的数据。

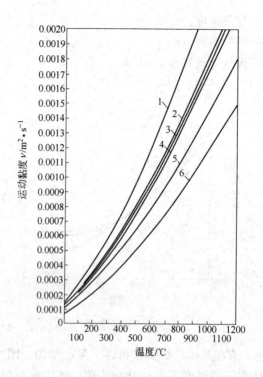

图 44　各种气体在不同温度下的运动黏度

1—甲烷；2—CO；3—空气；4—燃烧产物；5—焦炉煤气；6—CO_2

第十节　炉料堆角的确定

炉料在炉内的堆角与自然堆角不同，高利得斯切因（Н. А. Голъдштейн）的研究表明，炉内堆角与自然堆角的关系如下[18]：

$$\tan\varphi = \tan\varphi_0 - K\frac{h}{R} \tag{88}$$

式中　φ——炉料在炉喉内一定料线下的堆角，(°)；

　　　h——料线深度，m；

　　　R——炉喉半径，m；

φ_0——炉料自然堆角，（°）；

K——系数。

炉料的自然堆角可以实测。系数 K 已经给出（表12），可供参考[18]。此外，系数 K 也可利用开炉测料面的数据将式（88）反演，进行推算：

$$K = (\tan\varphi_0 - \tan\varphi)\frac{R}{h} \tag{89}$$

表12 各种粒度的炉料在不同料线深度时的 K 值

炉料	料线深度/mm	K 值								
		>120mm	120~70mm	70~40mm	40~25mm	25~12mm	12~5mm	5~3mm	<2mm（干）	<2mm（湿）
矿石	1000		0.74	0.72	0.48	0.32	0.32		0.33	0.47
	1500		0.47	0.58	0.33	0.29	0.29		0.31	
	300		0.21	0.25	0.23	0.19	0.16	0.11	0.12	0.23
烧结矿	900		0.68	0.43	0.55	0.55	0.27			
	1500		0.35	0.34	0.54	0.54	0.32			
	2900		0.19	0.19	0.26	0.26	0.12			
石灰石	900	0.60	0.75		0.32					
	1500	0.51			0.32					
	2800	0.24	0.24		0.20					
焦炭	1000			0.62						
	1600			0.48						
	3000			0.30						

将测得的 φ_0、φ、h 和 R 值代入式（89），即可算出 K 值。

图45是用实测资料按式（89）算得的 K 值。

利用式（89）计算炉内堆角，首先要知道炉料的自然堆角，表13是前苏联高炉部分炉料的自然堆角。

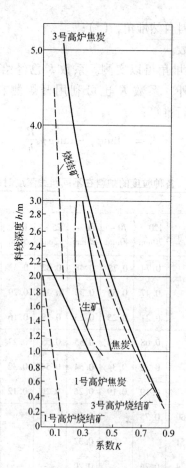

图 45 系数 K 与料线深度 h 的关系

表 13 前苏联高炉部分炉料的自然堆角

材料名称	粒度范围/mm	自然堆角
	12 ~ 120	40° ~ 40°30′
克利瓦洛格块矿	40 ~ 70	45°
	5 ~ 12	36°
烧结矿	12 ~ 120	40°30′ ~ 42°

材料名称	粒度范围/mm	自然堆角
烧结矿	40 ~ 70	40°30′
	5 ~ 12	36°30′
石灰石		42° ~ 45°
焦 炭		43°

炉内实测的堆角变化，因高炉装备和炉料条件不同，差别较大。表14、表15列出了一些厂的实测数据。由表14、表15可以看出：

（1）同样条件（日本千叶厂2号高炉和千叶厂6号高炉），溜槽布料器的炉内堆角较大；

表 14　武钢 1 号高炉[11]不同料线深度下的炉料堆角

料线深度/m	炉 内 堆 角		
	块 矿	烧结矿	焦 炭
1.25	24°34′	21°45′	27°46′
1.25	15°52′	11°48′	29°45′
1.50	23°08′	19°22′	27°59′

表 15　日本川崎公司[19,20]不同装料设备下的炉料堆角

炉 别	炉 内 堆 角		备 注
	矿 石	焦 炭	
千叶 6 号高炉	32.5°	35.5°	大钟型布料器
水岛 4 号高炉	27° ~ 28°	29° ~ 30°	大钟型布料器
千叶 2 号高炉	37°	39°	溜槽型布料器

（2）焦炭堆角大于矿石堆角。这是由于近年来矿石粒度普遍缩小，堆角发生变化的缘故。20 世纪 40 年代苏联测量的结果，大部分是矿石堆角大于焦炭堆角（见表 16）。

表 16　前苏联库钢炉内的炉料堆角变化[15]

测量条件	焦　炭		矿　石	
	料线深度/m	堆　角	料线深度/m	堆　角
送风前	3.1	28°	3.0	29°
	0.65	33°	0.47	35°30′
生产高炉	0.6	16°45′	0.6	15°30′
	1.1	17°	1.1	12°45′
	1.8	14°	1.8	9°10′
	2.0	12°15′	2.0	7°30′
	2.8	16°15′	2.8	9°30′
	2.3	17°30′	2.3	11°

（3）武钢炉料的堆角变化表明，料线深度与堆角关系较复杂，这种状况在前苏联的实测中也经常出现。

造成堆角在炉内变化复杂的原因是炉料的碰点和界面效应。炉料在空区不与炉墙碰撞，直接落到料面上，则炉内堆角变化符合式（88）；炉料如与炉墙碰撞，则堆角变化由下式描述：

$$\tan\varphi = \tan\varphi_0 - K\frac{h}{R}\frac{\Delta P}{\Delta P - G}$$

$$= \tan\varphi_0 - K\frac{h}{R}\frac{1}{1 - \dfrac{G}{\Delta P}} \qquad (90)$$

式中　ΔP——穿过相当于一块炉料厚度的单位面积料层的煤气压力损失，Pa；

　　　G——块料的质量，kg。

与式(88)比较,式(90)的第二项中多一项$\left(\dfrac{1}{1-\dfrac{G}{\Delta P}}\right)$。巴巴雷金

(Н. Н. Бабарыкин)用图 46 说明炉料因碰撞炉墙而引起的变化[21,22]。

比较图 46 中 *AB* 段和 *DE* 段的堆角变化,均符合式（88）,*C* 点是碰点。操作料线选在碰点以下时,必须用式（90）推算堆角。一般可用式（88）和式（89）计算。

对于大钟高炉, *R* 和 *h* 都是固定值;对于无钟溜槽, *R* 和 *h* 均是可变的,任一溜槽角度,都对应一个 *R* 和 *h*。

图 47 是前苏联马钢实测的炉内炉料堆角与料线深度和炉顶压力的关系[22]。它和图 46 的说明是一致的,图 47 中曲线的拐点或因碰点引起的或因其他原因。曲线不够平滑,是由于在生

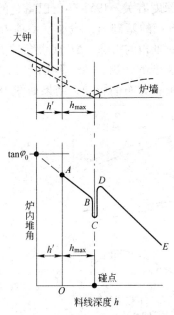

图46　料线深度和炉料堆角的关系
（*h'*为从炉料自由运动到
大钟下部位置的高度）

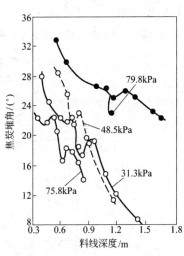

图 47　前苏联马钢实测炉
内炉料堆角与料线深度和
炉顶压力的关系

产条件下测量，煤气流使测定的铅锤摇摆的结果。

其实，界面效应常导致炉内堆角不规则的变化。由于界面效应，在不同的炉料和不同的装料制度下，如批重、料线、次序等的改变，炉内堆角都会产生不同的变化，这种不规则的变化，需要实测或利用模型进行模拟试验。图47所示的堆角变化，巴巴雷金（H. H. Бабарыкин）解释为由碰点引起，这当然是一个原因，更普遍的原因是界面效应。

第十一节　修正炉料堆角

炉料堆角在很大程度上决定料面在炉喉内的形状，因此得到高炉专家的重视，被不断深入研究。高利得斯切因的炉内堆角计算公式，是1938年的研究结果。从式（88）中可以看出，炉内炉料堆角与炉喉直径及料线深度有关。1957年巴巴雷金的研究结果见式（90），其在式（88）的基础上，增加了一项 $1/(1 - G/\Delta P)$，引进了炉料重量 G 对堆角的影响，ΔP 代表穿过炉料的煤气阻力，显然包含了煤气速度的作用。1986年山本二亮等在10∶1模型上试验煤气流对炉料分布的影响，结果如图48

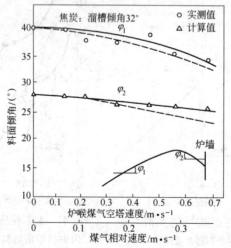

图48　在10∶1模型试验中煤气流对炉料分布的影响

所示。依据大钟布料研究，得到式（91），描述煤气速度对炉内堆角的影响：

$$\tan\varphi_F = \left[1 - \frac{\Delta P/H}{\rho(g/g_C)\cos\varphi_0}\right]\tan\varphi_0 \qquad (91)$$

式中　　φ_F——有风速时的炉料堆角，（°）；

　　$\Delta P/H$——通过料厚的压力降，kg/m^3；

　　φ_0——无风时的炉料堆角，（°）；

　　g——重力加速度，m/s^2；

　　g_C——重力换算系数，m/s^2；

　　ρ——炉料堆密度，kg/m^3。

用式（91）计算的结果和试验接近，从图48可以看到[23]。图48中 φ_1、φ_2 是炉料的堆角，随着煤气速度的提高，角度变小，用式（91）计算的结果与试验基本一致。

奥野嘉雄等研究煤气速度对堆角的影响，大体和图48的结论一致，图49所示为他们的研究结果[24]。

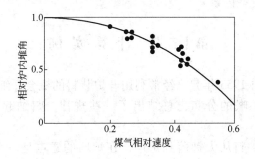

图49　煤气速度对堆角的影响

攀钢研究表明，炉内炉料堆角与料线关系密切。烧结矿和焦炭不同，焦炭堆角与料线深度呈线性关系，而烧结矿要复杂得多。图50是攀钢的研究结果[25]。从图50中看到，当批重一定时，随料线降低，焦炭与烧结矿的堆角差逐渐变小，最后相交于 a、b 两点。在点 b 左边，焦炭堆角大于烧结矿堆角，而在

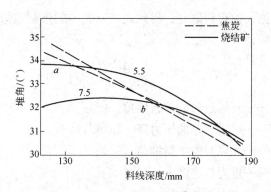

图 50　料线深度与炉内炉料堆角的关系

点 b 右边，焦炭堆角小于烧结矿堆角。所以当料线低到一定程度，越过交点 b，布料规律符合常规；料线高于交点 b，则布料规律反常。

这些研究结果都很重要，是开发布料模型必不可少的计算工具，也是判断、调剂布料操作的重要依据。改变布料操作，必须考虑这些因素。

第十二节　计　算　实　例

首钢自 1953 年起，经常利用开炉装料的机会仔细观察、测定炉料在炉喉的分布，总结出了一些规律，归纳起来有以下几点：

（1）炉料从大钟落到炉内，在炉墙的碰点是一个环形带，沿炉墙高约 1m 左右，但比较密集的区域很窄，为 100～300mm，因此炉料的碰撞区较小。

（2）炉料在炉内的堆角变化与料线深度关系密切，前苏联高利得斯切因的炉内堆角公式是正确的，可以用于实际。天然矿石堆角和烧结矿堆角均与粒度组成和形状有关。

（3）对于大钟式布料器，不论料车上料还是料罐上料，炉料在高炉内沿圆周方向的分布，都不是十分均匀，与无钟布料器比较，这一缺点较突出。

（4）小批重的炉料在炉喉内覆盖一圈，高炉中心部分无料，所以小批重的炉料，径向分布严重不均。

（5）含粉末较多的炉料在炉内径向的分布差别很大。炉内堆角越大，粒度分布越不均匀。较普遍的是中心大块料多、堆尖附近粉末多。表17是首钢1号高炉第九代开炉（1965年）时实测的炉料粒度分布。

表 17　首钢1号高炉第九代开炉（1965年）时实测的炉料粒度分布

取样位置	粒度分布/%			
	>100mm	100～75mm	75～50mm	<50mm
边缘（炉墙）	0	7.8	46.7	45.5
半径的二分之一处	5.16	48.0	20.8	26.0
中　心	16.7	43.0	30.0	10.3

（6）分布整齐的料面，在新入炉的炉料冲击、推挤下，料面变形产生界面效应。一般矿石对焦炭的作用远较焦炭的大。

长期实践说明，利用实测数据推算是可靠的。下面以首钢1号高炉开炉前装料过程的实测数据为例，说明计算过程。

1965年5月29日，首钢1号高炉开炉装料。1号高炉容积为576m³，装料44批后料线到3m，以后每装一批料，均测量料面形状、炉内堆角和料尺深度，共测量3批料，实测的料面形状如图51所示，实际

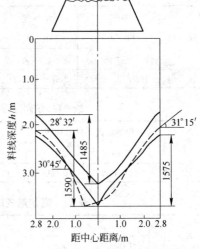

图 51　1号高炉开炉送风前的料面形状
实线—焦炭；虚线—矿石

87

数据见表18。计算过程如下。

一、计算所用原始数据

计算所用原始数据分别列于表18～表22。

表 18　高炉参数

项目	d_1/m	d_0/m	β/(°)	f/m	炉顶温度 t/℃	炉顶压力 /kPa	煤气量 /$m^3 \cdot s^{-1}$	炉喉煤气速度 v /$m \cdot s^{-1}$
数 值	5.6	4.2	53	0.7	479	58.8	26.18	1.06

表 19　炉料粒度组成

矿 石	配比/%						平均粒度 /mm	自然堆角 /(°)
	>100mm	100～50mm	50～25mm	25～10mm	10～5mm	<5mm		
	4.33	11.23	15.12	38.44	19.44	11.44	29.6	31.5

焦 炭	配比/%					平均粒度 /mm	自然堆角 /(°)
	>80mm	80～60mm	60～40mm	40～25mm	<25mm		
	7.98	29.98	50.87	10.41	0.85	56.7	32

表 20　炉料密度、重力和质量

项 目	密度 /$kg \cdot m^{-3}$		堆密度 /$kg \cdot m^{-3}$		每块平均			
					重力/N		质量/kg	
	烧结矿	焦 炭	烧结矿	焦 炭	烧结矿	焦 炭	烧结矿	焦 炭
数 值	1950	900	1600	500	0.2588	1.3434	0.00269	0.01395

表 21　炉料断面积、碰点

项 目	一块炉料最大横断面积 s/m^2		炉料碰点/m		
	烧结矿	焦 炭	范 围	密集区	平 均
数 值	0.000688	0.00342	0.75～1.75	1.14～1.754	1.58

表 22　高炉煤气成分及密度

项 目	成分/%				小计/%	密度 γ_0 /$kg \cdot m^{-3}$
	CO_2	CO	H_2	N_2		
数 值	16.2	27.7	1.22	54.88	100	1.34

二、计算煤气阻力 P

按公式（5），即 $P = ks\dfrac{\gamma v^2}{2g}$，其中气体密度 γ：

$$\gamma = \gamma_0 \times \frac{98.06 + p}{98.06} \times \frac{273}{273 + t}$$

式中　γ_0——标准状况时的炉喉煤气密度，kg/m^3；

　　　p——炉喉压力，kPa；

　　　t——炉喉煤气温度，℃。

$$\gamma = 1.34 \times \frac{156.86}{98.06} \times \frac{273}{273 + 479} = 0.77 \quad kg/m^3$$

式（5）中的 v、g、s 均已知，只有 k 是未知数。

根据高炉煤气成分和温度（479℃），计算 ν 值如下：

项　目	CO_2	CO	H_2	N_2	Σ
煤气成分/%	16.2	27.7	1.22	54.88	100
$\nu/m^2 \cdot s^{-1}$	0.00048	0.00076	0.00061	0.00075	
计算结果	0.00007776	0.00002105	0.0000074	0.0004136	0.0007073❶

当 $v = 1.06 m/s$，$d = 0.0296 m$ 时，算出雷诺数：

$$Re = \frac{vd}{\nu} = \frac{1.06 \times 0.0296}{0.0007073} = 44.3602 ❶$$

在上述计算过程中，图 44 中列有 CO_2、CO，但没有列出 H_2 和 N_2 的相应值。因此，以焦炉煤气代替 H_2，焦炉煤气含 H_2 一般为 60% 左右；以空气代替 N_2，空气中含 N_2 为 79%。这些代替值，不会影响计算结果，因为阻力系数的计算值，区域较宽。

依 Re 值查图 43：$k = 1.3$。

将以上各值代入式（5），则：

$$P = 1.3 \times 0.000688 \times \frac{0.77 \times 1.06^2}{2 \times 9.81}$$

$$= 3.85 \times 10^{-6} N$$

---

❶计算数据按首钢技术研究院张雪松验算结果修正。

这个力只有矿石重力的千分之一，可见低强度送风对 L_x 影响很小。

三、求修正系数 η

依式（86）：

$$\eta = \frac{f^2}{4\cos^2\beta(h_{max} - f\tan\beta)} \qquad (86)$$

式中，$\tan\beta = \tan53° = 1.327$，$\cos\beta = \cos53° = 0.6018$（大钟角度 $\beta = 53°$）；$h_{max} = 1.58m$（开炉送风前实测矿石碰点的平均值）；炉喉间隙 $f = 0.7m$。

将各值代入式（86），则 $\eta = 0.517$。

四、求临界料线 h_{max}

依式（39）：

$$h_{max} = f\tan\beta + \frac{f^2(Q - P)}{4Q\eta\cos^2\beta} \qquad (39)$$

其中，$\eta = 0.517$，$P = 1.78 \times 10^{-6}N$。

由表 18 和表 21 可知：$f = 0.7$、$\beta = 53°$、$Q = 0.00269$，代入式（39），则：

$$h_{max} = f\tan\beta + \frac{f^2(Q - P)}{4Q\eta\cos^2\beta}$$

$$= 0.7 \times 1.327 + \frac{0.7^2(0.00629 - 0.000178)}{4 \times 0.00296 \times 0.517 \times 0.6018^2}$$

$$= 1.58m$$

算得结果与实测碰点一致。由此可见，送风后的碰点未变动。这就是说，在较低强度时煤气对大块炉料的作用力是很小的，对碰点影响不大。

五、求料线 $h = 1.25m$ 时的矿石堆尖位置

开炉初期，高炉冶炼强度较低，由前面计算得知，煤气对大块炉料影响很小，故这里以 $P = 0$ 计算。按照式（41）：

$$L_0 = 2\eta\cos^2\beta\left(\sqrt{\tan^2\beta + \frac{h}{\eta\cos^2\beta}} - \tan\beta\right)$$

$$= 2 \times 0.517 \times 0.6018^2\left(\sqrt{1.327^2 + \frac{1.25}{0.517 \times 0.6018^2}} - 1.327\right)$$

$$= 0.59 \approx 0.6m$$

六、计算临界批重 W_0

首钢 1 号高炉开炉时,实测炉内炉料堆角见表 23。

表 23　炉料堆角　　　　　　　　　　(°)

炉　料	炉内堆角 φ			自然堆角 φ_0
	$h = 1.7m$	$h = 1.9m$	$h = 2.1m$	
矿　石	30.8	31.15		31.5
焦　炭	28.32		30.45	32

注:表中数据为首钢 1 号高炉 1965 年测得的数据。

将实测值代入式(89)进行计算:

(1)料线深度为 1.7m 时:

$$K_J = (\tan32° - \tan28.32°) \times \frac{2.8}{1.7} = 0.147$$

(2)料线深度为 2.1m 时:

$$K_J = (\tan32° - \tan30.45°) \times \frac{2.8}{2.1} = 0.048$$

(3)料线深度为 1.9m 时:

$$K_K = (\tan31.5° - \tan31.15°) \times \frac{2.8}{1.9} = 0.0153$$

(4)料线深度为 1.7m 时:

$$K_K = (\tan31.5° - \tan30.8°) \times \frac{2.8}{1.7} = 0.03$$

上面计算的结果如下:

炉　料	焦炭		矿石	
料线深度 h/m	1.7	2.1	1.9	1.7
系数 K 值	0.147	0.048	0.0153	0.03

用上面的数值绘成图 52，当料线为 1.25m 时，将从图 52 中查得的 $K_K = 0.1$、$K_J = 0.25$ 代入式 (88)，求出料线为 1.25m 时炉内炉料的堆角：

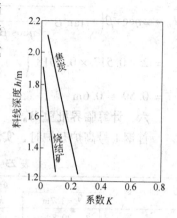

图 52 料线深度 h 和系数 K 的关系

$$\tan\varphi_K = \tan\varphi_{K0} - K\frac{h}{R}$$
$$= 0.614 - 0.1 \times 0.446$$
$$= 0.596$$

$$\tan\varphi_J = \tan\varphi_{J0} - K\frac{h}{R}$$
$$= 0.625 - 0.112$$
$$= 0.513$$

所以 $\varphi_K = 30.8°$，$\varphi_J = 27.3°$。

$L_0 = 0.6m$，即 $n < \frac{1}{2}d_1$，查表 10，按计算公式 (65)：

$$W_0 = \pi\rho(\tan\varphi_2 - \tan\varphi_1)\left(\frac{1}{2}nd_1^2 - \frac{1}{12}d_1^3 - \frac{2}{3}n^3\right)$$
$$= 3.14 \times 1.6(0.5961 - 0.5161) \times$$
$$\left(\frac{1}{2} \times 270 \times 5.6^2 - \frac{1}{12} \times 5.6^3 - \frac{2}{3} \times 2.70^3\right)$$
$$= 6.13t$$

如果高炉中心料层厚度是 0.0296m（相当于烧结矿的平均粒度），代入表 10 中的式 (68)，则：

$$W = 7.02t$$

七、计算当矿石批重为 7.02t 时的料层厚度

用表 9 中式 (53)、式 (54)：

$$\Delta y_1 = x(\tan\varphi_2 - \tan\varphi_1) + y_0 \tag{53}$$

$$\Delta y_2 = (2n - x)(\tan\varphi_2 - \tan\varphi_1) + y_0 \tag{54}$$

已知：

$$y_0 = 0.0296\text{m}$$

当 $x = 0$ 时：

$$\Delta y_1 = y_0 = 0.0296\text{m}$$

当 $x = n = 2.7\text{m}$ 时：

$$\Delta y_1 = y_G$$

$$= 2.7 \times (0.5961 - 0.5161) + 0.0296$$

$$= 0.246\text{m}$$

当 $x = \dfrac{1}{2}d_1 = 2.8\text{m}$ 时：

$$\Delta y_2 = y_B$$

$$= (2 \times 2.7 - 28) \times 0.08 + 0.0296$$

$$= 0.238\text{m}$$

八、描述（首钢 1 号高炉，1965 年）**批重特征曲线 D_K**

先利用表 9 中式（79），算出不同批重的中心料层厚度：

$$y_0 = \frac{4W}{\pi\rho d_1^2} - \left(2n - \frac{1}{2}d_1 - \frac{8n^3}{3d_1^2}\right)(\tan\varphi_2 - \tan\varphi_1) \qquad (79)$$

式中，π、ρ、d_1、$\tan\varphi_2$、$\tan\varphi_1$ 均已知，只要改变批重 W 值，就能算出相应的 y_0 值。以 $W_K = 8\text{t}$ 为例：

$$y_0 = \frac{4 \times 8}{3.14 \times 1.6 \times 5.6^2} -$$

$$\left(2 \times 2.7 - \frac{1}{3} \times 5.6 - \frac{8 \times 2.7^3}{3 \times 5.6^2}\right) \times 0.08$$

$$= 0.055\text{m}$$

然后用表 9 中式（72）算出边缘料层厚度：

$$y_B = \left(2n - \frac{1}{2}d_1\right)(\tan\varphi_2 - \tan\varphi_1) + y_0$$

$$= (2 \times 2.7 - 2.8) \times 0.08 + 0.055$$

$$= 0.285\text{m}$$

批重特征数：

$$D_{K(J)} = \frac{y_B}{y_0} \qquad (76)$$

将上面数据代入式（76）：

$$D_{K(J)} = \frac{y_B}{y_0} = \frac{0.285}{0.055} = 5.18$$

按照上例，设定不同批重 W_K 值，得到不同的批重特征数 D_K，整理计算结果（见表 24）。

表 24　批重特征数

W_K/kg	D_K	y_B	y_0	W_K/kg	D_K	y_B	y_0
6130		0.224	0	14000	2.02	0.450	0.224
7100	8.32	0.246	0.0295	15000	1.90	0.480	0.253
8000	5.18	0.285	0.055	17000	1.74	0.540	0.310
9500	3.40	0.330	0.097	19000	1.63	0.596	0.366
11009	2.64	0.370	0.140	21000	1.55	0.652	0.422
13000	2.21	0.430	0.196	23000	1.48	0.708	0.478

将上面所列数据绘成图 53，得到矿石批重的特征曲线。

表 24 是首钢 1 号炉批重特征数。其中，$\rho_K = 1.6\text{t/m}^3$，$d_1 = 5.6\text{m}$，$\varphi_1 = 27.3°$，$\varphi_2 = 30.8°$。批重 W_K 为 6~23t。

九、炉料在空区的平均水平速度

按照式（34）：

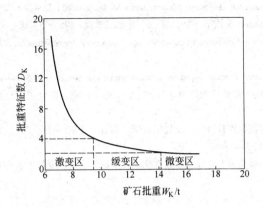

图 53　矿石批重的特征曲线

$$C_x = \sqrt{2g\eta\cos\beta}$$

以 $\eta = 0.517$，$g = 9.81$，$\beta = 53°$ 代入上式，则：

$$C_x = \sqrt{2 \times 9.81 \times 0.517} \times 0.6018$$

$$= 1.917\text{m/s}$$

十、矿石在空区的运动时间

矿石自大钟到炉喉料面，即在空区的运动时间 t_2 可由式（11）和式（34）导出：

$$L_x = C_x t_2$$

$$t_2 = \frac{L_x}{C_x} \tag{92}$$

将 $L_x = 0.6$、$C_x = 1.917$ 代入式（92），则：

$$t_2 = \frac{0.6}{1.917} = 0.313\text{s}$$

参 考 文 献

［1］M. A. 巴甫洛夫. 炼铁学，第二卷第一分册. 北京：高等教育出版社，1959：2～13

［2］Н. И. Красавцев. Металлургия чугуна. Металлургиздат，1952：301～314

[3] A. H. Похвиснев. Доменное производство. Металлургиздат, 1954: 207 ~ 213

[4] И. П. Семик.炼铁学（第二部分）. 东北工学院, 1956: 5 ~ 16

[5] И. П. Бардин. Справочник（доменное производство）. Металлургиздат, 1961: 514 ~ 516, 380 ~ 381

[6] Е. М. Баринов. Краткий справочник доменщика. Металлургиздат, 1965: 124 ~ 129

[7] 北京钢铁学院炼铁教研室. 炼铁学, 中册. 北京：冶金工业出版社, 1960: 486 ~ 504

[8] 东北工学院炼铁教研室. 现代炼铁学, 上册. 北京：冶金工业出版社, 1959: 324 ~ 332, 684 ~ 688

[9] 北京钢铁学院等七院校. 专业炼铁学, 上册. 北京：中国工业出版社, 1961: 186 ~ 195

[10] 赵润思, 等. 炼铁学. 北京：冶金工业出版社, 1958: 308 ~ 317

[11] 张寿荣. 钢铁, 1980(4): 47 ~ 52;
樊哲宽. 中国炼铁三十年. 北京：冶金工业出版社, 1981: 488 ~ 497

[12] 傅世敏, 等. 钢铁, 1981(9): 10 ~ 17

[13] P. Бааке. Сталь, 1959(10): 869 ~ 880

[14] M. Higuchi. Blast Furnace Burden Distribution, Edited by W-K Lu, AIME, 1977: 97 ~ 103

[15] М. А. Стефанович. Исследование доменного процесса. Издательство Академики наук, СССР, 1957: 111 ~ 137;
М. А. Стефанович. 高炉冶炼新研究. 北京：冶金工业出版社, 1960: 120 ~ 158

[16] М. А. Стефанович. Анализ хода доменного процесса. Металлургиздат, 1960: 5 ~ 56, 85 ~ 90

[17] В. И. Китаев. Теплообмеп вшахтных печах. Металлургиздат, 1957: 11 ~ 13

[18] И. П. Бардин. Справочник（Доменное производство）. Металлургиздат, 1963 (1): 511 ~ 516

[19] Junsaku Kurihara et al. Ironmaking Proceedings, 1979(38): 406

[20] 粟原淳, 等. 周俊荣译. 首钢科技情报, 1981(2): 20 ~ 36

[21] Н. Н. Бабарыкин. Достижених доменцков магнимогорского мемаллургигеского комвинама. Москва, 1957: 210 ~ 237

[22] Н. Н. Бабарыкин. Достижения доменщеков. Металлургиздат, 1957: 212 ~ 229

[23] 山本亮二, 等. 國外鋼鐵, 1986(6): 1 ~ 14
原載：日本鋼鉄技報, 1985(6): 1 ~ 11

[24] 前田元紀ほか. 制鉄研究, 第 352 號 (1987): 21 ~ 33

[25] 王喜庆. 钒钛磁铁矿高炉冶炼. 北京：冶金工业出版社, 1994: 151

第三章　各参数对布料的影响

影响布料的参数较多，本章用已经导出的布料方程研究各参数对布料的影响，用布料特征数来分析各参数作用。

布料特征数如下：

$$E_B = \frac{\dfrac{4W_K}{\pi\rho_K d_1^2} - \left(\dfrac{1}{6}d_1 - \dfrac{8n^3}{3d_1^2}\right)(\tan\varphi_2 - \tan\varphi_1)}{\dfrac{4W_J}{\pi\rho_J d_1^2} - \left(\dfrac{1}{6}d_1 - \dfrac{8n^3}{3d_1^2}\right)(\tan\varphi_2 - \tan\varphi_1)} \tag{77}$$

$$E_0 = \frac{\dfrac{4W_K}{\pi\rho_K d_1^2} - \left(2n - \dfrac{1}{3}d_1 - \dfrac{8n^3}{3d_1^2}\right)(\tan\varphi_2 - \tan\varphi_1)}{\dfrac{4W_J}{\pi\rho_J d_1^2} - \left(2n - \dfrac{1}{3}d_1 - \dfrac{8n^3}{3d_1^2}\right)(\tan\varphi_2 - \tan\varphi_1)} \tag{78}$$

式中

$$n = \sqrt{l_0^2\cos^2\beta + 2l_0\cos\beta L_x + \left(1 + \dfrac{4\pi^2\omega^2 l_0^2}{C_1^2}\right)L_x^2} \tag{16}$$

$$L_x = \frac{mC_1^2\cos^2\beta}{Q - P}\left\{\sqrt{\tan^2\beta + \dfrac{2(Q - P)}{mC_1^2\cos^2\beta}[l_0(1 - \sin\beta) + h]} - \tan\beta\right\} \tag{13}$$

分析上式可知，布料特征数 E_B、E_0 受操作、原料和设备三方面共 10 个参数影响。下面逐项分析原料和设备两方面的影响。

为使研究工作建立在可靠的基础上，首先证明布料方程的可靠性。

第一节　对布料方程的证明

式（40）给出了停风状况下料线 h 和炉料堆尖位置 L_0 与大

钟角度 β 的关系：

$$h = L_0\tan\beta + \frac{L_0^2}{4\eta\cos^2\beta} \qquad (40)$$

将 $\beta = 45°$、$\eta = 0.356$ 代入式（40），算得一组数值。
将这组数值与奥列斯金（Г. Г. Орешкин）[1]通过试验得到的数值一并绘成图54。方程（40）的计算值与奥列斯金用 $\beta = 45°$ 模型测定的结果完全一致。

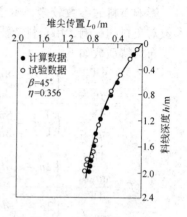

图54　理论计算与实际试验结果比较

方程（5）说明了煤气阻力的作用：

$$P = ks\frac{\gamma v^2}{2g} \qquad (5)$$

首钢曾对3号高炉炉尘的粒度组成进行了测定。现用式（5）计算其相应的煤气阻力作用并进行分析。

3号高炉1974年10月19日的生产数据如下：

风　量	2035m³/min	煤气密度 γ_0	0.923kg/m³
顶　压	68.6kPa	焦炭密度 γ_J	900kg/m³
顶　温	400℃	矿石密度 γ_K	1950kg/m³

计算结果：炉喉空区的煤气速度 $v = 1.78$m/s，由煤气成分算出煤气运动黏度 $\nu = 45 \times 10^{-6}$m²/s，从而求出不同粒度的阻力系数 k 值，代入式（5），算得不同粒度的煤气阻力，其结果见表25。

从表25中可以看出，煤气带走的炉尘中，绝大部分焦炭应小于1mm，矿石应小于0.4mm。实际从重力除尘器中取出的炉尘经筛分并分析其成分，结果见表26。

表 25 不同粒度炉料的煤气阻力

粒度/mm	4	2	1	0.75	0.375	0.27 (平均粒度)	0.175	0.086	0.006
煤气阻力 P/N	1.83×10^{-5}	0.456×10^{-5}	0.114×10^{-5}	6.43×10^{-7}	1.53×10^{-7}	0.834×10^{-7}	0.349×10^{-7}	8.47×10^{-9}	4.10×10^{-9}
焦粒重力/N	7.40×10^{-5}	0.925×10^{-5}	0.115×10^{-5}	4.9×10^{-7}	0.612×10^{-7}	0.227×10^{-7}	6.22×10^{-9}	0.734×10^{-9}	0.253×10^{-9}
矿粒重力/N	16.0×10^{-5}	2.00×10^{-5}	0.250×10^{-5}	10.5×10^{-7}	1.32×10^{-7}	0.492×10^{-7}	0.134×10^{-7}	1.59×10^{-9}	0.547×10^{-9}
煤气阻力与炉料重力比/%　煤气阻力/焦粒重力	24.7	49.4	98.3	131	264	367	562	1148	1622
煤气阻力与炉料重力比/%　煤气阻力/矿粒重力	11.5	22.8	45.1	60.7	122	169	260	533	750

表 26 不同粒度炉尘的成分

粒度/mm	>1	1~0.5	0.5~0.25	0.25~0.10	0.10~0.071	<0.071	累计
粒度组成　质量/g	80	802	605	755	254	225	2001
粒度组成　比例/%	4	4.1	30.24	37.67	12.74	11.25	100
成分/%　Fe	21.80	35.50	39.40	42.20	52.42	54.20	43.0
成分/%　FeO		17.17	16.79	16.02	18.39	18.39	17.68
成分/%　CaO	8.10	11.70	10.90	8.90	5.80	5.10	9.20
成分/%　C	42.12	19.97	12.17	5.02	4.25	4.25	11.20

设炉尘中烧结矿、焦炭和石灰石的含量分别为 A、J、H_L，它们的化学成分见表27。

表27　炉尘中烧结矿、焦炭和石灰石的化学成分

项　目	C	Fe	CaO	代表符号
烧结矿	0	0.526	0.112	A
焦　炭	0.85	0	0.113	J
石灰石	0.12	0	0.40	H_L

依此列出一组等式，以算出炉尘的组成：

$$A + J + H_L = 1.0$$

$$0.526A = Fe_D$$

$$0.40H_L + 0.112A = CaO_D$$

$$0.85J + 0.12H_L = C_D$$

式中　Fe_D——炉尘中铁含量，%；

　　　CaO_D——炉尘中 CaO 含量，%；

　　　C_D——炉尘中碳含量，%。

用各种粒级炉尘的化学成分代入上述方程，算出各级粒度炉尘的组成，见表28。

表28　各级粒度炉尘的组成

炉尘粒度/mm	<0.071	0.071~0.10	0.10~0.25	0.25~0.50	0.50~1.00	>1.00	平均值
各级含量比/%	11.25	12.74	37.67	30.24	4.10	4.00	100.00
炉尘质量比/%　烧结矿	95	95	93	79	69	42	77.8
焦　炭	5	5	7	14	20	49	16.7
石灰石	0	0	0	7	11	9	5.5

按表28 的结果，炉尘的粒度组成中，小于 0.5mm 的占 91% 以上；大于 0.5mm 的很少，不到 9%。从组成上比较，小于 0.25mm 的粒级，焦炭比例不到 10%；而大于 0.5mm 的，焦炭所占比例上升到 20%~49%。所有这些实际数据和按式（5）

计算的结果完全一致，说明式（5）是可靠的。式（5）和式（40）是建立统一布料方程的基础方程。它们被证明是可靠的，说明全部方程的推导立足于正确的基础上。第五章将用实践检验它的可靠性。

第二节　炉料粒度和堆角对布料的影响

炉料粒度对布料的影响是多方面的。

一、粉末作用规律

煤气浮力对不同粒度炉料的影响不同，对粉末较多的矿甚至比堆角的影响还大。这里也用首钢具体条件做分析。

3 号高炉炉喉内煤气速度 $v=1.82\mathrm{m/s}$，煤气运动黏度 $\nu=45\times10^{-6}\mathrm{m^2/s}$，用式（5）进行计算的结果列于表 29。从表 29 中可以看出，在一般条件下，对粒径小于 2mm 的炉料，煤气浮力已达到不可忽视的程度。炉料粉末因浮力而落向边缘，移动的距离 ΔL 可利用式（44）算出。这是小粒度炉料易布到边缘（即在堆尖附近）的原因之一。

表 29　煤气浮力对不同粒度炉料的影响

炉料粒度（直径）/mm		30	20	10	5	3
雷诺数 Re		1218	812	406	203	121.8
煤气浮力 P/N		3.785 $\times10^{-4}$	2.206 $\times10^{-4}$	7.403 $\times10^{-5}$	2.206 $\times10^{-5}$	1.078 $\times10^{-5}$
煤气浮力与炉料重力比	$\dfrac{煤气浮力}{焦炭重力}$	0.003	0.006	0.016	0.044	0.087
	$\dfrac{煤气浮力}{烧结矿重力}$	0.0014	0.0027	0.0074	0.02	0.04
	$\dfrac{煤气浮力}{矿石重力}$	0.00072	0.0014	0.0047	0.0102	0.0205

炉料粒度(直径)/mm		2	1	0.5	0.3	0.1
雷诺数 Re		81.2	40.6	20.3	12.2	4.1
煤气浮力 P/N		6.011×10^{-6}	2.29×10^{-6}	8.727×10^{-7}	3.696×10^{-7}	1.304×10^{-7}
煤气浮力与炉料重力比	煤气浮力/焦炭重力	0.16	0.50	1.52	2.97	28.2
	煤气浮力/烧结矿重力	0.075	0.28	0.7	1.37	13
	煤气浮力/矿石重力	0.0386	0.117	0.359	0.705	6.7

　　细粒的粉料在料面上的分布受煤气影响很大。计算表明，当煤气速度 $v = 4 \sim 8 m/s$ 时，能将粒度小于 2mm 的粉料带走。如炉喉内炉料的孔隙度在 0.3~0.4 之间，则在一般的冶炼条件下，在炉喉料层中煤气很容易达到这个速度，这样的煤气流将把粒度小于 0.3~0.5mm 的炉料带走，把 0.3~2mm 的矿和 1~3mm 的焦粉吹出料层。煤气离开料层进入空区，速度骤然下降 50%~30%，浮力显然减小，于是携带的粉料又落到料面上。如果高炉边缘气流较强，则粉末落到中心，中心气流较强则粉末落到边缘，所以粉料在料面上的分布受气流的支配。粉料被煤气抛向中心应该是有条件的。粉料可能被抛到中心，也可能被抛到边缘。一般因边缘气流较强，抛到中心的机会多。

　　20 世纪 60 年代，武钢使用的烧结矿粉末很多，表 30 是武钢 2 号高炉 60 年代开炉前取样筛分的结果[2]。

表 30　武钢 2 号高炉开炉前炉料粒度分布

到炉墙的距离/mm	炉料粒度组成/%				
	>40mm	40~25mm	25~10mm	10~6mm	<6mm
3250	100				
2050	2.85	9.27	32.13	22.84	33.13
850	2.16	3.61	26.00	24.54	43.68
50	0.20	0.34	17.15	25.93	56.38

从表 30 中可以看出，大块烧结矿均布在中心，小于 6mm 的主要布在边缘和中间环圈，10～6mm 的分布比较均匀。表 31 是武钢当时烧结矿的粒度组成。

表 31　武钢烧结矿粒度筛分组成　　　　（％）

时　间	>40mm	40～25 mm	25～10 mm	10～6 mm	<6mm	备　注
1963 年 3 月	11	9.3	27.5	22.5	29.8	全月平均
1964 年 4 月	0	3.7	19.4	30.5	46.4	一次取样，重 980kg

1963 年 6 月，武钢 1 号高炉低强度冶炼，冶炼强度只有正常高炉的一半，为 0.5t/（m³·d）左右，煤气分布是典型的双峰式，即保持边缘和中心有两条明显的煤气通路。按粉末作用规律，烧结矿粉末应集中于中间环圈，生产条件下的炉喉取样分析证明了这一点（见图 55）。

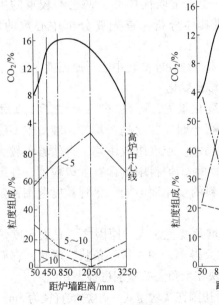

图 55　粉末分布和煤气分布的关系
a—1 号高炉低强度时期；b—2 号高炉边缘发展时期

从图 55 中可以看出，送风后，因中心气流较强，部分粉末移向中间环圈，故中心粉末减少（见图 55a）。

1964 年 1~3 月，武钢 2 号高炉不断提高冶炼强度，边缘不得不适当敞开，结果粉末因边缘气流作用移向中心，出现中心过重局面，反映在煤气曲线上先是第三点、第四点 CO_2 值升高，而后中心升高，炉况失常，生铁含硫升高。3 月 18 日在 2 号高炉炉喉的取样分析表明，中心粉末确实较多，与煤气曲线大体是一致的（见图 55b）。

武钢的实践丰富了煤气对粉末作用规律的认识。在武钢烧结矿粉末过多的条件下，提高高炉冶炼强度，势必发展边缘，这是粉末向中心移动的根本原因。

另外，含粉较多的炉料，特别是小于 2mm 的粉末，对煤气曲线又影响很大。使用含粉末较多的炉料，因透气性较差，被迫敞开边缘，粉末被吹向中心，使已经较重的中心更重。所以中心重，要具体分析，首先要分析中心重的原因，对症处理。

筛除炉料中的粉末，往往能减轻中心，原因就在这里。

二、粒度引起的堆角变化

炉料的自然堆角变化很大，可在 26°~45° 之间，原因在于粒度组成。炉料粒度很小时，粒度趋于均匀，堆角主要受水分影响，干燥的粉末堆角小。粒度组成不均，自然堆角较大。同一种炉料粒度上限较大时，炉料中包含有各级粒度，各级粒度所占的比例又随着炉料的变化而不同，尽管粒度范围一定，堆角也有较大的变化。

粒度上限越大，堆角变化越大，原因之一是大粒度炉料的形状变化较小粒度的大得多，如片状、条状、球状，它们的滚动特性差别很大，反映在堆角上的差别也很大。

表 32 是高利得斯切因在实验室里，用炉喉直径为 5m、炉喉间隙为 0.65m 的模型，测得不同粒度、不同料线炉料的堆角。其中在料线深度为零时测得的是自然堆角（见第二章第十节）。

表 32 各种不同粒度、不同料线炉料的堆角

各种粒度的堆角

炉料	料线深度/m	>120mm	120~70 mm	70~40 mm	40~25 mm	25~12 mm	12~5 mm	5~2 mm	<2mm（干）	<2mm（湿）
生矿	0		43°	45°	42°30'	40°30'	36°	37°	37°30'	45°
	1.0		38°	37°	37°	36°	34°		33°	40°
	1.5		36°	36°30'	36°50'	34°30'	29°30'	31°30'	30°30'	36°
	3.0		35°20'	25°45'	33°	32°	28°30'		32°	
烧结矿	0		41°	40°30'	42°	40°40'				
	0.9	40°	37°30'	36°	33°15'					
	1.5		36°	33°	30°					
	2.9	36°	34°	32°30'	29°					
石灰石	0	43°	45°		42°					
	0.9	41°30'	40°		29°30'					
	1.5	36°30'	35°		36°					
	2.8	31°			34°30'					
焦炭	0	43°	43°	43°	43°					
	1.0	38°		36°30'						
	1.6	35°30'	35°	34°						
	3.0	35°		31°						

从表 32 中可以看出，在相同的设备和操作条件下（料尺深度相同），同一种炉料的堆角因粒度不同而不同。

在日常操作中，炉料粒度组成变化引起炉料重新分布，这一点往往被忽视，特别是不经常检查粒度变化的炼铁厂，尤其如此。装料制度不变，炉料种类不变，而煤气曲线发生变化。这种变化有时是因粒度组成变化引起的。

下面以实际数据，用式（77）和式（78）计算布料特征数 E_B 和 E_0，用式（76）计算批重特征数 D_K，分析由于粒度变化给炉料分布带来的变化。计算原始数据见表 33，计算结果见表 34。将计算的炉内料面形状画成图 56。

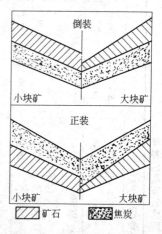

图 56　粒度对布料的影响

表 33　某高炉装料实际数据

料线 $h = 1.25\text{m}$			
矿石批重	$W_K = 13\text{t}$	焦炭批重	$W_J = 4.33\text{t}$
矿石堆密度	$\rho_K = 1.6\text{t/m}^3$	焦炭堆密度	$\rho_J = 0.5\text{t/m}^3$
半倒装时底焦　1.5t			
炉　　料	自然堆角 φ_0	$h = 1.25\text{m}$ 时炉内堆角 φ	
矿　石	32.5°	大块 30.8°；小块 26°	
焦　炭	32°	27.3°	

表 34　不同粒度对布料的影响

装料次序		小块矿	大块矿	与小块矿同装的焦炭	与大块矿同装的焦炭	E_B		E_0	
						小块矿	大块矿	小块矿	大块矿
正装	y_B	0.349	0.45	0.365	0.50	0.955	0.900		
	y_0	0.290	0.092	0.326	0.526			0.889	0.175
倒装	y_B	0.318	0.417	0.381	0.381	0.827	1.085		
	y_0	0.357	0.157	0.286	0.286			1.348	0.549
D_K	正装	1.205	4.88	1.12	0.95				
	倒装	0.893	2.66	0.95	0.95				

由图 56 和表 34 可以看出：

小块矿的堆角和焦炭相近（这是某炉实况，不是普遍规律），故不论正装或倒装，对布料影响均较小；大块矿因堆角大于焦炭较多，所以对装料次序的变化影响很大，同样批重（$W_K = 13t$）正装时 D_K 值为 4.88，倒装时只有 2.66。

如果矿石堆角的差异大于 3°，因粒度变化引起矿石堆角的变化对布料的影响很大。从这一例中可以看出，矿石堆角变到 48°，同样装料制度（$W_K = 13t$，$h = 1.25m$，正装或倒装），炉粉分布差别很大，D_K 分别增加 3~4 倍。

分析布料特征数 E_B，也说明粒度对布料的影响很明显。小粒度矿由正装改成倒装，E_B 值是减小的，由 0.955 减到 0.827，而大块矿则恰恰相反。经此改变，E_B 值由 0.90 增至 1.085。

E_B 值的变化说明矿石布到边缘的程度。同是正装，小块矿改成大块矿，E_B 值由 0.955 降到 0.900，变化不算大。但 E_0 值由 0.889 降到 0.175，虽然边缘的矿、焦比变化不大，但中心发生剧烈变化。从图 56 中可以明显看出其差别。当小块矿换成大块矿时，中心的矿石量与焦炭量之比，只有原来的 20%。

第三节　炉料堆密度对布料的影响

炉料分布受炉料堆密度影响，在式（71）、式（72）、式（74）中得到体现：

$$y_G = n(\tan\varphi_2 - \tan\varphi_1) + y_0 \tag{71}$$

$$y_B = \left(2n - \frac{1}{2}d_1\right)(\tan\varphi_2 - \tan\varphi_1) + y_0 \tag{72}$$

$$y_0 = \frac{4W}{\pi\rho d_1^2} - \frac{1}{3}d_1(\tan\varphi_2 - \tan\varphi_1) \tag{74}$$

ρ 改变引起 y_0 变化，从而改变 y_B 和 y_G。以第二章计算实例中的表 16 ~ 表 18 数据为例，将烧结矿堆密度 $1600kg/m^3$、生矿堆密度 $2000kg/m^3$ 分别代入式（72）、式（74）、式（76），得出结果绘成图 57 所示的炉料特性曲线。从图 57 中可以看出，生矿的合理批重比烧结矿大，表明在粒度和堆角差别不大的情况下，堆密度大的炉料合理批重应比堆密度小的炉料大，增大的程度与两种料的堆密度之比相近。

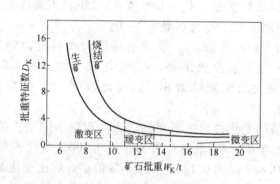

图 57 不同堆密度炉料的特征曲线

矿石含铁量提高，矿石密度增大，相应的批重值也应增加，这点从式（71）~式（74）中可以直接看出来。当矿石堆密度 ρ 值增加时，为保持中心料层厚度 y_0 值一定，必须扩大矿石批重 W_K。这是一些低渣量高炉批重较大的原因之一。

第四节 大钟直径和炉喉直径对布料的影响

对于大钟布料，炉喉直径 d_1 和大钟直径 d_0 对炉料落点 n 均有重要影响，这点从式（38）和式（77）中可以看出来：

$$n = \frac{1}{2}d_0 + L_x \qquad (38)$$

$$E_{\mathrm{B}} = \frac{\dfrac{4W_{\mathrm{K}}}{\pi\rho_{\mathrm{K}}d_1^2} - \left(\dfrac{1}{6}d_1 - \dfrac{8n^3}{3d_1^2}\right)(\tan\varphi_2 - \tan\varphi_1)}{\dfrac{4W_{\mathrm{J}}}{\pi\rho_{\mathrm{J}}d_1^2} - \left(\dfrac{1}{6}d_1 - \dfrac{8n^3}{3d_1^2}\right)(\tan\varphi_2 - \tan\varphi_1)} \tag{77}$$

实际上，d_1 和 d_0 的关系反映在炉喉间隙 f 上：

$$f = \frac{1}{2}(d_1 - d_0) \tag{93}$$

炉喉间隙对布料影响很大：炉喉间隙过小，料多布到边缘；炉喉间隙过大，边缘料又过少。从图 58 中可以看出：当炉喉间隙 $f = 0.4\mathrm{m}$ 时，炉料堆尖与炉墙重合，即 $n = \frac{1}{2}d_1$，此时边缘最重；当炉喉间隙 $f = 0.8\mathrm{m}$ 时，堆尖距离炉墙 0.4m，边缘较轻；如炉喉间隙扩大到 1.2m，炉料堆尖已远离炉墙。比较图 58 中 3-3 料层和 2-2、1-1 料层，可以看出间隙改变对布料的影响。此时不论采取何种装料制度，边缘发展都是不可避免的。M. A. 巴甫洛夫曾在有关著作中记述过炉喉间隙过大的实际反映[3]。马钢 4 号高炉大修后将炉喉间隙扩大到 1.2m，开炉前装料发现，矿石完全没有落到靠近炉墙的部位，炉墙与矿石堆形成了一条宽 150mm 的缝，下一批料的焦炭落到这条缝里，引起强烈的边

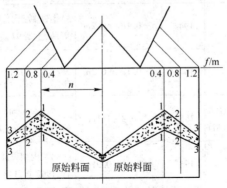

图 58　炉喉间隙和炉料分布的关系

缘发展。结果，焦炭消耗量增大（见图59）。

炉喉间隙大小直接影响高炉操作效果和大钟尺寸，许多冶金工作者曾提出各种计算炉喉间隙的公式，并得出相应的结果（见表35）。

上述研究结果除田阪兴的工作外，其余都是以经验统计数据为依据。表35中1、2两式对大高炉来说，炉喉间

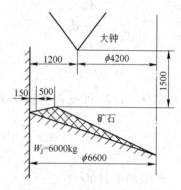

图59　马钢4号高炉的炉料分布

隙值显然过小。用3、4两式对不同容积高炉的炉喉间隙值进行计算的结果列于表36。

表35　各种炉喉间隙值的研究结果

序号	作　者	提出年代	研究结果	资料来源
1	克莱门茨 （Clements. F）	1929	$d_1 = d_0 + 4\text{ft}$，即 $f = 0.61\text{m}$	Blast Furnace Practice, Vol Ⅱ PP. 87 London,1929
2	麦肯齐 （Mckenzie）	1936	$d_1 = d_0 + (4 \sim 5)\text{ft}$， 即$f = 0.61 \sim 0.75\text{m}$	钢铁制造学，中译本（傅元庆 等译）上册97页，上海，1952
3	戴尔 （Dale）	1944	$f = 0.1d_1 + 0.2\text{m}$	钢铁制造学，中译本（傅元庆 等译）上册97页，上海，1952
4	拉姆 （Рамм. А）	1946	$f = 0.1d_1 + 0.2\text{m}$	Сталь,1946,СТР. 257
5	奥斯特洛乌豪夫 （Остроухов. М）	1956	$f = 0.8 \sim 1.1\text{m}$	Форсирование　Д. П. СТР. 144 Металлургиздаг,1956
6	李马可	1965	$f = 0.55 \sim 0.91\text{m}$	高炉内型设计，冶金工业出版 社,1965 年,148
7	田阪兴等	1975	$f = 0.9 \sim 1.5\text{m}$	鉄と鋼，(1975)No. 4,25

表 36　不同公式算出的炉喉间隙值

高炉容积/m³		100	250	600	1000	1500	2000	2700	4000	6000
炉喉直径 d_1/m		2.5	3.5	4.7	5.8	6.7	7.8	8.2	10	11.3
炉喉间隙 f/m	戴尔公式	0.325	0.45	0.62	0.75	0.87	1.02	1.03	1.30	1.47
	拉姆公式	0.45	0.55	0.67	0.78	0.87	0.98	1.02	1.22	1.35

从这里可以看出，对大于 2700m³ 的大高炉来说，用表 35 中的 3、4 两式算得的炉喉间隙尺寸过大，f 值超过 1m 时，在通常操作料线范围内，炉料布到边缘的机会不多，边缘气流容易发展，故没有实际意义。

式（39）表明了极限料线与炉喉间隙的关系：

$$h_{\max} = f\tan\beta + \frac{f^2(Q-P)}{4Q\eta\cos^2\beta} \qquad (39)$$

为充分发挥高炉容积的作用，料线不应过深，因为空区不装料，料线越深，空区容积越大。由图 19 可知，空区容积可由下式计算：

$$V_w = \frac{1}{4}\pi d_1^2(h - \Delta y) + \frac{1}{3}\pi n^3\tan\varphi_2 + 2\pi\iint\limits_{\Omega} x\,\mathrm{d}x\,\mathrm{d}y$$

$$= \frac{1}{4}\pi\left[d_1^2(h - \Delta y) + \left(\frac{1}{12}d_1^3 - \frac{1}{4}nd_1^2 + \frac{2}{3}n^3\right)\right]\tan\varphi_2 \qquad (94)$$

式中　Δy——一批料的料层厚度，m。

如 $n = \dfrac{d_1}{2}$，则式（94）变成：

$$V_w = \frac{\pi}{4}d_1^2\left[(h - \Delta y) + \frac{d_1}{24}\tan\varphi_2\right] \qquad (95)$$

从式（94）、式（95）中明显看出，空区的大小与炉喉直径 d_1 和料线深度 h 有关。对于投产的高炉炉喉直径已定，h 就成为决定空区大小的主要因素。利用式（95）算出的在不同料线深度下空区容积随炉喉直径变化的关系如图 60 所示。

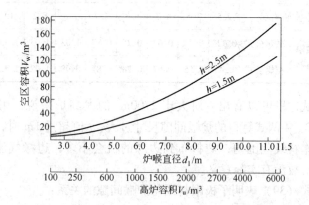

图 60　不同料线深度对空区容积的影响

（计算条件：$\varphi_2 = 30°$；$\Delta y = 0.5\text{m}$）

从图 60 中可以看出，料线深度的变化对空区大小有明显的影响，随着 h 值增大，V_W 急剧增长，料线深度由 1.5m 变到 2.5m，仅降低 1m，空区容积即增加 40% 左右，高炉越大，深料线造成的空区也越大。由式（63）可知，料线深度 h 直接影响界面效应，料线过深，界面效应严重，尤其不利于高炉稳定、顺行。因此，正常操作时，料线过深是不适宜的。从多年经验数据的统计结果来看，料线深度超过 2.5m 的情况很少出现。基于上述分析，认为一般中型高炉的料线深度不应超过 2.5m，而大型高炉则不应超过 2m。

在具体冶炼条件下，式（39）中除 $h_{\max}$ 和 f 外，其他都是常量，故 $h_{\max}$ 可以看成是炉喉间隙 f 的函数，写成 $h_{\max} = \phi(f)$。考虑到 P 只有 Q 的千分之几，式（39）中 $(Q - P)/Q \approx 1$。一般在生产过程中，对于大钟装料的高炉，β 值大致是固定的。故 $h_{\max}$ 可以看成是 η 和 f 的函数。高炉愈大，η 值愈大。中小高炉 η 值在 0.5 左右，大高炉 η 值在 1 左右。现以 $\beta = 53°$、$\eta = 0.517$

和 1.0 代入式（39），得出的最大料线深度和炉喉间隙的关系曲线如图 61 所示。

根据图 61 可以确定一般高炉的炉喉间隙的限度：当料线深度小于 2m 时，炉喉间隙不大于 1.1m。田阪兴等从理论上导出公式，用经验数据外推得出 4000m³ 高炉的炉喉间隙是 1.1m，和本书分析的关于用大钟装料的高炉炉喉间隙不应大于 1.1m 的结论是一致的。图 62 所示为不同容积高炉的实际炉喉间隙尺寸。

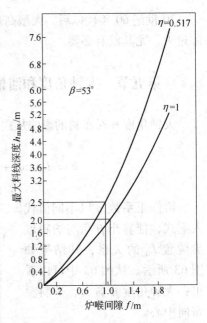

图61　最大料线深度和炉喉间隙的关系

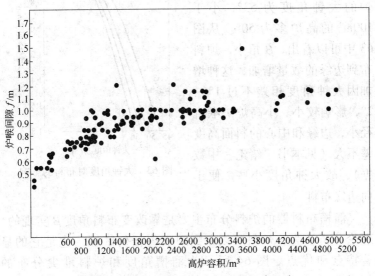

图62　不同容积高炉的实际炉喉间隙尺寸

20世纪60年代以后，大型高炉较多采用变径炉喉，炉喉间隙过大，尤其没有必要。

第五节　大钟角度和溜槽角度对布料的影响

大钟角度 β 对布料的影响从式（40）中可以看出：

$$h = L_0\tan\beta + \frac{L_0^2}{4\eta\cos^2\beta} \tag{40}$$

给修正系数 η 以不同值代入上式，能算出 β 角与炉料堆尖位置 L_0 的关系，其结果如图63所示。从图63中可以看出，大钟角度 β 愈大，炉料愈布向中心。

我国和前苏联大、中型高炉的大钟角度为53°，小于100m³的高炉多为50°。从图63中可以看出，β 角小，炉料布到边缘的数量增加，这种增加因大钟角度相差不过1° ~ 2°，影响较小。小高炉炉喉直径小，边缘和中心的料面高度差不大（见本书"绪论"中数据），故大钟角度小些，便于向边缘布料。

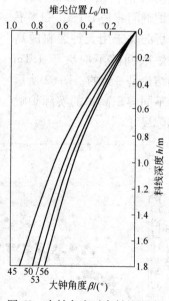

图63　大钟角度对布料的影响

溜槽布料器的炉料分布主要是靠改变布料角度 β 实现的。理论分析认为，炉料可以布到炉喉内任何区域，这是它的显著特点和优点。图64所示为溜槽角度和炉料堆尖分布的关系。

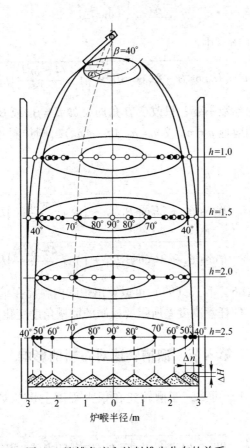

图 64　溜槽角度和炉料堆尖分布的关系

○ —$\mu = 0.7$；● —$\mu = 0.3$

（计算条件：$d_1 = 6.1m$；$\omega = 0.15$ 圈/s；$l_0 = 2.8m$；$C_0 = 0.53m/s$）

从图 64 中可以看出摩擦系数 μ 对炉料分布的影响：μ 值越大，料速越慢，炉料越靠近中心。为缩短溜槽，节省动力，降低溜槽摩擦系数是设计者应当注意的问题。

从图 64 中还可以看出，如保持料面垂直高度差为 ΔH，炉料堆尖之间的距离应保持为 Δn，两者之间关系应为：

$$\Delta H = \frac{1}{2}\tan\varphi_2 \Delta n \qquad (96)$$

在式（16）中：

$$n = \sqrt{l_0^2\cos^2\beta + 2l_0\cos\beta L_x + \left(1 + \frac{4\pi^2\omega^2 l_0^2}{C_1^2}\right)L_x^2} \qquad (16)$$

当其他参数不变，只改变 β 角时，如 $\beta = \beta_1$ 或 $\beta = \beta_2$（$\beta_1 \neq \beta_2$）时，相应地 $n = n_1$ 或 $n = n_2$（$n_1 \neq n_2$），则炉料堆尖位置发生改变：

$$\Delta n = n_1 - n_2$$

$$= \sqrt{l_0^2\cos^2\beta_1 + 2l_0\cos\beta_1 L_{x1} + \left(1 + \frac{4\pi^2\omega^2 l_0^2}{C_{11}^2}\right)L_{x1}^2} -$$

$$\sqrt{l_0^2\cos^2\beta_2 + 2l_0\cos\beta_2 L_{x2} + \left(1 + \frac{4\pi^2\omega^2 l_0^2}{C_{12}^2}\right)L_{x2}^2} \qquad (97)$$

由式（96）和式（97）可以算出炉喉内料面在垂直方向（z 坐标方向）的任意高度差所需要控制的溜槽角度变化。

第六节　溜槽转速对布料的影响

由式（1）可知，溜槽转速在很大程度上影响炉料运动速度 C_1：

$$C_1 = \sqrt{2gl_0(\sin\beta - \mu\cos\beta) + 4\pi^2\omega^2\cos\beta(\cos\beta + \mu\sin\beta)l_0^2 + C_0^2} \qquad (1)$$

式（1）对于具体装备高炉，摩擦系数 μ、溜槽长度 l_0 是常数，主要是 ω 和 β 影响 C_1。一般溜槽转速是可调的，但在使用时，多半控制转速为 $0.12 \sim 0.15$ 圈/s，使其稳定，便于用 β 角准确地控制炉料分布。

溜槽布料器因旋转产生离心力，当离心力大到一定程度时，会造成布料混乱。所以溜槽转速是有限度的，它决定于垂直于溜槽的分力的状况。根据图 20 建立的炉料在溜槽上受力状态，分析炉料在溜槽上的离心力，如图 65 所示。

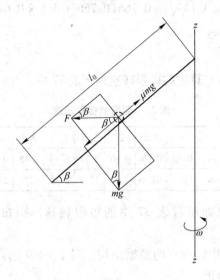

图 65　炉料在溜槽上的离心力

由图 65 可知，离心方向的力 F 为：

$$F = 4\pi^2\omega^2 l\cos\beta m(\cos^2\beta + \mu\cos\beta\sin\beta) + mg\cos\beta(2\sin\beta - \mu\cos\beta)$$

$$= 4\pi^2\omega^2 l\cos^2\beta m(\cos\beta + \mu\sin\beta) + Q\cos\beta(2\sin\beta - \mu\cos\beta)$$

当 $F > 0$ 时，炉料开始飞出溜槽：

$$4\pi^2\omega^2 l\cos^2\beta m(\cos\beta + \mu\sin\beta) + Q\cos\beta(2\sin\beta - \mu\cos\beta) > 0$$

解上式，得：

$$\omega^2 > \frac{g(\mu\cos\beta - 2\sin\beta)}{4\pi^2 l\cos\beta(\cos\beta + \mu\sin\beta)}$$

$$\omega > \frac{1}{2\pi}\sqrt{\frac{g(\mu\cos\beta - 2\sin\beta)}{l\cos\beta(\cos\beta + \mu\sin\beta)}} \tag{98}$$

前已指出 $\beta_{min} = 40°$，摩擦系数 $\mu = 0.3$ 是最小值，如炉料在溜槽中间位置 $\left(\dfrac{1}{2}l_0\right)$ 便开始飞出，则溜槽的极限转速 ω_{max} 为：

$$\omega_{max} = \frac{1}{2 \times 3.14} \sqrt{\frac{2 \times 9.81(0.3 \times 0.766 - 2 \times 0.6428)}{0.766(0.766 + 0.3 \times 0.6428)l_0}}$$

$$= \frac{0.85}{\sqrt{l_0}} \tag{99}$$

用式（99）算出的极限转速列于表 37 中。

表 37 溜槽的极限转速

l_0/m		1	1.5	2	2.5	3	3.5	4	4.5	5
ω_{max}	圈/s	0.85	0.69	0.60	0.54	0.49	0.45	0.43	0.41	0.38
	圈/min	51	41.4	36	32.4	29.4	27	25.8	24.6	22.8

溜槽转速如超过表 37 中的极限转速，则布料规律易遭破坏。

表 37 适用于 $e = 0$ 的溜槽结构。对于 $e > 0$ 的具体尺寸，应由式（24）修正。

第七节 溜槽倾动距对布料的影响

从式（24）中可以看出，倾动距 e 随布料角度增大，大大缩短了溜槽的有效长度：

$$l_\beta = l_0 - e\tan\beta \tag{24}$$

式（27）表明，β 角增大，对 $e > 0$ 结构的溜槽有效长度有双重影响：

$$n = \sqrt{(l_0 - e\tan\beta)^2\cos^2\beta + 2(l_0 - e\tan\beta)\cos\beta L_x + \left[1 + \frac{4\pi^2\omega^2(l_0 - e\tan\beta)^2}{C_1^2}\right]L_x^2}$$

$$\tag{27}$$

一方面，随 β 角增大，缩短了溜槽有效长度；另一方面，随 β 角增大，溜槽末端逐渐靠向中心，使炉料堆尖移向中心。这种双重作用在图 66 中可以直观地看到。

图 66 是以溜槽长度 $l_0 = 2.58m$，料线深度为 1.5m，摩擦系

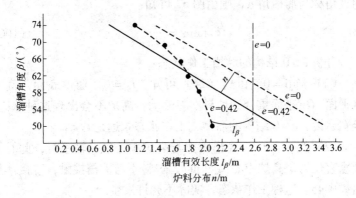

图 66　倾动距对布料的影响

数 $\mu = 0.53$，溜槽转速 $\omega = 0.15$ 圈/s 为条件，用公式（27）计算得出的倾动距对布料的影响。

溜槽角度与倾动距的关系如图 67 所示。

当 $e > 0$ 时，如果从溜槽转动轴到溜槽端的连线与溜槽底面

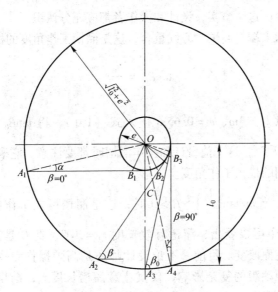

图 67　溜槽角度与倾动距的关系

的夹角称为溜槽角 α，则由图 67 可知：

$$\tan\alpha = \frac{e}{l_0} \tag{100}$$

分析 $e > 0$ 结构的溜槽工作状态：

（1）当 $\beta = 0$，由式（24）可知，$l_\beta = l_0$。溜槽底面与高炉水平面 xOy 平面重合，炉料不能流动，高炉不会出现这种状态。换句话说，$e > 0$ 结构的溜槽，工作状态永远是 $l_\beta < l_0$。

（2）当 $\beta = 90°$，溜槽底面与高炉中心线 z 轴平行，此时溜槽垂直位置距高炉中心为 $e(\mathrm{m})$，炉料不与溜槽接触，直接落到高炉中心。这种工作状态，实际不允许发生。

（3）当 $\beta = \arctan\left(\dfrac{l_0}{e}\right)$ 时，溜槽末端与高炉中心线重合，炉料通过溜槽布到中心，此时溜槽有效长度 $l_\beta = l_0 - e\tan\left(\arctan\dfrac{l_0}{e}\right) = 0$。所以，$e > 0$ 结构的溜槽有效长度在 β 接近 $\arctan\left(\dfrac{l_0}{e}\right)$ 时，已经等于零。这个事实，设计和操作者都应充分认识。

溜槽末端与高炉中心线重合，这是溜槽工作角度的极限：

$$\tan\beta_0 = \frac{l_0}{e} \tag{101}$$

现以 $l_0 = 3\mathrm{m}$、$e = 0.65\mathrm{m}$ 代入式（101），得 $\tan\beta_0 = \dfrac{3}{0.65}$，则 $\beta_0 = 77.7°$，这个值设计和操作溜槽时都要注意，它表明溜槽可能达到的最大工作角度。

（4）当 $\arctan\left(\dfrac{l_0}{e}\right) > \beta > 0$ 时，这是溜槽可能工作的区间。从图 67 中可以看出，溜槽有效长度 $l_\beta = A_2C$，点 C 是移动的，随 β 改变而改变。目前，不论设计师还是高炉操作专家，均未注意到倾动距的复杂影响，仅仅注意溜槽长度 l_0，结果长度 l_0 不与 e 相配合，长度 l_0 经常选择不当。

第八节　不同空区煤气速度对布料的影响

式(5)给出了煤气速度 v 对炉料阻力的作用,从而影响到炉料分布。由表25可知,在一般冶炼条件下,煤气阻力只相当于直径10mm粒度的矿石质量的 0.5% ~ 8%,相当于10mm焦炭质量的 1% ~ 2%;但对于粒度在5mm以下的炉料,不容忽视。由于煤气速度对布料作用的影响,在日常操作中,凡改变冶炼强度、富氧鼓风、炉顶压力等使炉喉煤气体积发生变化的操作,均影响炉料分布,尽管这期间装料制度不变,煤气分布也会有变化。

表38列出了用式(5)和表18~表20的数据,计算的不同冶炼强度下的煤气阻力变化的结果。从表38中可以看出:

(1) 在一般高炉冶炼强度范围内,煤气阻力对炉料的影响主要是小于5mm的矿石,如果炉料不含小于5mm的粉末,煤气阻力对布料的影响可以忽略不计。

(2) 对于含粉末较多的炉料,在较高冶炼强度下操作时,必须保持煤气两条通路,使粉末集中于炉墙和高炉中心之间的环形带,以保持高炉顺行。使用含粉末较多的炉料,保持一条煤气通路,不论是发展边缘或发展中心,均避免不了粉末作用,容易局部堵塞,造成炉况失常。

(3) 煤气阻力对不同粒度炉料的作用是不同的,粒度越大,作用力越大。粒度为30mm的炉料与粒度为3mm的炉料对比,体积相差100倍,煤气阻力相差35倍。同样体积差的炉料(3mm与0.3mm的)对比,阻力相差25倍。虽然煤气作用在大粒度炉料上的力的绝对值较大,但是煤气阻力 P 与炉料质量 Q 的比值,因粒度缩小而迅速升高,这种差别导致炉料在空区的分级作用。在冶炼强度较高时,5 ~ 3mm炉料的落点较5mm以上的炉料外移(见图68),外移距离可由式(13)推算出来:

$$L_x = \frac{mC_1^2\cos^2\beta}{Q-P}\left\{\sqrt{\tan^2\beta + \frac{2(Q-P)}{mC_1^2\cos^2\beta}[l_0(1-\sin\beta)+h]} - \tan\beta\right\} \quad (13)$$

表38 不同冶炼强度的煤气阻力

炉料粒度/mm	冶炼强度 /t·(m³·d)⁻¹										空区煤气实际速度/m·s⁻¹ (N)
	30	20	10	5	3	2	1	0.5	0.3	0.1	
0.5	0.524×10^{-4}	0.306×10^{-4}	0.104×10^{-4}	0.346×10^{-5}	0.150×10^{-5}	0.833×10^{-6}	0.320×10^{-6}	0.121×10^{-6}	0.588×10^{-7}	0.180×10^{-7}	0.86
0.7	0.961×10^{-4}	5.59×10^{-5}	1.91×10^{-5}	6.33×10^{-6}	2.74×10^{-6}	1.52×10^{-6}	5.86×10^{-7}	2.22×10^{-7}	1.08×10^{-7}	3.30×10^{-8}	1.14
0.9	1.51×10^{-4}	8.82×10^{-5}	3×10^{-5}	0.99×10^{-6}	4.41×10^{-6}	2.44×10^{-6}	9.41×10^{-7}	3.55×10^{-7}	1.72×10^{-7}	5.2×10^{-8}	1.43
1.0	1.85×10^{-4}	1.08×10^{-4}	3.67×10^{-5}	1.21×10^{-5}	5.3×10^{-6}	2.94×10^{-6}	1.13×10^{-6}	4.20×10^{-7}	2.07×10^{-7}	6.33×10^{-8}	1.58
1.1	2.22×10^{-4}	1.29×10^{-4}	4.41×10^{-5}	1.16×10^{-5}	6.34×10^{-6}	3.51×10^{-6}	1.35×10^{-6}	5.1×10^{-7}	2.47×10^{-7}	7.62×10^{-8}	1.73
1.2	2.61×10^{-4}	1.48×10^{-4}	5.05×10^{-5}	1.69×10^{-5}	7.29×10^{-6}	4.04×10^{-6}	1.55×10^{-6}	5.88×10^{-7}	2.84×10^{-7}	8.73×10^{-8}	1.86
1.4	3.67×10^{-4}	2×10^{-4}	6.77×10^{-5}	2.26×10^{-5}	9.76×10^{-6}	5.39×10^{-6}	2.05×10^{-6}	7.8×10^{-7}	3.79×10^{-7}	1.16×10^{-7}	2.15
1.6	4.44×10^{-4}	2.59×10^{-4}	8.82×10^{-5}	2.94×10^{-5}	1.27×10^{-5}	7.06×10^{-6}	2.71×10^{-6}	1.03×10^{-6}	5×10^{-7}	1.53×10^{-7}	2.46
1.8	5.6×10^{-4}	3.24×10^{-4}	1.1×10^{-4}	3.69×10^{-5}	1.6×10^{-5}	8.82×10^{-6}	3.4×10^{-6}	1.28×10^{-6}	6.24×10^{-7}	1.92×10^{-7}	2.75
炉料重力/N 焦炭	0.1245	3.6946×10^{-2}	4.6158×10^{-3}	5.7330×10^{-4}	1.2446×10^{-4}	3.6946×10^{-5}	4.6158×10^{-6}	5.7330×10^{-7}	1.2446×10^{-7}	4.6158×10^{-9}	
炉料重力/N 烧结矿	0.2696	7.9968×10^{-2}	0.9996×10^{-2}	1.2544×10^{-3}	2.6950×10^{-4}	7.9968×10^{-5}	0.9996×10^{-5}	1.2544×10^{-6}	2.6950×10^{-7}	0.9996×10^{-8}	
炉料重力/N 生矿	0.5246	0.1558	1.9502×10^{-2}	2.4304×10^{-3}	5.2430×10^{-4}	5.4782×10^{-4}	1.9502×10^{-5}	2.9204×10^{-6}	5.2430×10^{-7}	1.9502×10^{-8}	

式（13）中，其他条件一定，不同煤气速度和不同粒度的炉料，其 Q 和 P 值均不同，因此引起 L_x 变化。由表25和表38可知，P 对大粒度炉料是没有影响的，而对小粒度炉料就会有影响（见图69）。

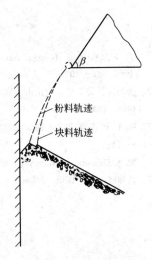

（4）煤气对炉料的阻力在空区是向上的，也可以称为浮力。这个力的增长与煤气速度的平方成正比。从表38中可以看出，煤气速度增加两倍多，煤气阻力增加将近10倍。从这点分析，含粉末较多的炉料应当提高炉顶压力，以降低煤气速度；

图68　煤气阻力对炉料分布的影响

或者维持适当的冶炼强度而不过分追求产量。

使用含粉末较多的炉料，不适当地追求高冶炼强度必然要保持边缘和中心均极发展的两头轻的装料制度，这种冶炼制度对炉体的破坏作用严重，燃料的能量利用极差，应当纠正。

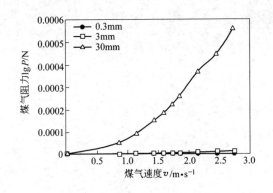

图69　煤气速度 v 和煤气阻力 $\lg P$ 的关系

参 考 文 献

［1］ Г. Г. Орешкин, Вопросы рационализации работы доменных печей, Металлургиздат, 1960, Смр. 107

［2］ 汤乃武，等．见：鞍山市金属学会编：中国金属学会学术论文集，炼铁文集. 1965：144～149

［3］ М. А. 巴甫洛夫．炼铁学，第二卷第一分册．北京：高等教育出版社，1956： 8～11；

M. А. Павлов, Металлургия чугуна, Металлургиздат, 1951, Смр. 40～41

［4］ 刘坤庭，等．炼铁，1988(3)：25

第四章　装料制度的作用

装料制度的作用是多方面的：

（1）首先，布料能改变高炉产量水平、改善顺行，降低燃料消耗。这是多年高炉生产实践，早已证明的事实。以下是1982年9月首钢2号高炉（1327m³）的实际生产数据（见表39）。

表39　1982年9月首钢2号高炉（1327m³）的实际生产数据

日期	W_K /t	α_K /(°)	α_J /(°)	日产量/t	焦比 /kg·t⁻¹	煤比 /kg·t⁻¹	燃料比 /kg·t⁻¹	风量 /m³·min⁻¹	综合冶炼强度 /t·(m³·d)⁻¹	校正焦比 /kg·t⁻¹
8~15	29.5	36	31	2942	417	98	515	2614	1.163	417
16~19	33	37	32	2864	418	110	528	2560	1.139	407
20~28	35	38	33	2991	402	109	511	2617	1.166	389

日期	校正燃料比 /kg·t⁻¹	煤气/%			半径煤气分布/%					每日塌料次数
		CO_2	CO	η_{CO}	1	2	3	4	5	
8~15	515	18.66	24.2	43.54	17.92	19.5	19.22	17.04	9.69	1.25
16~19	514	18.63	24.3	43.4	18.5	19.37	19.33	17.22	10.72	1.5
20~28	501	18.89	23.22	44.86	18.18	19.36	19.13	18.36	10.82	0.78

各时期的原料条件如下，折合焦比、燃料比也是按下列条件计算的（见表40）。

表40　1982年9月首钢2号高炉（1327m³）的实际生产指标

日期	矿耗量 /kg·t⁻¹	矿石含铁比 /%	焦灰 /%	煤灰 /%	石灰石量 /kg·t⁻¹	铁耗量 /kg·t⁻¹	风温 /℃	湿度 /g·m⁻³	[Si] /%
8~15	1708	58.69	12.39	16.56	19	952	1162	14.17	0.54
16~19	1718	58.6	12.56	16.22	23	982	1181	14.65	0.50
20~28	1678	58.68	12.64	16.00	24	971	1153	9.72	0.50

从上面的数据看到，由于矿石批重及布料角度改变，使高炉日产量提高49t，焦比降低15kg/t，按冶炼条件折算，焦比降低28kg/t，燃料比降低14kg/t。生产提高的重要原因是由于矿石批重扩大及布料角度改变。与此同时，高炉顺行也得到明显改善。

通过布料，改善矿石和煤气的接触，因而改善煤气利用率，这是降低燃料比的主要原因。炉内料柱的孔隙度在0.35~0.45mm之间。上升的煤气对炉料的阻力占料柱有效重量的一半以上。煤气分布是不均匀的，对下降炉料的阻力差别很大。由于高炉生产条件千差万别，实际煤气通过高炉料层的阻力是不同的。为了比较高炉实际煤气压力降，取容积为0.5~5580m³的高炉的143组生产数据和炉型尺寸，计算出每米高度的压力降。把每米高度的压力降定义为高炉阻力系数。各炉数据如图70所示。

从图70中可以看出，本来小高炉的单位炉容与炉缸面积之比值大，煤气容易沿炉墙通过，阻力系数应当小，但实际容积最小的0.5m³高炉[1]，阻力系数反而最大，为0.092kPa/m。原因在于这座高炉冶炼强度极高，达到9.28，因此煤气速度

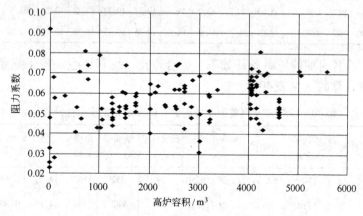

图70　不同容积高炉的阻力系数

极高；这座高炉所用矿石粒度极小，是从河里选出的铁砂，粒度仅 0.4mm 左右，料柱透气性极差。图 70 中左下角所示的几座小高炉中，阻力系数有的小于 0.03kPa/m，而另一些则不同，大高炉的情况也如此。从图 70 中可以看出，阻力系数与高炉容积关系不密切，影响阻力系数大小是多方面的。由于一般高炉的冶炼强度较接近，阻力系数有些接近，多数在 0.045 ~ 0.065kPa/m 之间。

（2）通过布料，利用不同的煤气分布，减少对炉料的阻力，避免高炉憋风、难行，从而保持高炉稳定、顺行。有了顺行，就有可能提高冶炼强度，增加产量。

（3）通过布料能延长高炉寿命。边缘气流过分发展，必然加剧炉墙侵蚀。通过布料控制边缘气流，保护炉墙。

（4）通过布料，预防、处理一些类型的高炉冶炼进程发生的事故。这些类型包括：渣皮脱落；高炉炉墙结厚；减少铁水中有害元素。

装料制度的上述作用，都是与布料对炉内料柱的作用及影响分不开的。

第一节　炉料分布对软熔带的影响

模型实验和高炉解剖研究均已证明，炉料在高炉内的分布直到熔化前，都是保持炉喉布料的层状结构。在炉喉部位焦炭层和矿石层的堆角通常为 30°以上。高炉解剖测定发现，到炉身下部以后堆角降低到 10°上下，矿焦的层状结构基本不变[2]。炉料堆角在下降过程趋向平坦的原因：一是由于从炉喉直到炉身下部高炉断面逐渐扩大，料层发生横向位移（在 xOy 平面内），使料层变薄；二是由于风口回旋区的焦炭燃烧，边缘料速较中心料速相对加快。炉料在炉内的层状分布如图 71 所示。

第二章中已讲到，矿石层的透气性不到焦炭层的十分之一，

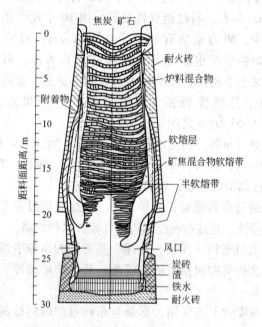

图 71　炉料在炉内的层状分布[5]

而矿石和焦炭在炉喉内的层状分布在下降到炉身以后依然保持，因此矿石和焦炭在炉喉水平面上各点的比例，就成为影响煤气流分布的重要因素。实践证明，焦炭多的地方，煤气流较发展，煤气流发展的地方，相应的煤气成分中 CO 含量高、CO_2 含量低。图 72 所示为沿高炉纵向煤气成分和温度的关系，它是根据前苏联扎波罗热钢铁厂 3 号高炉生产状态下的实测资料[3] 绘成的。

　　从图 72 中可以看出，CO_2 含量高的地方，温度低。高炉纵向和径向都是这样。

　　炉内的温度分布，在很大程度上决定矿石的软化和熔融，从而决定软熔带的形状和位置（见图 73），图 73 是高炉解剖的一例[4]。

128

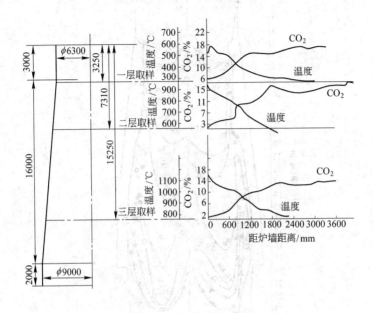

图 72　沿高炉纵向煤气成分和温度的关系

分析图 73 可知：焦炭多的地方，煤气流较发展；煤气发展的地方，温度高；温度高的地方，软熔带的位置也高。

在软熔带以上的所有区间，矿、焦相对比例大体和炉喉相近，因此布料对煤气流的影响就不是一批料的作用，而是整个固体料柱的作用。所以布料的作用是巨大的。这种认识，已被多次解剖高炉的研究所证明[4,5]。

首钢的高炉解剖研究发现：在软熔带以下，气流分布呈中心发展型；在软熔带以上，是边缘发展型。解剖前，这座高炉已遭严重破坏，炉喉因侵蚀直径由 1.4m 扩大到 2m，炉喉间隙过大，堆尖远离炉墙，在炉腰部位炉墙附近形成一个宽度在 200mm 左右的全焦区，边缘透气性极好，尽管在炉缸区中心气流发展，由于布料的原因，软熔带以上依然是边缘发展型煤

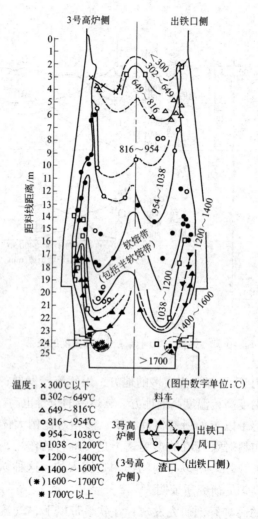

图 73 温度分布和软熔带的关系

气分布[6]。图 74 所示为解剖首钢试验高炉得到的温度分布曲线。

虽然布料对决定软熔带的定量关系尚不十分清楚，但布料对软熔带的形成，特别是炉喉料层中的矿/焦比对软熔带的高度起决定作用，已被研究工作者所肯定[7]。送风制度、炉料特性等对软熔带也有重要作用。实践表明，已经能够利用装料制度的改变来改变煤气分布，从而改变软熔带的高度。

与固体炉料比较，软熔带有一定的塑性，孔隙度小，透气性差，对煤气阻力较大。斧胜也依据高炉解剖的实际状况，建立高炉透气阻力模型[8]进行研究，利用模型计算的结果是：如果矿石层透气性指标是 1，焦炭层为 13，软熔层只有 0.2 ~ 0.25，三者透气性指标之比为：软熔层∶矿石层∶焦炭层 = 1∶4∶52。

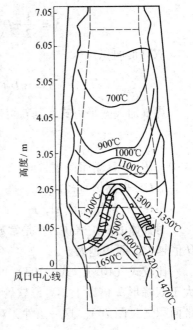

图 74　解剖首钢试验高炉的温度分布曲线

显然，煤气穿过软熔层的可能性极小，穿过焦炭层比较容易，因此软熔带的形状，对高炉行程影响很大。软熔带随面积增大，宽度变窄，煤气越容易通过。在布料时要创造条件，使软熔带有较大的面积，以利于高炉强化。

对同一座高炉而言，软熔带的面积决定于它的形状。软熔带的形状如图 75 所示，根据图 75 可以算出不同形状软熔带的面积：

V 形或倒 V 形面积相等：

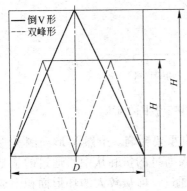

图 75　软熔带形状

131

$$S = \frac{1}{2}\pi D\sqrt{\frac{D^2}{4} + H^2} \qquad (102)$$

双峰形面积：

$$S = \pi D\sqrt{\frac{D^2}{16} + H^2} \qquad (103)$$

煤气曲线呈平坦式，其软熔带面积最小：

$$S = \frac{\pi}{4}D^2 \qquad (104)$$

式中　　H——软熔带高度，m；

　　　　D——高炉直径，m；

　　　　S——软熔带面积，m^2。

对具体的高炉来讲，D 是常数，软熔带的面积决定于 H 值，H 值越大，面积越大。

比较式（102）、式（103）可知，只有 V 形的软熔带高度 H 大于双峰形 2 倍以上，V 形软熔带面积才能大于双峰形的软熔带面积（见图 76）。这一条件，对煤气分布有重要影响。

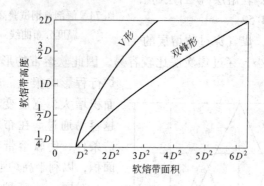

图 76　不同软熔带形状的面积

软熔带的面积对煤气阻力有重要影响。虽然 V 形和倒 V 形软熔带面积相等，但煤气从边缘通过的量和从中心通过的量是截然不同的。前者主要从边缘通过，即从较大的环形面积上通过大量煤气。它反映在煤气曲线上是边缘轻、中心重。因为煤气大量从边缘通过，所以煤气利用较差，边缘温度高，散热大，对炉墙侵蚀严重，使高炉一代寿命缩短。后者较多的煤气在较小的中心部分通过，一切效果都和前者相反。将上述分析结果，列成表41进行比较，可以更清楚看出各自的特点。

表41　各种煤气分布类型的操作结果比较

煤气分布类型	装料制度	煤气曲线形状	煤气温度分布	软熔带形状	煤气阻力
I	边缘发展型	⌒	⋁	⋃	最小
II	双峰形	⋀⋀	⋁	⋁	较小
III	中心发展型	⌒	⋀	⋁	较大
IV	平坦型	⌒	⋁	⌒	最大

煤气分布类型	对炉墙侵蚀	炉顶温度	散热损失	煤气利用程度	对炉料要求
I	最大	最高	最大	最差	最低
II	较大	较高	较大	较差	较低
III	最小	较低	较小	较好	较高
IV	较小	最低	最小	最好	最高

在第四章第五节中，将分析4种煤气分布类型的操作结果。实践证明，IV型煤气分布是不可取的。平坦的煤气分布，即使很好的炉料，也难以保持高炉顺行。较好的办法是采用III型煤气分布，尽可能接近IV型煤气分布，中心煤气流分布范围尽量缩小，既能保持煤气中心有狭窄的通路，又能保持较大范围的最佳煤气利用。日本钢管公司曾提出类似的理想煤气分布原则（见第四章第五节）。

第二节　布料与高炉寿命

从表41的比较中可知，边缘发展有百害而只一利（煤气阻力小)。边缘过分发展主要的害处是炉墙易受侵蚀，高炉砖衬每2~4年必须中修更换，这是高炉耐火材料消耗过高的主要原因。

由于砖衬受侵蚀，高炉冷却壁破坏严重。有的高炉投产后1~2年，冷却壁就开始损坏，经过2~4年，损坏量往往超过30%，冷却壁大量漏水，使高炉燃料比升高，经常发生炉凉事故，影响正常生产，高炉各项技术经济指标也因此恶化。

首钢3号高炉第一代容积为963m³，1959年5月送风，由于经常采用以半倒装为主的发展边缘的装料制度，到当年11月，即开炉后半年，炉腹冷却壁开始烧坏。开炉两年半后，炉体损坏已十分严重，炉皮开裂、炉体烧出多次。高炉各部位冷却壁损坏情况见表42。

表42　首钢3号高炉第一代冷却壁损坏情况

高炉部位	冷却壁层位	每层块数	损坏数	损坏占总量的比例/%
炉身	20	24	0	20
	19	24	6	
	18	24	3	
	17	24	10	
	16	24	4	
	15	24	6	
	14	24	3	
	13	24	7	
	12	24	1	
	11	24	2	
炉腰	10	24	4	25
	9	24	3	
	8	24	7	
	7	24	7	
	6	24	9	
炉腹	5	24	17	59.4
	4	24	11	

以后状况并未好转。3号高炉第二代容积扩大到1036m³，1976年中修103天，更换风口带以上砖衬，于1977年3月送风，到1979年8月再次中修，生产时间为2年4个月。在第一年里烧

坏冷却壁 32 块,在 2 年 4 个月中共烧坏冷却壁 78 块,其中炉身7~10 层烧坏的冷却壁占这四层冷却壁总数的 50%(见表 43)。

表 43　首钢 3 号高炉第二代冷却壁损坏情况

高炉部位	冷却壁层位	每层冷却壁总数	损坏量		脱落数	
			块数	比例/%	块数	比例/%
炉　身	板式	37	1	3.3	0	0
	10	37	16	43.25	7	18.9
	9	36	18	50	6	16.7
	8	36	19	52.8	11	30.6
	7	36	21	58.3	17	47.2
炉　腰	6	36	3	8.33	0	0

停炉中修发现,烧坏的冷却壁中有 41 块已从炉体中脱落,占烧坏冷却壁数的 52.6%。脱落处的炉皮开裂、变形,不得不部分更换炉壳。

这种状况不是个别的,首钢 1 号高炉 1968 年底停炉中修到1972 年 3 月再次中修时,炉墙同样遭到严重破坏,砖衬、冷却壁严重破损,中修不仅重新砌砖,而且更换炉腹以上的全部冷却壁并更换部分炉身围板。1 号高炉冷却壁损坏情况见表 44。

表 44　首钢 1 号高炉冷却壁损坏情况

高炉部位	冷却壁层位	冷却壁烧损块数	烧损的冷却壁占总量的比例/%
炉　身	11	2	8.3
	10	2	8.3
	9	8	32.3
	8	10	41.6
炉　腰	7	4	16.7
炉　腹	6	7	29.2
	5	5	20.8
炉　缸	4	6	25
	3	13	52
炉　底	2	12	48
	1	6	24
总　计		75	28.1

3 号高炉和 1 号高炉出现的上述状况，在全国许多企业中也是比较普遍的。

由于边缘发展，炉墙温度很高，炉皮发红、炉壳经常开裂，不仅徒然地增加了维修工作量，而且使冷却水消耗量成倍增长，大量跑煤气，严重威胁正常生产。

由于炉墙侵蚀，往往会打乱高炉大修、中修的计划，检修准备难以完善，有的被迫进行简单的大修、中修，技术改造受到限制。许多国家早已不用发展边缘这种操作方法，我们也应该有所提高。

使用发展边缘操作方法较普遍的原因有两方面：

一方面是原料条件较差。我国原料准备工作较差，炉料的强度和粒度均不是十分理想，特别是烧结矿粉末较多，以致料柱透气性较差，煤气穿透困难，被迫发展边缘。结果，导致上述恶果，这在 20 世纪 60 年代的武钢最为典型。由于烧结矿粒度过小，高炉经常使用小批重、高料线、倒装或半倒装，使边缘和中心两头轻，以维持高炉顺行（见图 77）。武钢当时的操作数据如下[9]：

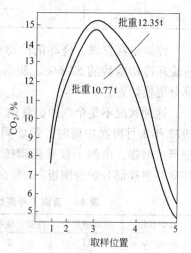

图 77　武钢 1 号高炉煤气分布情况
（装料制度：矿石批重，10.77t；
装料次序，3JJKK + 2JKKJ；
料线深度，1.37~1.5m）

炉料粒度/mm	>40	40~10	<10
烧结矿比/%	2.9	34.9	62.2
块矿比/%	29.64	56.0	14.32

另一方面是冶炼制度不够合理。原料条件差，从实际出发

维持适当的冶炼强度，对炉体的破坏也不会很严重；有时不适当地加大风量，高炉不得不敞开边缘给煤气创造通路，以便维持较高冶炼强度，这是我国发展边缘的另一个原因。我国原料准备远不如日本，炉顶压力也较低，但我国主要企业的高炉利用系数和日本不相上下，原因之一就是与高强度冶炼有关。超过合理技术水平的高冶炼强度使我国的高炉寿命大大缩短，严重阻碍炼铁技术的改造。

要杜绝发展边缘，必须在两方面下功夫：

首先，应依据原料条件、设备水平，正确地确定生产指标，保持高炉冶炼强度在炉料、设备允许的限度内，用活跃中心的方法适当抑制边缘，不必用发展边缘的下策维持顺行。

其次，应改善原料条件。提高矿石、焦炭的强度，特别是筛除粒度小于 5mm 的粉料。这不仅改善了透气性，而且能减少粉末作用，对改善高炉行程具有双重作用。图 78 所示为炉料粒度对透气性的影响。早在 1934 年，美国约瑟夫（T. L. Joseph）就已发现小于 6.25mm 特别是小于 3.18mm 的炉料，会使料层孔隙度减少很多[10]。前苏联的沙波瓦洛夫（М. А. Щаповалов）研究指出，炉料粒度小于 12mm 会使煤气阻力急剧升高[11]，但他提出的粒度下限现在看来是太大了。

减少炉料粒度差使炉料的粒度组成更接近于平均粒度，

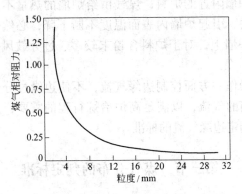

图 78　炉料粒度对透气性的影响[11]

对增加料柱的孔隙度，改善透气性有重要作用。弗纳斯（C. C. Furnas）1929 年关于混合粒度的试验，清楚地指出了这一点。图 79 所示为炉料粒度与孔隙度的关系。

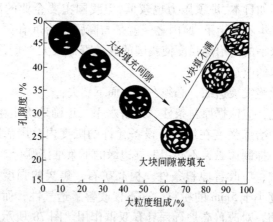

图 79　炉料粒度对孔隙度的影响[10]

含粉炉料在炉内局部集中，使高炉局部透气性变坏。杨永宜等用流体力学方法分析指出，含粉炉料在炉内局部集中将导致悬料[12]，而悬料是常使炉墙结厚的原因：炉况顺行欠佳，高炉行程不稳定，边缘气流突然减少或不断减少，难以充分地加热、还原炉墙附近的炉料；煤气供给炉墙的热量不足以补偿炉体散热损失，引起炉墙内表面温度不断下降，必然使熔融的炉料黏结在炉墙上，对于炉料含粉末较多、过分鼓风的高炉，尤其常见。

布料操作一方面控制边缘气流，不使边缘过分发展；同时又保持适当的气流，以满足高炉冶炼行程的需要，这就产生一个问题：判定边缘气流的标准。

第三节　煤气分布的判定标准

判断煤气分布最有效的方法，是利用炉顶十字测温法。我国第一座使用炉顶十字测温法的是本钢 5 号高炉。1985年投产的宝钢 1 号高炉，引进日本装置，使炉顶十字测温技术更趋完善[13]。图 80是宝钢 1 号高炉炉顶十字测温检测点分布示意图，从图中可以看到十字测温计的安装位置。图 81a 是宝钢 1 号高炉十字测温点的径向分布[13]。

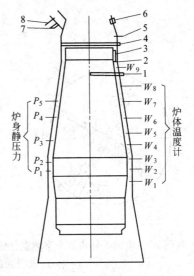

图 80　宝钢 1 号高炉炉顶十字测温
检测点分布示意图

1—炉身探测器；2—炉喉温度计；
3—钢砖；4—炉顶十字测温；5—煤
气捕集罩温度计；6—热图像仪；
7—炉顶压力计；8—炉顶温度计

宝钢用中心温度 Z 反映中心气流强弱程度，用边缘温度 W 反映边缘气流的强弱程度：

$$Z = \frac{t_3 + t_4 + t_5 + t_{13} + t_{14}}{t}$$

$$W = \frac{t_1 + t_9 + t_{10} + t_{17}}{4t}$$

式中　t_1, …, t_{17}——分别表示十字测温各点温度；

　　　　t——炉顶温度，℃。

宝钢成功地利用十字测温计反映煤气分布，并以此为依据调剂装料制度，取得了明显的冶炼效果。

对于没有十字测温计的高炉，判定煤气分布的主要手段是定期地测定料面下的煤气成分，主要是测定径向煤气 CO_2 值，通称为"煤气曲线"，其外形和图 81b 所示的温度分布曲线一样，只是点数少一些，方向和温度相反。在温度高的地方，CO_2值低；温度低的地方，CO_2 值高。

实践表明，仅仅靠煤气曲线难以确定边缘气流的合适程度。因此，判断煤气分布除观察煤气曲线外，应当注意炉墙温度、

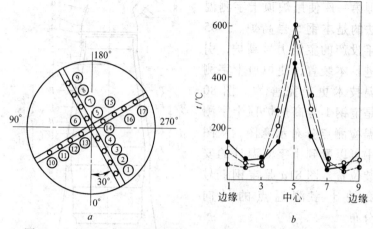

图 81 宝钢 1 号高炉十字测温计的各点径向分布和温度分布曲线

a—各点径向分布；b—温度分布

炉体冷却壁进出水温差变化、冷却壁后温度和炉皮温度变化，综合判定边缘气流的发展程度。

为掌握煤气流变化，在炉体上安装数层热电偶，这些热电偶通过冷却壁缝隙，埋在耐火砖衬里（见图 82）。

边缘气流改变引起炉墙温度变化，这种变化首先从砖衬里的热电偶反映出来；其次是冷却水箱；最后是炉皮（当然，如果结厚，炉墙温度同样发生变化）。这样，就可以通过炉墙温度等建立正常边缘气流的判定标准：

（1）炉墙温度对保持合理的自然炉型十分重要。由于高炉结构、操作条件的差异和炉墙热电偶埋设深度的不同，各高炉保持合适炉墙温度水平差别很大，必须了解本炉在正常状况和失常状况下的炉墙温度变化。用炉墙温度判

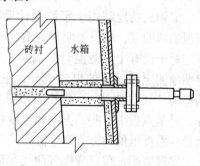

图 82 炉墙结构与测温热电偶

140

定边缘气流的合理限度，只要一层温度即可，一般是炉腰温度或炉身下部温度。首钢 1 号高炉（容积为 576m³）20 世纪 60 年代以炉腰温度为准，炉腰温度低于 300℃时必须及时减轻边缘；否则，炉墙必将自动结厚，导致炉况失常。首钢 2 号高炉（容积为 1327m³）在试验加重边缘过程中，十分注意炉身下部温度。炉身下部炉墙温度低于 200℃时，压量关系紧张，炉况逐渐失常。出现这种情况，必须立即减轻边缘，防止因边缘过重，造成炉墙结厚。

（2）冷却水箱的进出水温差也能反映炉型的变化，但它比炉墙的反应慢。首钢高炉经常统计炉体冷却壁的水温差，以判定自然炉型变化。首钢 3 号高炉冷却壁不同进出水温差的块数见表 45。

表 45　首钢 3 号高炉冷却壁不同进出水温差的块数

日　期	炉腰冷却壁温差/℃				炉腹冷却壁温差/℃					炉墙状态
	<1.0	1 ~ 1.5	1.6 ~ 2.0	2.0 ~ 2.5	1.1 ~ 1.5	1.6 ~ 2.0	2.1 ~ 2.5	>2.5	>2.1	
3 月 8 日	2	26	14	6	4	16	14	6	20	过渡期
3 月 9 日	1	25	19	3	8	15	16	1	17	
3 月 10 日	12	23	12	1	3	15	16		22	
3 月 11 日	11	29	4		5	17	14	4	14	
3 月 12 日	11	22	14	1	11	27	2	0	2	失常期
3 月 13 日	9	20	15	4	8	16	12	4	16	
3 月 14 日	13	26	8	1	14	23	2	1	3	
3 月 15 日	12	31	5	0	21	15	4	0	4	
4 月 1 日	0	18	18	12	5	18	11	6	17	正常期
4 月 2 日	0	6	14	28	5	21	7	7	14	
4 月 3 日	0	2	18	28	0	14	17	9	26	

注：表中数据为 1972 年的数据。

从表 45 中可以看出：3 月 9 日，高水温差的冷却壁块数开始减少，3 月 8 日炉腰冷却壁进出水温差大于 2℃的有 6 块，小于 1℃的只有两块，到 3 月 10 日大于 2℃的只剩一块，小于 1℃的猛增到 12 块。炉腹冷却壁进出水温差的变化也是这样。3 月

12 日已严重失常。经验表明，冷却壁水温差一旦反映出变化，炉墙结厚已经严重，非洗炉难以奏效。所以，要经常把握炉墙温度变化，炉墙温度变化表现得更敏感、更及时。

武钢用冷却壁热负荷监视炉墙变化的道理也是同样的。冷却壁进出水温差乘以水流量就是冷却壁带走的热量，如水量不变，进出水温差可以代表热负荷。现在先进高炉上的冷却壁或自动测水温差，或在每块冷却壁背面（靠炉皮一面）装有测温计，能直接反映冷却壁温度，以计算高炉各部位的热流强度。一座高炉有几百块冷却壁、数百个测温点，用数据处理装置定时取数、运算，由计算机按时制表，如有异常，及时发出警报。

对于汽化冷却的高炉，可由汽水分离器的汽包压力和汽化补水量判定边缘发展程度或炉墙状况。边缘气流充足时，汽包压力和补水量均有一定范围；边缘过重或炉墙结厚，汽化冷却循环水量显著降低，严重时，停止循环，产生蒸汽量很小，如不及时减轻边缘会导致炉墙结厚。首钢 2 号高炉汽化冷却的正常耗水量大于 12t/h，汽包压力大于 14.7kPa。表 46 是首钢 2 号高炉炉墙温度和汽化冷却参数的变化情况。

表 46　首钢 2 号高炉炉墙温度和汽化冷却参数的变化情况

| 日期 | 炉身下部炉墙温度/℃ | | | | 汽化冷却参数 | | 备　注 |
	东	南	西	北	汽包压力 /kPa	耗水量 /m³·h⁻¹	
1 月 21 日	180	450	340	300	29.4	16	正　常
1 月 22 日	110	165	210	180	9.8	16	失　常
1 月 23 日	100	190	280	140	14.7	0	严重失常
1 月 24 日	90	125	110	140	9.8	0	

对于末期高炉，炉墙热电偶和冷却壁大部分损坏，监视边缘煤气流的上述手段不完备时，应注意冷却壁后温度，还可考虑炉皮温度。如人工判断炉皮温度，不是炉墙结厚，一般不易察觉。如不得已，也可测定炉皮温度，判定气流。表 47 是首钢

表 47　首钢旧 2 号高炉炉身结厚时的炉皮温度测量结果

纵向温度/℃	横向平均温度/℃	\ 纵向平均温度/℃ →	92.5	89.3	85.3	70.5	68.0	62.3	59.5	61.3	64.5	77.0	82.5	89.7	93.7	98.5	95.2	89.3	94.0
+7.8	68.5		76	77	58	61	60	68	70	67	72	84	87	87	97	93	84	80	80
-0.7	76.3		101	95	70	61	66	72	57	59	66	87	93	107	106	96	90	92	99
-1.6	75.6		106	98	90	59	63	57	58	60	63	82	92	105	105	94	94	93	91
+4.1	74.0		98	100	92	61	60	58	59	60	62	82	98	107	93	90	92	82	93
-9.55	78.1		94	97	97	88	92	67	61	65	65	63	63	76	103	119	111	104	101
	68.6		80	92	105	94	67	52	52	57	62	62	62	56	58	99	100	85	100
		测点序号	1	2	3		4		5		6		7		8		9		10

测点间距离/mm：1200　1000　1200　1200　1200

右侧标注：
- 标高为 28168mm　炉喉煤气取样孔
- 标高为 23895mm　第三层热电偶
- 第一层　梁式水箱　风向
- 风力三级；风向北转南

注：测定时间为 1977 年 9 月 27 日；测定工具为 WREA—981M 表面测温纸；大气温度 25℃；风力三级；风向北转南。

143

旧2号高炉炉身结厚时的炉皮温度测量结果。表47中虚线所示的低温区，结厚600～800mm。

2号高炉这次炉墙结厚，洗炉无效，被迫停风炸瘤。停风后观察，结厚比较严重，已经成为炉瘤。炉瘤的位置和形状，与测温的结果完全吻合。

观察、监视、判定边缘气流发展程度，炉墙温度、冷却壁后温度和煤气曲线是最重要的，也是最及时的，高炉透气性指数和风量、风压关系等仪表记录，也比较敏感，把这两方面结合起来做判断是目前较好的办法。

在试验装料过程特别是在试验加重边缘的过程中，要密切注视炉墙温度变化，防止边缘气流不足、炉墙结厚。

第四节　利用边缘气流处理炉墙结厚

保持正常炉型是高炉稳定顺行的基本条件。一旦有边缘结厚或边缘气流不足征兆，必须及时地分析原因，迅速处理。发展的边缘气流能够侵蚀炉墙，当然也能利用它洗掉粘在炉墙上的炉料，特别是在炉身中部以下的部位，调整装料制度利用边缘气流，即可迅速消除结厚，又不影响产量。

1980年11月7日，首钢2号高炉炉身下部炉墙温度普遍下降，到9月9日四个方向的温度普遍降到正常水平（200℃）以下（见表48）。

表48　炉墙温度变化

日　　期	时　间	温度/℃			
		东	南	西	北
1980年11月8日	14:40	140	300	258	390
1980年11月9日	2:50	120	210	140	260
1980年11月9日	10:45	110	210	220	170
1980年11月9日	19:00	100	160	130	110
1980年11月10日	5:10	110	200	180	130

炉身下部温度低于正常水平的原因是由于缺少烧结矿而停风待料引起的，但送风后炉墙温度并未升高，11 日发现 50 号汽化冷却水管漏水，炉墙确有结厚现象，12 日 8:10 调整溜槽布料器角度，烧结矿布料角度（$\beta_K = 60°$）未动，将布焦炭的角度 β_J 由 65°改为 58°、67°各一半，即一批焦炭以 58°角布到边缘，一批以 67°布向中心，使焦炭在炉墙和高炉中心更多地分布，保持煤气有边缘、中心两条通道，这就是半倒装。经过 5 个班发展边缘处理，炉墙结厚消除，于 14 日改回正常装料制度，整个过程除燃料比稍有升高外，没有其他损失。图 83 所示为炉墙结厚及正常时的炉墙温度变化情况。

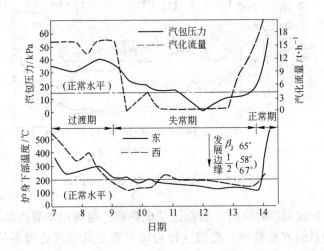

图 83　炉墙结厚及正常时的炉墙温度变化情况

边缘气流不足是炉墙结厚的一个条件，在边缘较重时，尤其要注意保持炉墙温度正常。炉墙结厚初期，通过发展边缘可以处理好。如在初期未能及时发展边缘，结厚加重后再发展边缘，就不起作用了，这时必须加洗炉料洗炉。高炉失常的时间拖长，损失必然加大。图 84 所示为首钢 2 号高炉炉墙结厚及采取的措施。1981 年 10 月 13 日，首钢 2 号高炉因炉体冷却壁漏水，炉墙结厚，炉体温度降到正常水平以下。送风后未能及时发展边缘，致使炉墙结厚严重。5天以后调整装料制度，发展边缘。经过两天，未起作用，于22日起加萤石洗炉，两天后结厚消除。在加洗炉料洗炉的同时配合发展边缘，由边缘气流供给热量，使洗炉料在较高位置上发挥作用。

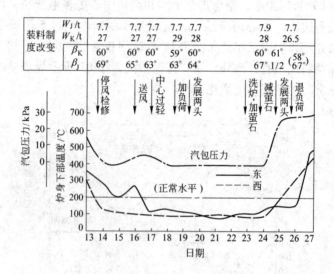

图 84　2 号高炉炉墙结厚及采取的措施

　　炉皮温度异常时一般都已结成炉瘤，很难用发展边缘和加洗炉料的方法处理。造成这种局面主要是发现及处理不及时，如果发现炉墙温度低于正常水平，及时发展边缘，结瘤是可以避免的。

　　炉皮温度偏低的区域，实际是炉瘤分布区。以炉皮温度为依据，圈定位置，在炉皮上开孔炸瘤，是比较可靠的。

　　表 49 和表 50 是首钢 2 号高炉 1975 年 1 月炸瘤前后实测炉皮温度的结果。从表 49 中看出，结瘤位置在 12 号风口到 3 号风口之间（虚线标出的范围），和实测的炉瘤位置图对照，两者是一致的（见图 85）。由于种种原因，炸瘤后还剩下一个瘤根没有

表49 高炉炉体上部表面温度（炸瘤前）

纵向温度/℃	横向平均温度/℃	60.2	62.4	55	44.4	42.8	39.8	38.8	46.2	61.4	54.2	56	45.8	65.2
-4.5	48.7	60	64	59	35	34	32	40	44	55	54	57	52	65
	44.2	59	50	40	38	34	36	32	40	42	54	54	45	64
+3.9	48.1	60	56	48	34	38	36	39	49	50	64	55	44	64
+2.0	50.1	52	64	54	45	45	45	41	52	50	48	56	44	66
+7.8	57.9	70	78	74	70	63	50	40	46	60	61	58	42	67

纵向平均温度/℃（上行标题为各列平均值）

梁式水箱进出水温差/℃：2.0　4.9　4.6　4.4　2.0　1.6　2.6　2.4　2.7　2.1　2.6　3.7

方位（风口编号）：10　11　12　13　14　15　1　2　3　4　5　6　7　8　9

说明（右侧标注，自上而下）：
- 标高为30200mm　钢砖下沿炉皮拐点
- 标高为28600mm　第五层探孔
- 标高为25800mm　第四层探孔
- 标高为23498mm　梁式水箱
- 标高为10600mm　风口水平

（左侧）测点间距/mm：500　500　500　500

注：测量时间为1975年1月18日；测定工具为WREA—981M表面温度计；高炉风量为2000～2050m³/min；边缘煤气CO₂为9.8%；中心煤气CO₂为14.1%；大气温度最高2℃；风力三、四级转一、二级；风向北。

147

表50 高炉炉体上部表面温度（炸墙后）

标高	横向平均温度/℃	纵向温度/℃	10	11	12	13	14	15	1	2	3	4	5	6	7	8	9
纵向平均温度/℃			78.2	81.4	92.2	80	81.6	68.6	55.6	66.8	72.6	67	78.2	70	73.8	82	84
标高为30200mm 钢砖下沿炉皮拐点	67.6	+0.7	71	72	74	63	64	59	66	68	65	63	62	58	67	85	77
标高为28600mm 第五层探孔	68.9	+4.5	74	72	76	65	67	75	58	65	60	60	64	65	70	76	76
标高为25800mm 第四层探孔	73.4	+4.6	66	80	76	73	77	88	54	75	73	68	68	80	71	70	82
标高为23498mm	78	+3.7	74	88	88	87	95	67	55	69	81	69	70	69	80	84	94
标高为10600mm 风口水平	81.7		79	95	97	112	106	54	45	57	84	75	77	78	81	95	91
方位（风口编号）			10	11	12	13	14	15	1	2	3	4	5	6	7	8	9

炉壁砌体厚度/mm：500、500、500

注：测定时间为1975年2月6日；测量工具为WREA—981M表面温度计；高炉风量为2050m³/min；边缘煤气CO_2为6.0%；中心煤气CO_2为11.7%；大气温度最高零下2℃；风力三、四级；风向西北。

148

彻底清除，位置在 1～15 号风口之间，宽两米多，高不到两米（见图 85）。为检查炉皮温度可靠程度，炸瘤后再测炉皮温度（见表 50），低温分布区和残留的瘤根位置一致。

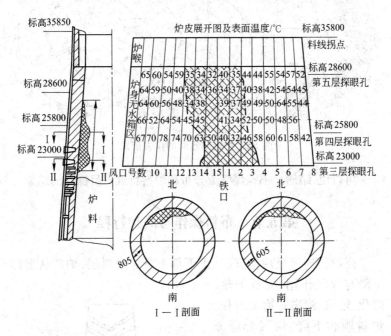

图 85　炉皮温度和炉瘤位置对照图

　　首钢用炉皮温度判定炉墙状况的工作主要是马松龄做的。由于这一方法的发展，炉皮测温代替炉皮探眼，可以迅速、准确地判断炉瘤位置，提高了炉皮的密封性，改善了工作条件。

　　炉皮温度变化已属结瘤时期，它和炉墙温度以及冷却壁进出水温差的变化均不同，在炉皮温度降低之前，高炉仪表早已反映出来。图 86 是结瘤过程中高炉的风量、风压、透气性指数、炉身压差、料尺等仪表的记录。从图 86 中可以看出，高炉行程不稳定，风量风压频繁，呈台阶状波动，炉身压差和透气性指数剧烈跳动，料尺不断出现滑尺和停滞，悬料经常发生，坐料后恢复困难等，这些征兆表明高炉可能结瘤了。

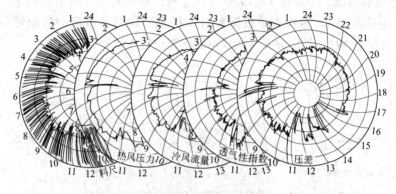

图 86　炉墙结瘤时的仪表记录

可以说,结瘤是不顾煤气流分布和炉料特点盲目操作的结果。

第五节　布料操作与高炉行程

高炉是逆流反应器,煤气由下部上升穿过料层,炉料从上部下降与煤气作用,完成加热、熔化、还原、渗碳等冶炼过程。炉料顺利下降,煤气合理分布,是高炉正常冶炼的保证。高炉解剖表明,软熔带大体将高炉分成两部分,软熔带以上是固体料柱,软熔带以下基本是焦炭。整个炉内,软熔带对上升煤气的阻力较大。软熔带的组成有两部分,即固体焦炭和熔融的矿石。焦、矿相间,上升的煤气大多通过阻力较小的焦炭层[5,14]。图 87 所示为出高炉料柱的结构。

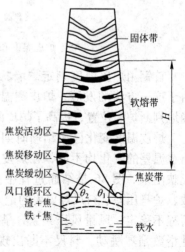

图 87　高炉料柱的结构

150

由前面的分析可知,软熔带中的焦炭层是煤气的主要通路,因此也称为"气窗"。由式(102)、式(103)可知,软熔带 H 越高,气窗面积越大,煤气阻力也越小。由图87可知,软熔带 H 越高,高炉中心的焦炭层体积越大,中心部分气流越发展,即形成表41中的Ⅲ型煤气分布。如 $H = 0$,则式(102)、式(103)变成式(104),气窗面积为零,此时软熔带的阻力最大,高炉顺行难以维持。这时的煤气分布是Ⅳ型,即平坦型。如果软熔带呈倒 V 形,高炉风口以上炉墙附近至软熔带主要是焦炭,边缘煤气必然发展,成为Ⅰ型煤气分布,即边缘发展型。Ⅱ型煤气分布的软熔带呈 W 形,煤气通路面积很大,边缘和中心都是良好的煤气通道,形成双峰形煤气分布。4 种类型的煤气分布作用不同,在表41 中已有详细对比,以下将深入讨论它们对高炉行程的影响。

一、边缘发展型（Ⅰ型）

前面就边缘发展型的煤气分布对高炉寿命的危害做了一些讨论,但实际危害远不止如此。1977 年以前一段时间,首钢 1 号高炉边缘发展,到1977 年6 月炉腹、炉身冷却壁已烧坏50 多块,因长期发展边缘,炉缸工作失常,中心堆积,煤气曲线呈馒头形,气流分布很不稳定,边缘管道不断。这从 9 月 1 日的煤气曲线可见一斑（见图88）。

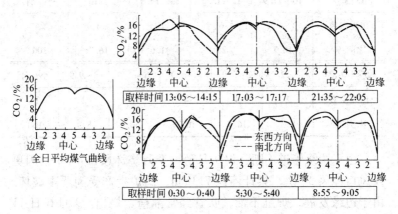

图88 Ⅰ型煤气分布的气流波动

图 89 所示为管道行程时的仪表记录特征，每隔 4h 取样一次，虽然总的分布是明显的边缘很轻、中心较重，全日平均边缘 CO_2 值为 5.3%，中心值为 13.9%，但煤气分布波动极大，其表现是 6 次测定中，边缘和中心 CO_2 值差别很大（见表51）。

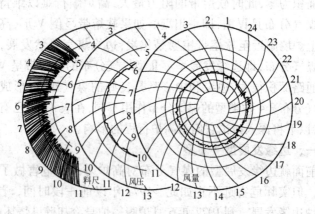

图 89　管道行程时的仪表记录特征

表 51　I 型煤气分布的煤气流变化

中心 CO_2/%	10~11.9	12~13.9	14~15.9	≥16	小　计
出现次数	4	6	10	4	24
比例/%	16.7	25	41.6	16.7	100

边缘 CO_2/%	<2	2~3.9	4~5.9	6~7.9	8~9.9	小　计
出现次数	2	4	4	12	2	24
比例/%	8.3	16.7	16.7	50	8.3	100

由于边缘管道不断，仅 9 月份一个月烧坏风口 44 个，因更换风口停风 34 次，累计停风 713min，高炉生产受到严重破坏。由于边缘发展，炉缸不活，吹管经常灌渣、烧出。9 月 6 日 11 时 57 分因灌渣 7 号吹管烧出，被迫紧急停风造成 6 个吹管进渣，

其中 1 号、15 号灌死，不得不更换；9 月 27 日因放风，13 号吹管进渣再次烧出，生产十分被动。这一个月炉腹冷却壁烧坏 4 块。

边缘长期发展的另一个恶果是炉缸不活跃，中心通路堵塞，高炉中心部分炉料未能充分还原，进到炉缸后造成炉缸中心部分热负荷过重，使炉缸中心堆积。炉缸堆积后，高炉不接受风量，脱硫效果不好，炉温少许波动，铁水中硫含量升高，容易发生质量事故。1 号高炉 1977 年一年里生产出格生铁 2566t，比全厂其他 3 座高炉出格铁的总和还多。由于边缘发展，炉顶煤气温度较高，影响炉顶装料设备寿命；同时，也加重了设备维修工作。

图 89 是典型的 Ⅰ 型煤气分布的仪表记录。从图 89 中可以看出，风量、风压频繁跳动，炉温引起风量、风压逐渐变化；管道行程时风量、风压瞬间跳动且频繁；探尺上的反映是下料疏密不均，经常出现滑尺现象。

许多炼铁厂出现过 Ⅰ 型煤气分布，吃尽苦头，应该坚决消除 Ⅰ 型煤气分布。

二、Ⅱ 型煤气分布

Ⅰ 型煤气分布从长远考虑，对高炉炉体和冶炼行程都有严重危害。有经验的高炉工作者总是力图改变这种状况，使煤气分布走向 Ⅱ 型。在这方面，武钢有成功的经验。1964 年 11 月 19 日，武钢 1 号高炉炉况不顺，测得回旋区长度为 0.8m，炉喉煤气曲线中心重（见图 90a）。将装料制度由全部 JKKJ 改为 3JKKJ↓ +2JJKK↓ 后，炉况好转。20 日测得回旋区为 1.06m。23 日炉缸煤气曲线为经典式，炉喉中心煤气曲线下降，风量增加 200m³/min（见图 90b）[15]。

图 90 表明，装料制度改变后，炉缸工作状况改善，在风口大小未变的情况下，煤气分布边缘 CO_2 由 5% ~ 8% 上升到 7% ~ 11%，中心 CO_2 由 10% ~ 12% 下降到 4% ~ 10%，煤气曲线由典型的 Ⅰ 型变成 Ⅱ 型。

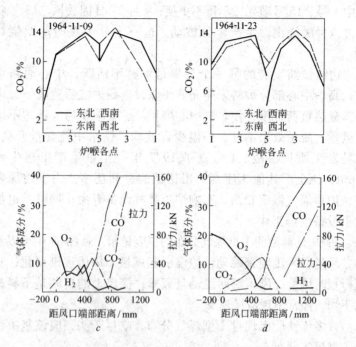

图 90　武钢炉喉煤气曲线和风口煤气成分

a，b—炉喉煤气曲线；c，d—风口煤气成分

本钢采用大批重分装，改变了长期以来的 I 型分布，成功实现 II 型分布，高炉在多方面取得显著成绩。图 91 和图 92 是本钢 5 号高炉（容积为 2000m³）装料制度改变后，煤气分布由 I 型过渡到 II 型的煤气分布情况。

从图 91 和图 92 中可以看出，同装变分装，批重 W_K 由 31t 增到 41.3t 后，煤气分布由边缘气流较强变为边缘、中心均较平坦的双峰式煤气曲线，并且整条曲线上移，最高点和最低点差值由 8% 减少到 5%。料面下的边缘温度变化很大，由 700℃ 下降到 400℃，炉喉温度带由宽变窄，由 600℃ 下降到 400℃[14]。

本钢 5 号高炉煤气由 I 型分布变成 II 型分布后，炉缸工作普遍改善。原来 3 个渣口同一次渣温温差最大为 141℃，最小为

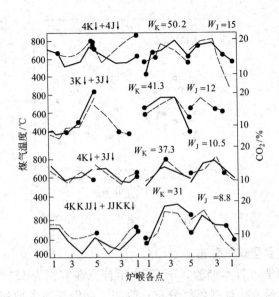

图 91 本钢 5 号高炉不同装料制度的煤气
分布和煤气温度变化情况

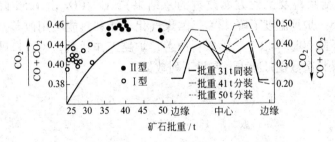

图 92 I 型和 II 型煤气分布时的煤气利用率

55℃，同一渣口同一次渣温温差在 7~92℃ 之间波动；II 型煤气
分布，3 个渣口同一次渣温温差最大为 30℃，最小为 3℃，同一
渣口同一次渣温温差范围为 1~18℃。图 93 是 5 号高炉脱硫能
力的改善情况[14]。5 号高炉因炉缸工作改善，风口、渣口破损
显著减少。

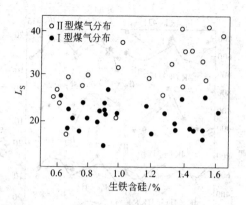

图 93　本钢 5 号高炉生铁含硅与 L_S 关系

三、Ⅲ型煤气分布

武钢学习日本经验, 于 1978 年首先在容积为 1513m³ 的 3 号高炉试验成功Ⅲ型煤气分布, 改变了武钢长期Ⅰ型和Ⅱ型煤气分布的状况[16]。煤气分布由Ⅱ型过渡到Ⅲ型后, 气流稳定, 煤气利用进一步改善, 混合煤气 CO_2 值由 15.5% 提高到 18%（包括原料及其他方面改进的总结果）, CO/CO_2 由 1.59 降到 1.18, 炉顶温度下降 13℃。因煤气化学能和热能利用改善, 焦比下降 30kg/t 以上。因顺行改善, 炉缸工作活跃, 风渣口破损和悬料次数逐月减少, 参见下列数据:

月　份	4	5	6	7
坏风口数	19	11	3	2
坏渣口数	26	28	19	18
悬料次数	10	6	1	1

图 94 和图 95 分别为武钢 3 号高炉煤气曲线和日本钢管公司提出的煤气理想分布曲线。

日本炼铁工作者依据高炉解剖的事实, 认为Ⅲ型煤气分布是大型高炉最佳的煤气分布。日本钢管公司提出以改变炉喉矿

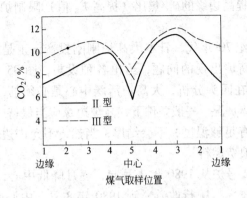

图 94 武钢 3 号高炉煤气曲线

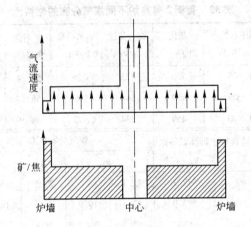

图 95 日本钢管公司提出的煤气理想分布曲线

焦比来控制煤气分布,使中心成为煤气通道,尽力抑制边缘气流。他们所确定的炉料和煤气理想分布,遵循以下原则[17]:

(1) 在高炉大部分横断面上,煤气和固体炉料接触均匀,能最大限度地利用煤气;

(2) 中心煤气流峰值强而窄,能保持高炉透气性和稳定操作;

（3）提高边缘的矿/焦比（提高 E_B 值）限制炉体热损失和炉墙磨损。

20 世纪 70 年代，日本大高炉刚刚投产，正是经验积累阶段，对大高炉出现的问题，给出各种设想，图 95 是其中的一类[18]。现在回头分析，大高炉活跃中心是必须的，抑制边缘，应针对具体炉况。一般条件下，高炉边缘应当保持一定煤气流，保证炉墙有足够温度，不会结厚；当然，不允许边缘发展，损坏炉墙和浪费燃料。

首钢 2 号炉从 1980 年 3 月起，逐月降低中心，加重边缘。开始收效较大，顺行改善，到 1980 年 8 月，中心 CO_2 值降到 6.4%，顺行虽改善，但燃料比升高（见表 52）。

表 52　首钢 2 号高炉不同煤气分布的燃料比

月份	利用系数 /t·(m³·d)⁻¹	焦比 /kg·t⁻¹	综合焦比 /kg·t⁻¹	石灰石量 /kg·t⁻¹	矿石铁含量/%	风温 /℃	顶压 /kPa
5	1.905	460	523	26	59.24	1044	121.5
7	1.905	459	540	6	58.17	1073	133.3
8	1.840	459	534	0	58.39	1098	125.0

月份	生铁硅含量 /%	折算燃料比 /kg·t⁻¹	煤气分布（CO_2）/%				
			1	2	3	4	5
5	0.49	512.1	15.4	18.6	20.5	18.0	13.1
7	0.56	533.9	17.4	19.9	20.2	16.4	10.6
8	0.53	534	17.7	20.7	21.4	14.6	6.4

注：表中数据为 1980 年测得的数据。

把表 52 中所列不同条件按 5 月份指标折合，与 5 月份相比，8 月份燃料比竟升高 22kg/t，其根本原因在于中心过轻，中心 CO_2 值只有边缘的三分之一。

日本大型高炉的炉缸直径在 10m 以上，发展中心煤气流以换取炉缸活跃，且大高炉风口以上料柱高达 30m 左右，要求软熔带有足够高度才能保证顺行。首钢 2 号高炉炉缸直径只有

158

8.4m，风口以上料柱高度只有21.5m，即使中心气流不十分发展，炉缸依然能活跃。基于这种认识，操作中逐渐将矿石和焦炭堆尖位置移近炉墙，在加重边缘的同时，加重中心，使煤气分布趋向均匀，控制中心煤气 CO_2 值大于10%，在炉况稳定、顺行的条件下，燃料比大幅度下降（见表53）。

表53　不同煤气分布的燃料比

时　间	利用系数 /t·(m³·d)⁻¹	焦比 /kg·t⁻¹	综合焦比 /kg·t⁻¹	风温 /℃	生铁硅含量 /%	顶压 /kPa	熟料比/%	石灰石量 /kg·t⁻¹	矿石铁含量 /%
1980 年 8 月	1.84	459	534	1098	0.53	129.7	99.0	0	58.39
1981 年 4 月	2.371	410	509	1183	0.48	151.0	99.64	0	58.43
1981 年 6 月	2.016	390	490	1174	0.53	150.0	94.73	13	59.15
1981 年 10 月	1.942	384	484	1177	0.61	152.0	100	4	58.64

时　间	折合燃料比 /kg·t⁻¹	每月塌料次数	每月坐料次数	煤气分布 (CO_2)/%		混合料煤气成分/%		
				边缘	中心	CO_2	CO	CO/CO_2
1980 年 8 月	515.56	33	1	17.7	6.4	18.5	23.8	1.29
1981 年 4 月	514.04	2	1	17.2	10.1	19.5	24.6	1.26
1981 年 6 月	487.82	6	0	17.6	11.4	19.0	22.8	1.20
1981 年 10 月	484	23	1	18.4	11.6	19.4	22.9	1.18

2 号高炉实践表明，中心过分发展，即使边缘相对加重 1% ~ 2%，燃料比依然升高（见表52），比较合理的煤气分布应该是在高炉顺行允许的条件下，煤气曲线的边缘和中心值差距尽量缩小，争取接近Ⅳ型分布。

四、Ⅳ型煤气分布

日本室兰 4 号高炉曾经试验加重中心，使中心的煤气分布和径向其他各点接近，结果如图96所示。

图 96a 是炉喉径向各点的煤气利用率和炉喉径向温度分布，有 6 条线，代表从 a ~ e 六段时间的统计结果。图 96b 代表各个时期的顺行情况，以日平均的（塌料 + 悬料）次数和高炉阻力

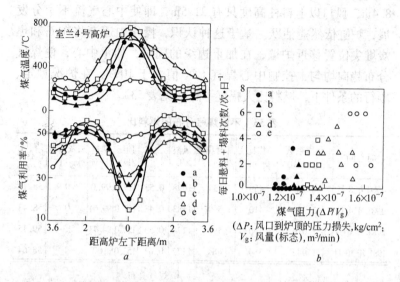

图 96　室兰 4 号高炉的实践

a—炉喉径向各点的煤气利用率和炉喉径向温度分布；b—各个时期的顺行情况

（$\Delta p/V_g$）表示。在 a 期（图中黑点），阻力 1.2×10^{-7} 左右，透气性很好，没有塌料、悬料；当 e 期（圆圈）炉喉径向煤气温度，几乎成一条直线，虽然径向的煤气利用率也接近一条直线，但高炉顺行很差，日均（塌料 + 悬料）6 次，高炉阻力上升 60%。显然，这种炉况的高炉很难进行正常生产，根本不可能取得好指标。

从高炉流体力学分析，Ⅳ型煤气分布必然失去中心煤气通路，高炉不可能顺行。所以，Ⅳ型煤气分布仅是设想，没有实践价值。

第六节　合理的煤气分布

煤气流分布有四种类型，表 41 较全面地反映了四种类型的各自特点。在日常生产中，最困难的不是如何实现加重边缘或敞开中心，这些是容易实现的。最棘手的是边缘加重到什么程度，中心敞开到什么程度。问题的本质是，哪些因素左右着煤气分布，过量会有什么后果。

一、边缘煤气流不足——边缘较重

前面已经说明了Ⅰ型煤气即边缘发展型的煤气分布对高炉的危害。实际上，高炉边缘所占的面积比高炉中心大得多，从煤气能量利用的角度分析，改善边缘煤气利用所带来的效益比中心大得多。

边缘过轻，煤气利用变坏，对炉墙侵蚀严重；边缘长时间过轻，会带来炉缸中心堆积。相反，边缘煤气流不足，即边缘较重，也会导致渣皮脱落。边缘较重，煤气供给炉墙的热量不足，容易使软熔带附近的半熔炉料黏到炉墙上，形成炉墙结厚。这种结厚不会向更厚的结瘤方向发展，厚到一定程度，黏结物会自动脱落，而后再重新黏结。在脱落过程中，脱落处的炉墙温度迅速上升，而后又缓慢下降，开始再次黏结。图97所示为炉墙结厚及渣皮脱落前后的炉墙温度变化，这是首钢2号高炉1980年的炉墙温度变化记录。从图97中可以看出，东和北方向的炉墙温度过低已经结厚，10：50时脱落，7h以后炉墙温度开始下降，17h后，炉墙温度又恢复到原来结厚的水平。脱落和黏结是周期性的，有时

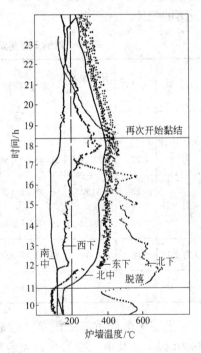

图97　炉墙结厚及渣皮脱落
前后的炉墙温度变化

因有意发展边缘处理结厚，脱落周期很短，即使不处理，厚到一定程度，也会自动脱落。

短周期对高炉行程破坏性较小，长周期时有时在风口处能观察到落下来的黏结物。当脱落开始后（炉墙温度升高），黏结物随炉料下降，有时降到风口前还未完全熔化，将风口挡住一部分。首钢曾发生因黏结物堵住风口，喷吹的煤粉将吹管堵死，导致吹管烧出事故。

黏结物脱落更严重的情况在首钢 2 号高炉发生过数次，如脱落物沿炉墙下滑，将风口压入炉内，从风口和吹管接口处喷出焦炭和渣铁。这种情况在宝钢和日本高炉都发生过。在日本这种风口损失称为"曲损"。表 54 是首钢 2 号高炉 1980 年渣皮脱落的统计。

表 54　首钢 2 号高炉渣皮脱落统计

日　期	风口号	开始漏风时间	常压时间	停风时间	更换设备数		
					风口	中缸	弯头
8 月 31 日	22			17:18 ~ 18:50	1		
	22	22:28	22:45 ~ 23:58	23:58 ~ 4:13	1		1
9 月 1 日	22	5:50	6:05 ~ 8:15	8:15 ~ 12:52	1	1	1
	22	15:55	16:07 ~ 17:46	17:45 ~ 21:56	1	1	
9 月 2 日	18	4:08	4:05 ~ 7:33	7:33 ~ 11:49	1	1	
累　计			7h20min	18h51min	5	3	2

上述 5 次严重渣皮脱落，造成停风 18h 51min，损失产量 3400t 以上。其中，22 号风口先后发生 4 次，后 3 次均是在风口堵泥的情况下发生的。

处理渣皮脱落比较简单，适当减轻边缘，同时少许退负荷，以保持充足炉温：

溜槽角度改变 α_{J30}^{K36} ⟶ α_{J29}^{K34} ⟶ α_{J28}^{K35}

负荷改变　　　　4.167　　　　3.986　　　　3.851

改变日期　　　　9月1日　　　9月2日　　　9月2日

宝钢1986年也曾发生过渣皮脱落，处理方法和首钢相同。高炉边缘气流不是越重越好，过重会发生炉墙结厚，特别是高炉中部、炉腰和炉身下部容易结厚。

边缘加重程度的另一个限制环节是顺行。边缘过重，高炉透气性很差，难以保持顺行。长时间的边缘过重，还会导致炉缸边缘堆积，使出铁、放渣都十分困难。

当然，使用含粉较多的炉料，只能适当发展边缘，按Ⅱ型煤气曲线操作，这种状态下加重边缘更不可取。

二、边缘自动加重

在日常操作中，尽管装料制度未变，煤气分布有时也会自动变化。如果由于边缘煤气自动加重，引起炉温显著升高，过不了多久，炉况会开始不顺，出现塌料、管道等问题。

当边缘自动加重影响高炉顺行时，应当调整装料制度，适当减轻边缘，防止破坏顺行，同时应分析原因，相应做出正确处理。

炉料粉末增多，常常导致边缘自动加重，Ⅲ型煤气分布时更是如此。属于粉末引起的边缘加重，改变装料制度、适当敞开边缘的调节方法是正确的。

有时由于料尺零点上移，形成实际的深料线加料，也会造成边缘加重。如果边缘自动加重又找不出原因，应核对料尺零点。

使用电子秤称量入炉料，有时因秤的压头零点漂移，入炉矿石批重减小，也能导致边缘自动加重。所以，对于入炉计量秤应制订定期核对制度。

炉型变化也会引起煤气分布的自动改变。对于炉型的监测，前面已经做了分析。

总之，煤气自动变化，要分析原因及时处理。如原因一时不清而又影响高炉顺行时，应当减轻边缘，保持高炉顺行。

三、中心煤气流

中心煤气通路非常必要，特别是对大高炉而言。由于近年兴起的中心加焦，中心煤气流发展已受到普遍重视。但中心过分发展，也会带来严重后果。中心过分发展，边缘会自动加重，不注意会引起压差升高，最终破坏顺行。

除粉末较多的炉料，不能用中心发展的Ⅲ型煤气分布以外，Ⅲ型煤气分布的适应能力最强。中心过轻，高炉压差很低，容易保持顺行。但中心发展也容易造成燃料消耗升高。1980年5月，首钢2号高炉由中心过重逐渐敞开中心，到8月份，中心煤气CO_2值降到6.4%（见图98），与5月份相比燃料比升高20kg/t以上（见表55）。以后又逐步加重中心，到1981年10月，中心上升到11.6%，结果焦比降到384kg/t，燃料比降到504kg/t。

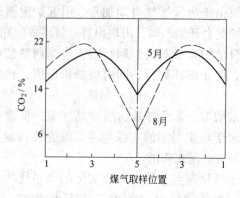

图98　首钢2号高炉中心煤气曲线变化

表55　中心煤气分布对燃料比的影响

时　间	利用系数 /t·(m³·d)⁻¹	焦比 /kg·t⁻¹	燃料比 /kg·t⁻¹	石灰石量 /kg·t⁻¹	TFe /%	风温 /℃
1980年5月	1.905	460	538.7	26	59.24	1044
1980年8月	1.840	450	555	0	58.39	1098

时　间	顶压/kPa	[Si]/%	折合燃料比/kg·t^{-1}	煤气分布(CO_2)/%	
				边缘	中心
1980 年 5 月	124	0.49	512	15.4	13.1
1980 年 8 月	128	0.53	534	17.7	6.4

中心煤气分布，除表现在中心 CO_2 值或中心温度水平外，更重要的是高炉中心区所占的面积。从煤气利用角度分析，煤气流发展所占的高炉中心部分的断面积越小越有利。在高炉中心部分较狭窄的断面上煤气流充分发展，反映在十字测温装置上，中心点温度很高，相邻中心点一直到炉墙处，煤气分布普遍较重。中心轻以保持高炉顺行和保证炉缸中心工作正常；同时，在高炉较大区域里煤气得到充分利用，既有利于顺行，又有利于降低燃料比，这应是不断努力追求的目标。

四、调整煤气流的原则

通过炉料分布，调整煤气分布。煤气流调整和试验过程中应注意：

（1）煤气分布不论用炉喉径向温度表示还是用煤气曲线表示，均要在经验积累的基础上试验调整。以煤气曲线为例，径向各点的 CO_2 不仅取决于煤气利用程度，很大程度上还取决于矿石铁含量、风温使用水平、生铁硅含量、渣量等参数。高炉煤气利用水平以及高炉径向各点的利用水平，都取决于诸多操作条件，因此仅仅用 CO_2 绝对值判断装料调节水平是不合适的。应根据实际条件，确立可能达到的目标，不能盲目追求。

（2）表 41 已经指出，Ⅲ型煤气分布较好，所以实现Ⅲ型煤气分布，并在高炉顺行允许的前提下，向Ⅳ型靠拢，争取最佳的煤气利用率。必须强调，Ⅳ型煤气分布是不可能实现的，仅按Ⅳ型思路，尽力改善煤气利用率。

（3）如果以高产为主，高炉要全力提高冶炼强度，在此前提下，产量是第一位，煤气利用率放在第二位。因此，装料制度应以顺行为主，保证高产，不能过多追求煤气利用率。一般情况下，高炉应以适当的冶炼强度，提高煤气利用率，过分追求高产量、高系数，不仅损失燃料，而且会降低高炉寿命。

（4）要考虑高炉冶炼条件，首先是原料条件。如原料中粒度小于5mm的粉末料过多，应确定Ⅱ型煤气分布，保证炉料粉末在高炉中间环圈分布，以减少粉末作用，改善料柱透气性。使用含粉末很多的炉料，要严防Ⅰ型煤气分布，避免因边缘发展引起粉末作用，堵塞中心；同时，破坏高炉顺行，甚至使炉墙结厚。

马树涵、杨国盼以煤气曲线中边缘（第1点）和中心（第5点）CO_2值的差，衡量煤气分布类型：

$$\Delta CO_2 = CO_2^5 - CO_2^1$$

用 σ 表示煤气曲线的平坦度：

$$\sigma = \sqrt{\sum_{i=1}^{n} (CO_2^i - CO_2^{cp})^2 / n}$$

式中　CO_2^i——第 i 点的 CO_2 值，%；

CO_2^{cp}——各取样点 CO_2 平均值，%；

n——取样点数目。

σ 值越小，表示煤气曲线越平坦[19]。

他们分析鞍钢高炉多年的实际资料，凡属 σ 值小的（煤气曲线较平坦），燃料比都比较低。他们对比煤气曲线和烧结矿小于5mm粉末的关系，得到图99。从图99中可以看出，粉末越多，边缘越轻，边缘和中

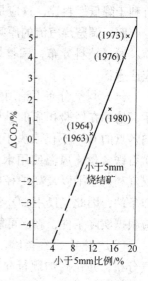

图99　鞍钢高炉烧结矿粉末与边缘、中心煤气流的关系

（——实际值；---外推值）

心的 CO_2 的差值也越大。

对于粉末较少的炉料，应确定Ⅲ型煤气分布。有条件的高炉，应试探着使煤气曲线逐渐走向平坦，向Ⅳ型过渡。

（5）对于中、小型高炉，炉缸直径较小，炉缸中心容易活跃；料柱较矮，整个料柱的阻力较小，这是争取提高煤气利用率的有利条件。但生产实际恰恰相反，我国小高炉普遍采取高强度操作，不仅煤气利用率很低，而且高炉寿命很短，一般 6 ~ 8 年大修一次，1 ~ 2 年喷涂一次，物质浪费实在惊人！

（6）煤气运动速度与煤气分布类型的选择有关。煤气流速高，要求高炉有更好的透气性相适应；煤气流速低，高炉容易顺行。因此，对于较低冶炼强度的高炉有利于提高煤气利用率；同理，对高压操作的高炉也有利于提高煤气利用率。

（7）高炉操作要经常观察炉墙温度和压力的变化，如炉墙温度低于正常值，应及时调整装料制度，防止破坏高炉顺行。高炉外部条件以及高炉冶炼行程本身，都会有变化，这些变化如危及高炉顺行，必须改变操作。这方面的教训很多，武钢 3 号高炉就是一例[20]：3 号高炉（1513m³）第二代于 1977 年 6 月开炉，1978 年 7 月开始试验扩大批重，同时装料次序由同装改成分装，取得较好效果（见表 56）。

表 56　武钢 3 号高炉装料制度的试验结果[21]

月　份	批重/t		装料次序	料线 /m	料层厚度/mm	
	矿石	焦炭			矿石	焦炭
5	29.4	8.55	3J2K↓	1.8 ~ 1.9	500	543
7	39	10.5	3K↓ +3J↓	1.8	680	670
9	44	12	2K↓ +3J↓	2.2	767	755

月　份	压差 /kPa	利用系数 /t·(m³·d)⁻¹	燃料比 /kg·t⁻¹	CO_2 /%	悬料次数
5	134	1.655	585.1	15.5	6
7	128	1.685	537.1	18.0	1
9	127	1.614	535.6	17.9	27

从表56中可以看到，不同装料制度带来的效果是显著的。到7月份，扣除条件改善所降低的燃料量，大批分装使燃料比下降约30kg/t，高炉顺行情况也良好。因装料制度改变，煤气分布由Ⅱ型变成Ⅲ型。但在煤气分布变化的同时，没有注意炉身温度或炉身冷却壁热负荷的变化。5～6月份，炉身散热减少是正常的，因为煤气分布由Ⅱ型到Ⅲ型，边缘气流减弱，炉墙温度下降，炉身冷却壁的热负荷必然减少。6月份以后，在炉身热负荷变化趋向不明的情况下，将批重由39t扩大到44t，料线由1.8m降到2.2m，边缘气流进一步减少。结果，煤气曲线边缘上翘，呈漏斗形，炉况失常，悬料达27次/月（图100、图101）。

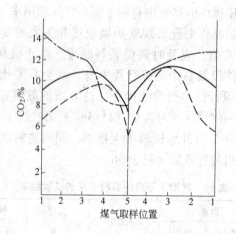

图100　武钢3号高炉不同时期的煤气曲线

（——代表3J2K↓（5月），$h=1.8m$；- - -代表3K↓3J↓（6～7月），$h=1.8m$；
—·—代表3K↓3J↓（9月），$h=2.2m$）

同年10月，因烧结矿中配用澳大利亚矿粉，强度下降，1979年5月测定烧结矿粒度小于10mm的高达57%以上，过筛后小于5mm的粉末仍占22%～24%，由于边缘过重，深料线边缘气流减弱，再加上粉末过多，粉末效应的结果，使边缘更加

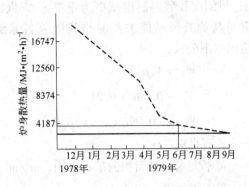

图 101　武钢 3 号高炉炉身冷却壁散热量的变化

堵塞，于是结瘤。

产生结瘤的原因不仅仅是烧结矿变化，重要的是高炉操作必须适应变化。当发现炉墙异常，高炉顺行受到威胁时，应适当减轻边缘，增加边缘气流，防止炉墙结厚。

在高炉连续出现压差升高、憋风、难行时，应及时调整装料制度，使Ⅲ型煤气分布过渡到Ⅱ型，用两条通路代替中心通路，争取高炉顺行。一旦炉况恢复，判定各种仪表反映正常，应立即恢复原有的装料制度。

（8）装料制度与送风制度相适应。早在 20 世纪 50 年代，李镜邨根据马鞍山炼铁厂的生产实践，提出"上下部相结合"的问题。他指出：炉顶调剂必须与送风制度相结合[22]。当时他们在高炉上增加风量，提高风温，同时缩小矿石批重，结果高炉中心气流过分发展，塌料不断。以后扩大矿石批重、改变倒分装，从上部抑制中心气流，结果塌料消除，高炉顺行。

成兰伯在总结鞍钢多年操作经验时指出："回顾 1958 年前，鞍钢高炉曾局限于上部调剂，常为应付高炉失常而疲于奔命。后重视了下部调剂而强化了冶炼"，"实践还表明，各操作制度互有影响，但合理的送风制度和装料制度，能统一气流和炉料逆向运动之间的矛盾，使气流分布合理，炉况稳定顺行，因此选择合理的送风制度和装料制度就更为重要。"[23]世界上首先给出矿石批重与高炉鼓风动能关系的是我国著名炼铁专家樊哲宽[24]，他给出以下公式：

$$W_K = V_K \rho_K A$$
$$V_K = 0.09i + 0.21 \qquad (105)$$
$$W_K = (0.09i + 0.21) \rho_K A$$

式中　W_K——矿石批重，t；

　　　V_K——每平方米炉喉面积的矿石体积，m^3/m^2；

　　　ρ_K——矿石堆密度，t/m^3；

　　　A——炉喉面积，m^2；

　　　i——冶炼强度，$t/(m^3 \cdot d)$。

樊哲宽在文献[24]中还给出鼓风动能与冶炼强度关系的计算公式：

$$E = (764i^2 - 3010i + 3350)d \qquad (106)$$

式中　E——鼓风动能，$kg \cdot m/s$；

　　　d——炉缸直径，m；

　　　i——冶炼强度，$t/(m^3 \cdot d)$。

由式（105）及式（106）建立鼓风动能和冶炼强度的关系。从公式看到，当冶炼强度提高时，批重应扩大，在当时鞍钢的条件下，可由公式具体计算出来。这些公式是依据鞍钢当时的冶炼条件统计得到的经验公式，可利用所述的方法，按自己的经验数据，进行统计，不能生搬硬套。

装料制度要与送风制度相适应。当高炉风速较低，炉缸风口循环区较小、炉缸初始煤气分布边缘较多时。对于大、中型高炉，此时装料制度不应过分堵塞边缘气流，应调剂装料制度，适当控制边缘、敞开中心，并以疏导中心为主，防止边缘气流被突然堵塞，破坏高炉顺行。如下部中心气流发展，只要高炉顺行，上部装料也应适当敞开中心，保持煤气流通畅。如下部中心过分发展，中心管道不断，也不能一次堵塞中心气流，而应适当疏导边缘以减轻中心过分发展，保持高炉顺行。这就是上部和下部的互相适应。总之，不论上部或下部，都不要形成直接对抗。

所以，当Ⅰ型煤气分布到Ⅲ型煤气分布改变时，在装料制度的选择上应有过渡，先由Ⅰ型过渡到Ⅱ型，再在Ⅱ型的基础上，进一步提高风速。改变初始气流分布，扩大风口前的循环区，使其与上部调剂相适应。没有上部配合，单从下部调剂打开中心是困难的。1977 年 8 月，首钢 1 号高炉的煤气分布为Ⅰ型，为活跃中心，于 8 月 9 日将 4 个直径为 160mm 的风口换成130mm 的小风口，风口面积由 0.217m² 降到 0.199m²，风速由原来的 100~105m/s 提高到 120~130m/s，鼓风动能由 49kJ/s 增到 68.6kJ/s，结果风口大量烧坏，煤气曲线依然为Ⅰ型：

月份	风速 /m·s⁻¹	煤气(CO₂)/%	
		边缘	中心
7	100~105	6.3	13.5
8	120~130	6.4	13.5

关键在于，长期的Ⅰ型煤气分布，炉缸不可能很活跃，中心堆积几乎是不可避免的。长期形成的炉缸堆积，想在一两天用下部或上部调剂的方法解决是不可能的。首钢 1 号高炉当时企图提高风速，快速解决炉缸堆积问题，就是对此认识不足的结果。由于缩小风口后全力加风，炉缸有效截面本来狭窄、铁水面上升很快，初期出现风口下部大量烧坏，特别是在出铁晚点的时候，仅 8 月 22~31 日就烧坏风口 8 个。

本钢 5 号高炉和武钢 3 号高炉都有一段并非偶然的经历，在改变装料制度使煤气分布由Ⅰ型过渡到Ⅱ型的过程中，都提高风速，正是下部与上部互相适应的结果。

依据高炉具体条件，确定煤气分布类型以后，就要通过装料制度实现既定的目标。究竟哪些参数是装料制度的决定环节，哪个在先，又怎样实现，以下讨论这些问题。

（9）试验装料开始，除严重破坏顺行，应坚持一段时间，看清试验结果。一般要求6~9个班，即2~3天。炉料分布的作用，除直接影响煤气分布外，煤气流对炉墙也有影响，这需要时间。长期生产，煤气分布和炉墙内型已经适应，煤气改变，炉型也有反应，这类适应，需要时间。布料试验不能频繁操作，有的高炉工作者，缺少耐心，经常改变装料制度，有时一天一变，很难看清实际作用。

参 考 文 献

[1] 刘志超，唐有余. 湖北省麻城县"黄继光"炉高产经验. 钢铁，1959（6）：182~187

[2] 佐佐木太郎，等. 胡燮泉译. 首钢科技情报，1978（1）：78~93

[3] И. З. Козлович. Процессы восстоновления и окислеиия В доменных печах. металлургиздат，1951

[4] 神原健二郎. 周俊荣译. 首钢科技情报，1978（1）：9~22

[5] 神原健二郎. 鉄と鋼，1976（5）：535~546

[6] 刘德铨，等. 首钢科技专刊，高炉解剖专辑（一）. 37~47

[7] K. Tashiro. Blast Furnace Conference-France 1980；Ⅲ：Ⅲ-1

[8] 斧胜也. 高炉软化熔融带的反应及研究. 阿日棍，等译. 包头钢铁公司，1980：57~59

[9] 刘光煜. 武钢技术，1964（4）：17~26

[10] T. L. Joseph. Blast Furnace and Steel Plant，1957（5）：489~493

[11] М. А. Шаповалов. Исследование доменного процесса，Издательство Ан，СССР，1957；Стр：55~84

[12] 杨永宜，朱景康. 金属学报，1965（2）：155~164

[13] 李维国. 钢铁，1989（9）：4

[14] 张文达，等. 钢铁，1980（4）：41~46

[15] 樊哲宽. 中国炼铁三十年. 北京：冶金工业出版社，1981：488~497

[16] 武钢炼铁厂. 三高炉大批正分装试验小结. 1978，8

[17] Joseph Poveromo. Blast Furnace Ironmaking. McMaster University，1981. Vol. Ⅲ. 20P. 1~44

[18] Tutomu Fukuyama et al. Importence of Burden Distribution Control and Inner State of the BF W. K. Lu（by Edited），Optimum Burden Distribution in Blast Furnace，Canada，1978

[19] 马树涵, 杨国盼. 钢铁, 1981(7): 9~17

[20] 张寿荣. 钢铁, 1980(4): 47~52

[21] 刘淇, 于仲洁. 高炉操作制度与操作内型的关系, 武钢炼铁厂, 1980, 10

[22] 李镜邨. 见: 重工业部技术司编. 全国高炉生产技术会议资料汇编. 1955:
248~275

[23] 成兰伯. 见: 中国金属学会编. 中国金属学会学术论文集, 炼铁文集, 上册.
1979: 156~165

[24] 樊哲宽. 冶金技术, 1963(2): 29~32;
樊哲宽. 中国炼铁三十年. 北京: 冶金工业出版社, 1981: 141~150;
樊哲宽. 武钢炼铁四十年. 武汉: 华中理工大学出版社, 1998: 163~167

第五章　无钟布料操作

世界上第一座无钟炉顶高炉投产于 1972 年，之后很快风行全世界。关于无钟操作研究，也同步开展，研究高潮则在无钟投产后的最初 20 年，很多重要研究论文在此期间发表，很多关键的操作经验在此期间公开。无钟炉顶的推广，推动了高炉生产发展，为高炉强化发挥了巨大作用。

我国无钟高炉增加很快，不仅大高炉而且 300m^3 小高炉，也有部分装备无钟炉顶。和装备状况一样，无钟高炉操作技术也参差不齐，既有宝钢等厂的先进操作经验，也有依然用大钟的布料方法操作无钟高炉。不少高炉仍用单环或双环布料，未能充分发挥无钟装置的技术优势。其原因很多，主要是未能充分认识无钟与大钟的区别。

第一节　炉料落点的不同

比较无钟（式（16））与大钟（式（38））的布料方程，可以明显看到两者的根本差别：

无钟 $\quad n = \sqrt{l_0^2\cos^2\beta + 2l_0\cos\beta L_x + \left(1 + \dfrac{4\pi^2\omega^2 l_0^2}{C_1^2}\right)L_x^2}$ 　（16）

大钟 $\quad n = \dfrac{1}{2}d_0 + L_x$ 　　　　　　　　　　　（38）

比较式（16）和式（38）可知，大钟布料落点仅仅 L_x 可以改变，d_0 是大钟直径，对具体高炉是固定不变的，依式（38）：

当 $L_x = 0$，$n = \dfrac{1}{2}d_0$ 时，堆尖在大钟下缘。

当 $L_x = f$，则 $n = \dfrac{1}{2}d_0 + f$ 时，堆尖与炉墙重合。

可见，炉料堆尖分布只能在大钟外缘到炉墙之间，即在炉喉间隙 f 之间变化。

由式（16）可知，溜槽布料器的堆尖分布除与 L_x 有关外，主要决定于 $l_0 \cos\beta$。l_0 是溜槽长度，β 是溜槽与水平面的夹角，当 β 改变时，$l_0 \cos\beta$ 也改变：

$\beta_{min} = 40°$，$l_0 \cos\beta = 0.766 l_0$，炉料可以布到边缘。

$\beta_{max} = 90°$，$l_0 \cos\beta = 0$，炉料布到中心。

所以，溜槽布料器布料十分灵活，无需改变料线，从根本上突破了大钟对布料的束缚，为炉料合理分布创造了良好条件。而大钟，由于炉喉间隙的束缚，炉料堆尖只能在此距离内移动，为改变炉料分布，不得不用改变装料次序、料线等办法，使炉料分布尽可能满足冶炼要求。

操作无钟高炉，不必改变料线，用改变料线操作无钟高炉的做法是画蛇添足。

第二节 炉 料 偏 析

用无钟设备布一批料，溜槽转动 8～12 圈，放料时间比大钟长 5～10 倍。炉料在缓慢流动中，粉末易在落点附近停留，形成粒度偏析。单环布料不适用于无钟操作，它不仅失去无钟的技术优势，而且发挥了它的短处，所以单环布料是扬短避长。无钟布料时的粒度偏析示意图如图 102 所示[1]。从图 102 中可以看出，离开溜槽的炉料，粉末在堆尖附近，大粒度炉料滚向下边。单环布料相当于炉料在炉内自动分级。所以

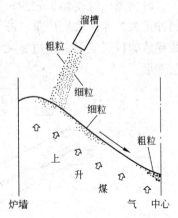

图 102 无钟布料时的粒度偏析示意图

单环布料时，如布料角度扬向边缘，由于粉料的缘故，边缘容易加重，引起炉况难行，这就是为什么单环布料难以把炉料布到炉墙附近的原因。

图 103 所示为无钟布料炉喉内料面径向的粒度偏析[2]，图中实线是无钟小于 5mm 粒度的烧结矿沿炉喉径向的分布，虚线是大钟的径向粒度（小于 5mm）分布。

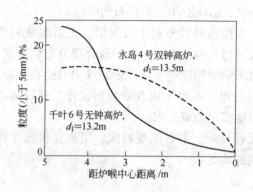

图 103　无钟布料炉喉内料面径向的粒度偏析

大钟布料与无钟完全不同：大钟打开后，炉料迅速落到炉内，时间短、粒度偏析较少；但是炉料下落较集中，对下层炉料冲量大，界面效应严重。图 104 所示为日本两座高炉加料过程导致的料层变形，左边是无钟的料层变形，右边是大钟的料层变形[3]。

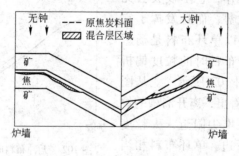

图 104　大钟与无钟的料层变形

从操作上降低高炉燃料比、扩大高炉间接还原区，是行之有效的，图 105 所示为高炉间接还原区与高炉燃料比的关系[4]。从图 105 中看到，间接还原区比例越高，燃料比越低。间接还原区一般在 960℃ 以下。高炉软熔带形成于 1200 ~ 1400℃。高炉解剖证明，软熔带外侧与块状带相连，约 1200℃，其内侧与滴落带相连，约 1400℃。要想扩大间接还原区，必须降低软熔带高度。图 106 是新日铁两座高炉解剖的结果，两座高炉停炉前一天的操作数据见表 57。

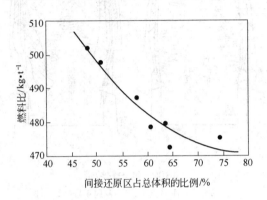

图 105　间接还原区与高炉燃料比的关系

表 57　停炉前最后一天的操作数据

厂别	日期	产率		操作参数						负荷
		日产 /t·d^{-1}	利用系数 /t·(m^3·d)$^{-1}$	风量	风温	风压 /风量	湿分	富氧	顶压	
广畑	22	3289	2.34	2300	941	0.9	32	0.96	900	2.97
洞冈	24	2268	1.77	2039	980	0.61	16.5	1.99	58	3.94

厂别	日期	燃料/kg·t^{-1}			铁水/%			炉渣		煤气/%	
		焦比	重油	燃料比	Si	S	Mn	渣量/kg·t^{-1}	CaO/SiO$_2$	CO$_2$	CO
广畑	22	471	31	502	0.80	0.038	0.62	265	1.12	19.2	23.4
洞冈	24	387	78	465	0.52	0.039	0.60	267	1.22	19.0	22.7

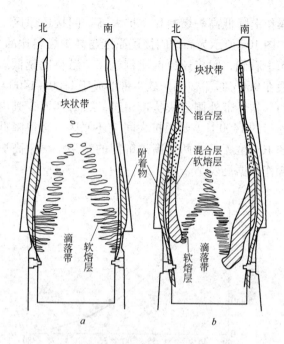

图 106 高炉软熔带

a—广畑 1 号高炉；b—洞冈 4 号高炉

从表 57 中可以看出，两座高炉差别极大，广畑 1 号高炉高产量、高顶压、高炉温、透气性好、高燃料比；而洞冈 4 号高炉中等产量、中等炉温、常压、低燃料比。高炉解剖发现，广畑 1 号高炉的中心气流发展，软熔带高度占解剖料柱高度的 75%，洞冈仅占 28%[5,9,10]。表 58 包括首钢实验炉的解剖数据[11]。

广畑 1 号高炉透气性好的另一原因是软熔带的焦炭层较厚、焦窗面积大。表 58 是广畑 1 号高炉和首钢实验炉解剖实测的软熔带各层厚度。广畑 1 号高炉最后几层因矿石熔损和高炉放积铁，受到破坏，表中列出 17 层。表 58 中软熔带各层的厚度从上到下大体上逐渐变薄。矿熔层 3～5 层（原报告中缺 1～2 层焦窗厚度）的平均厚度 0.28m，而 15～17 层的厚度平均 0.19m；同位置的焦窗厚度分别是 0.44m 和 0.17m，分别占软熔层厚度的 61% 和 47%。

表 58　广畑 1 号高炉和首钢实验炉解剖实测的

表 58　广畑 1 号高炉和首钢实验炉解剖实测的

软熔带各层厚度　　　　　　（m）

项　目	软熔带各层厚度					
	广畑 1 号高炉			首钢实验炉		
	3~5 层平均厚度	15~17 层平均厚度	3~17 层平均厚度	1~3 层平均厚度	5~7 层平均厚度	1~7 层平均厚度
矿熔层厚度	0.28	0.19	0.26	161.67	78.25	114
焦窗厚	0.44	0.17	0.29	115.00	95	104
总　厚	0.73	0.37	0.55	276.67	173.25	218
焦窗厚/总厚	0.61	0.47	0.51	0.42	0.55	0.49

首钢实验炉解剖结果为：上三层软熔层平均厚度 0.16m，5~7 层平均厚度是 0.08m，上层焦窗平均厚度 0.12m，5~7 层焦窗平均厚度 0.1m，上层和下层焦窗平均厚度分别占软熔层厚度的 42% 和 55%。实验炉容积 23m³，解剖实测料柱高仅 4.28m[10,11]。

以上数据均在高炉冷却后测定的，比生产状态收缩很多。

表 59 是三座高炉的软熔带数据。表 59 中冷却后高度是指高炉打水冷却后，以炉喉上缘为基准的料面高度。三座高炉软熔带结构清楚，主体是"倒 V 形"。广畑 1 号高炉的料柱高度和软熔带高度是依据文献中的图形推算的，虽然参考一些相关报告，可能存在误差。表 59 中给出的料柱高度是指高炉停炉后解剖前测得的高度，不是生产状态的料柱高度。

表 59　三座高炉的软熔带数据

厂　别	炉喉焦层厚度 /m	炉腰焦层厚度 /m	料柱高 /m	软熔带高 /m	软熔带层数	平均每层带高 /m	三层平均带高 /m		软熔带高/料柱高
							上部	下部	
首钢实验炉	0.31	0.13	4.28	1.7	10	0.17	0.27	0.17	0.4
广畑1 号高炉	1.07	0.51	20	15	20	0.75	0.73	0.37	0.75
洞冈4 号高炉	0.47	0.24	21.5	6	21	0.29	0.47	0.24	0.29

高炉料柱的阻力主要来自高炉下部高温区。沿高炉高度分布的炉内静压力如图 107 所示[12]。上升的煤气，经软熔带的焦窗，初次分配，所以炉内煤气分布与软熔带的形状和焦窗面积密不可分。下部焦窗面积决定于焦炭批重和焦炭分布。稳定的高炉进程必须保持稳定的煤气分布，因此焦炭的批重应尽量稳定。在高炉日常调剂中，避免变动焦炭批重和负荷，应改变矿石批重以减少料柱阻力。

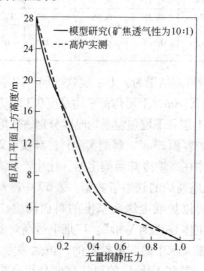

图 107　沿高炉高度分布的炉内静压力

软熔带高度很大程度受中心气流的影响。广畑 1 号高炉软熔带过高，它的中心煤气流异常发展，高炉透气性极好，高炉容易接受高风量；其主要缺点是燃料比过高。通过控制中心气流，能够有效地控制软熔带高度；但软熔带过低，必然导致边缘气流发展，不仅侵蚀炉墙，而且使燃料比大幅升高[12]。

第三节　批重的选择

软熔带降低的结果，导致软熔带中的焦窗面积减少。高炉煤气几乎全部由焦窗通过，焦炭批重在很大程度上决定焦窗的厚度。软熔带区域的透气性，决定于软熔带的高度和焦窗的厚度。为控制高炉高温区高度，软熔带高度受到限制，焦窗厚度对改善料柱透气性十分重要。为保持软熔带各层的焦窗厚度，尽量将焦炭沿炉喉径向均匀分布；保持稳定的焦炭批重，也是稳定焦窗面积的重要手段。大量中心加焦，一方面使中心气流过分发展，降低了煤气利用率；另一方面，也减薄了焦窗厚度，因为中心区域焦炭，仅仅影响最上部的焦窗，对增加大部分软熔带中的焦窗增厚没有贡献。图106显示炉料下降和煤气上升的路径，煤气流通过软熔带的焦窗上升，形成上升煤气流的初始分布。

一、炉料的径向移动

高炉炉喉断面积最小，炉腰最大。炉料在下降过程中，料层变薄，炉料必然横向（径向）移动、从高炉中心向边缘移动。显然，移动数量决定于炉腰面积和炉喉面积之比，即：

$$r_m = \frac{D^2}{d_1^2} \qquad (107)$$

式中　r_m——炉腰、炉喉面积比；

　　　d_1——炉喉直径；

　　　D——炉腰直径。

图108是用式（107）算出的高炉炉腰、炉喉面积比。

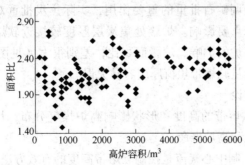

图108　高炉炉腰、炉喉面积比

由图 108 看到，炉腰面积较炉喉面积大 1.4～2.9 倍。由此推断，炉料从炉喉降到炉腰，料层厚度至少减薄 1.4～2.9 倍。当炉料进入高温区，其体积因冶炼进程变化很大，特别是矿石，因软化、还原反应，体积缩小很多。杜鹤桂等对实验炉解剖研究结论：矿熔层在软熔区域的平均收缩率在 35% 左右[11]。

解剖证明，软熔带中焦窗的厚度低于炉腰处焦层的厚度，软熔带下层焦窗的厚度低于上层的厚度。而焦窗是煤气通道，目前还没有办法测量软熔带下部的焦窗厚度，按现有顺行高炉的数据估算，在炉腰处的焦层厚度下限大约是 0.2m，如图 109 所示。

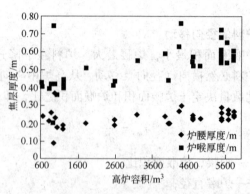

图 109　炉腰处焦层厚度

过去强调矿石批重的重要作用，实际焦炭批重对软熔带焦窗的厚度有重要影响。炉腰处焦炭层厚度较接近软熔带焦窗厚度，不同高炉的炉喉、炉腰面积比，差别很大（见图 108），用炉喉面积度量软熔带焦窗厚度容易失误。

二、结论

（1）软熔带的高度和形状影响高炉煤气分布，从而影响顺行、燃料比和高炉寿命。

（2）控制中心气流是控制软熔带高度的有效方法。

（3）为保持软熔带焦窗厚度（指高炉纵向）稳定，应尽量保持焦炭批重稳定，日常负荷改变，应以变化矿石批重为主。

（4）焦炭批重下限，应能保证软熔带下部焦窗有足够厚度，按已有的实践经验，炉腰处焦层厚度下限大约为 0.2m 左右。

（5）矿石批重按当时的实际矿石负荷确定，即焦炭批重 W_J 乘以矿石负荷：

$$W_K = W_J K / J$$

第四节　并罐式无钟的圆周均匀布料

高炉圆周工作均匀是高炉稳定、顺行的基础。保持圆周工作均匀，首先要求装料和送风在高炉圆周均匀。

并罐式无钟布料的圆周方向炉料分布是不均匀的。早在 1977 年近藤干夫等就发现这种偏布是由于料流在溜槽上偏布引起的[13]，1982 年他们对这种偏布进行了理论分析[14]。与此同时，高道铮、钱人毅等在模型上研究了这一现象，并正确地指出，从料罐流出的炉料沿对侧导料管壁下降，料流落点在溜槽上形成椭圆形轨迹，导致炉料的不均匀分布（见图 110）[15]。

炉料圆周分布不均，降低了煤气的利用率，给生产带来不良影响[16~18]。普遍认为这是并罐式无钟的根本缺陷，只有串罐式无钟才能克服布料不均的缺点，这是串罐式无钟兴起的原因。

实际上，并罐式无钟的布料缺陷是可以克服的。并罐式无钟给生产使用和维修带来很多方便。并罐式无钟的高度较串罐式无钟低很多，高炉容积越大，它们的高度差也越大。炉顶设备的高度对高炉建设投资有一定影响，所以克服并罐式无钟布料缺点是十分有意义的工作。

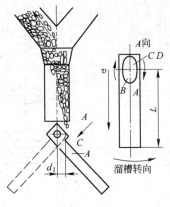

图 110　溜槽上的料流落点轨迹

一、并罐式无钟的炉料分布

由于料流沿料罐对侧导料管壁下落，在溜槽上形成椭圆落点轨迹（见图 110）。如图 111 所示，设导料管半径为 r'，料流密集点轨迹距导料管中心为 r，则：

$$r = \zeta r'$$

式中　r——料流密集点轨迹半径，m；

ζ——料流分布系数。

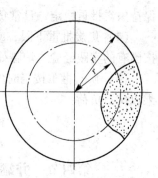

图 111　料流密集点轨迹

从图 111 中可以看出，料流在导料管中的密集分布点是以 r 为半径的圆，在溜槽上是一个椭圆，其短轴为 r，长轴为 $r/\cos\beta$（β 是溜槽与炉喉水平面所形成的夹角）。在溜槽上料流密集点的轨迹可用椭圆方程描述：

$$\frac{x^2}{r^2} + \frac{y^2}{r^2/\cos\beta} = 1$$

假定溜槽旋转，转速为 ω（圈/s），料流密集点轨迹上的任一点为 $A(x, y)$，溜槽轴线与 OA 的夹角为 α（见图 112），则：

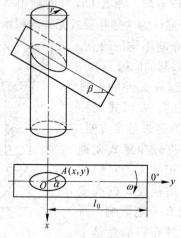

图 112　料流密集点在溜槽上的轨迹

$$\tan\alpha = x/y \tag{108}$$

变换式（108）得：

$$x = y\tan\alpha \tag{109}$$

将式（109）代入椭圆方程，得：

$$\frac{y^2\tan^2\alpha}{r^2} + \frac{y^2}{r^2/\cos^2\beta} = 1$$

解上式，得：

$$y = \pm\frac{r}{\sqrt{\tan^2\alpha + \cos^2\beta}} \tag{110}$$

假定一批料溜槽旋转 N 圈放完，落入溜槽的平均质量为 W_1，则：

$$W_1 = \frac{W}{N/\omega} = \frac{W\omega}{N} \tag{111}$$

式中　W——炉料批重，kg；

　　　ω——溜槽转速，圈/s；

　　　N——圈数。

炉料沿溜槽运动，到溜槽末端经过的时间为 t_1，则：

$$t_1 = \frac{l_0 - y}{C_1/2} = \frac{2\left(l_0 - \dfrac{r}{\sqrt{\tan^2\alpha + \cos^2\beta}}\right)}{C_1} \tag{112}$$

式中　l_0——溜槽长度，m；

　　　C_1——炉料在溜槽末端的速度，m/s；

　　　y——料流密集点落入溜槽在溜槽轴向的距离，m。

如果炉料由导料管中心落入，炉料通过溜槽的时间为 $\dfrac{2l_0}{C_1}$；料流密集点轨迹上任一位置的料流通过溜槽所需时间 t_1，与导料管中心落入的炉料的时间差为 Δt，则：

$$\Delta t = \frac{2l_0}{C_1} - \frac{2(l_0 - y)}{C_1} = \frac{2y}{C_1} \tag{113}$$

料流密集点轨迹上任一位置的炉料到达溜槽末端的流量与落入溜槽的平均流量差为:

$$\Delta t \times \frac{W\omega}{N} = \frac{2yW\omega}{C_1 N} \quad (114)$$

实际溜槽末端的流量 W_2 等于:

$$W_2 = \frac{W\omega}{N} - \frac{2y}{C_1}\frac{W\omega}{N} = \left(1 - \frac{2y}{C_1}\right)\frac{W\omega}{N}$$

将式(110)代入上式,得:

$$W_2 = \left(1 - \frac{\pm 2r}{\sqrt{\tan^2\alpha - \cos^2\beta}}\right)\frac{W\omega}{N} \quad (115)$$

虽然由导料管进入溜槽的炉料质量是稳定的。但从溜槽流出的炉料质量,由式(115)看出是变化的,变化周期为360°。我们把沿高炉圆周布料多的地方称为峰区,布料少的地方称为谷区。由式(114)可知:

定理 I 并罐式无钟装置,圆周布料不均匀,同一料罐在相同操作条件下,溜槽正、反转布料所形成的峰区和谷区以 y 轴为镜面,在炉喉内呈对称分布(图113)。

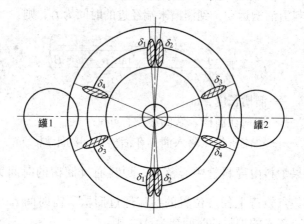

图113 峰区的对称分布

推论1 用式(115)可以算出:当 $\alpha = 0°$ 时, W_2 最小,是

186

形成谷区的炉料；当 $\alpha = 180°$ 时，W_2 最大，是形成峰区的炉料。

推论2 当 $\alpha = 90°$ 和 $\alpha = 270°$ 时，$W_2 = \dfrac{W\omega}{N}$，此时为平均流量，在峰区和谷区之间有一个区间，料流质量等于平均流量。

推论3 在相同操作条件下，并列的另一料罐所形成的峰区和谷区位置以 x 轴为镜面，与前一料罐所形成的呈对称分布（见图113）。

用式（115）可以具体地算出炉料沿炉喉圆周的质量分布。

当 $\alpha = 0°$ 时，在第一象限，y 为正值，式（115）变成：

$$W_2 = \left(1 - \frac{2r}{C_1\cos\beta}\right)\frac{W\omega}{N}$$

当 $\alpha = 180°$ 时，y 为负值，式（115）变成：

$$W_2 = \left(1 + \frac{2r}{C_1\cos\beta}\right)\frac{W\omega}{N}$$

炉料最大不均匀量 ΔW 等于：

$$\Delta W = W_2^{180°} - W_2^{0°} = \frac{4r}{C_1\cos\beta}\frac{W\omega}{N} \tag{116}$$

炉喉圆周方向炉料分布的不均匀率 ψ 值为：

$$\psi = \frac{\Delta W}{\dfrac{W\omega}{N}} = \frac{4r}{C_1\cos\beta} \tag{117}$$

由式（117）可以看出：

定理Ⅱ 并罐式无钟装置布料不均匀率正比于炉料密集点轨迹半径 r；反比于溜槽布料角度 β 的余弦值和溜槽末端料速 C_1。

推论1 料流密集点轨迹半径 $r = \zeta r'$。所以，不均匀率决定于炉喉导料管半径 r'。r' 值越大，不均匀率 ψ 值越大。

推论2 ψ 值反比于 $\cos\beta$ 值。溜槽角度 β 越大，不均匀率 ψ 值越大。当并罐式无钟装置使用大 β 角，有意将炉料布到中心时，炉料的不均匀率也更严重，这是导致高炉失常的重要原因。

二、沿炉喉圆周的炉料分布

炉料从溜槽末端到炉喉料面经过 t_2 的时间，在第一章中已导出：

$$t_2 = \frac{L_x}{C_1 \cos\beta} \tag{11}$$

炉料从落入溜槽到料面的时间为 $t_1 + t_2$，在此期间溜槽转动角度为 δ，则：

$$\delta = 360\omega(t_1 + t_2) \tag{118}$$

由式（118）可以定量地算出炉料在炉喉内的圆周分布。

过去认为并罐式无钟布料的峰区在料罐的下方、料罐的对侧或 45° 区，都是片面的。炉料分布的峰区和谷区决定于溜槽转速 ω、料流密集点轨迹半径 r 和溜槽布料角度 β，具体位置可用式（118）算出。

由式（24）已知：

$$l_\beta = l_0 - e\tan\beta \tag{24}$$

将式（24）分别代入式（112）、式（14），则有：

$$t_1 = \frac{2\left(l_0 - e\tan\beta - \dfrac{r}{\sqrt{\tan^2\alpha + \cos^2\beta}}\right)}{C_1} \tag{119}$$

$$L_y = 2\pi\omega(l_0 - e\tan\beta)\frac{L_x}{C_1} \tag{120}$$

利用上述各公式，能够算出并罐式无钟布料的径向炉料分布和炉喉圆周的炉料分布数量、位置及不均匀量。

三、计算实例

（一）具体数据

某高炉的具体数据如下：

矿石批重　　$W_K = 30000\text{kg/批}$；

每批料溜槽转 10 圈　$N = 10$ 圈；

溜槽布料角度　$\beta = 54°$；

炉喉导料管半径 $r' = 0.275\text{m}$；

料流密集点轨迹半径 $r = 0.15\text{m}$；

溜槽转速 $\omega = 0.15$ 圈/s；

溜槽倾动距 $e = 0.42\text{m}$；

料线高差 $h_2 = 1.2\text{m}$；

溜槽摩擦系数 $\mu = 0.53$。

（二）计算溜槽末端的料流质量 W_2

将上面有关数据代入式（26），算出炉料在溜槽末端的速度：

$$C_1 = \left\{ 2g(l_0 - e\tan\beta)(\sin\beta - \mu\cos\beta) + \right.$$

$$\left. 4\pi^2\omega^2(l_0 - e\tan\beta)^2\cos\beta(\cos\beta + \mu\sin\beta) \right\}^{1/2}$$

$$= 4.65(\text{m})$$

将 C_1 和有关数据代入方程（115）和（110），分别算出不同溜槽转角时的炉料分布质量 W_2 及 y 值，列于表60。

表60 溜槽末端的实际料流质量 （kg/s）

α	0	10	20	30	40	50	60	70	80
y	0.26	0.24	0.22	0.18	0.15	0.11	0.08	0.05	0.03
W_2	401	403	408	415	422	428	434	440	445
α	90	100	110	120	130	140	150	160	170
y	0.00	-0.03	-0.05	-0.08	-0.11	-0.15	-0.18	-0.22	-0.24
W_2	450	455	460	466	472	478	485	492	497
α	180	190	200	210	220	230	240	250	260
y	-0.26	-0.24	-0.22	-0.18	-0.15	-0.11	-0.08	-0.05	-0.03
W_2	499	497	492	485	478	472	466	460	455
α	270	280	290	300	310	320	330	340	350
y	0.00	0.03	0.05	0.08	0.11	0.15	0.18	0.22	0.24
W_2	450	445	440	434	428	422	415	408	403

注：表中数据为 $W_K = 30000$，$\omega = 0.15$，$N = 10$，$C_1 = 4.65$，$\beta = 54$，$r = 0.15$ 时的数据。

（三）计算炉料偏布峰区的位置

设通过两并列罐中心的直线为 y 坐标，垂直于 y 坐标、在平行于高炉水平面（即平行于风口中心线所构成的平面）内的直线为 x 坐标，溜槽的 $0°$ 位置规定为放料罐的对侧（见图114）。

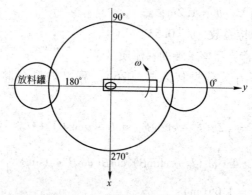

图114 溜槽旋转起始位置

在停风状态下，上升的煤气阻力 $P = 0$（模型试验或不送风状态也如此），可用式（25）′计算 L_x：

$$L_x = \frac{1}{g} C_1^2 \cos^2\beta \times$$

$$\left\{ \sqrt{\tan^2\beta + \frac{2g}{C_1^2\cos^2\beta}\left[l_0(1 - \sin\beta) - e\cos\beta + h \right]} - \tan\beta \right\}$$

$$(25)'$$

将 $l_0 = 2.58m$，$\beta = 54°$，$g = 9.81m/s^2$，$C_1 = 4.65m/s$，$e = 0.42m$，$h = (1.2 + 1.5) = 2.7m$ 代入式（25）′得：

$$L_x = 1.32(m)$$

将 L_x 值代入式（11），得：

$$t_2 = \frac{L_x}{C_1\cos\beta} = \frac{1.32}{4.65 \times 0.5878} = 0.48(s)$$

将 $\pi = 3.14$，$\omega = 0.15$ 圈/s，$l_0 = 2.58m$，$e = 0.42m$，$\beta = 54°$，$L_x = 1.32m$，$C_1 = 4.65m/s$ 代入式（120），得：

190

$$L_y = 2\pi\omega(l_0 - e\tan\beta)\frac{L_x}{C_1} = 0.535(\text{m})$$

由表 60 可知：$\alpha = 0°$，W_2 值最小；$\alpha = 180°$，W_2 值最大。

用式（119），计算炉料通过溜槽的时间 t_1：

$$\alpha = 0° \quad t_1 = \frac{2\left(l_0 - e\tan\beta - \dfrac{r}{\sqrt{\tan^2\alpha + \cos^2\beta}}\right)}{C_1}$$

$$= \frac{2 \times \left(2 - \dfrac{0.15}{0.5878}\right)}{4.65} = 0.75(\text{s})$$

$$\alpha = 180° \quad t_1 = \frac{2\left(l_0 - e\tan\beta + \dfrac{\gamma}{\sqrt{\tan^2\alpha + \cos^2\beta}}\right)}{C_1}$$

$$= \frac{2 \times \left(2 + \dfrac{0.15}{0.5878}\right)}{4.65} = 0.97(\text{s})$$

将 t_1、t_2 值代入式（118），得：

$$\delta_1 = 360\omega(t_1 + t_2)$$
$$= 360 \times 0.15 \times (0.75 + 0.48)$$
$$= 66.42° \quad (\alpha = 0°)$$
$$\delta_2 = 360 \times 0.15 \times (0.97 + 0.48)$$
$$= 78.3°(\alpha = 180°)$$

得到偏布的炉料位置：

谷区：计算位置起点 $\alpha = 0°$，所以：$\delta_1 = 66.42°$。

峰区：计算位置起点 $\alpha = 180°$，所以：$\delta_2 = 180° + 78.3° = 258.3°$。

由计算结果可以看出，峰区和谷区的位置差并不以高炉中心对称分布，而是相差一定角度，即 δ_1 和 δ_2 之差，在上例中：

$$\Delta\delta = \delta_2 - \delta_1 = 191.88°$$

其差值大小决定于 l_0、r、β、h 等。

（四）料流不均匀量和不均匀率

将表 60 中算得的数据代入式（116），得料流最大不均匀量：

$$\Delta W = W_2(\alpha = 180°) - W_2(\alpha = 0°) = 499 - 401$$
$$= 98(kg/s)$$

将 $W = 30000kg$，$N = 10$ 圈，$\omega = 1.5$ 圈/s 和 $\Delta W = 98kg$ 代入式（117），算得料流波动率：

$$\psi = \frac{\Delta W N}{W \omega} = \frac{98 \times 10}{30000 \times 0.15} = 0.2177（或 21.77\%）$$

四、并罐式无钟的圆周均匀布料

由式（118）可以看出，并罐式炉料的圆周分布位置与炉料落入溜槽时的溜槽角度有一定角差 δ。当溜槽反转时，以 y 轴为轴线，角差呈 $-\delta$。由 xy 轴构成的平面与高炉中心线垂直，且其零点与高炉中心线重合；如果 δ_1 和 $-\delta_1$ 在 xy 平面的二、三象限内（见图 114）。则另一料罐流出的炉料的位置 δ_2 和 $-\delta_2$ 应在一、四象限内（见图 114）。

式（118）表明，ω 值每变化 0.1，δ 值变化 36°，基于转速的影响，使用两个转速 ω_1 和 ω_2 进行布料，ω_1 和 ω_2 所形成的布料角度差 δ_3、δ_4 与 δ_1、δ_2 接近，形成峰区和谷区互补。每个料罐正转布一批，反转布一批；然后再用 ω_2 转速正、反转各布一批，构成双罐。正反转双转速布料制度，形成均匀的炉料分布，如图 113 所示。

当然，利用料线深度 h 不同，也能改变峰区位置，但实际操作很困难，也是不必要的。

第五节　布料环位和料面平台

一、布料档位

将炉喉按等面积原则，依直径大小，分成 5～11 等份，炉料按规定的有限位置布料。这样的布料结果可以和不同的高炉实践比较，也可与本炉不同时期、不同布料方法进行比较。当前，国内高炉布料有随意变角的现象，有的高炉炉喉不分区，布料角度没有固定的对应档位。调整装料时，通过角度和圈数变化实现，因此布料试验角度变化很多，增加了试验难度；由于角度与炉喉面积没有相应关系，各炉之间可比性较差，布料试验主要靠自己摸索。经验表明，合理布料应按高炉炉喉直径大小，将炉喉按等面积分成 5~11 等份，固定各区对应的角度，使每一次实践都在有限的固定角度下进行，减少试验次数，提高实践质量。

设炉喉直径为 d_1，将炉喉面积分成 N 等份，第 i 圈的直径为 d_i（见图 115），则：

$$d_i = \sqrt{\frac{N - i + 1}{N}} d_1 \tag{121}$$

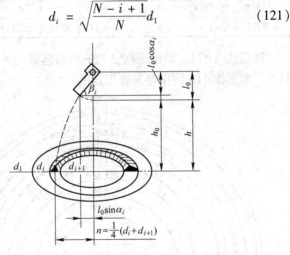

图 115　环形等面积布料示意图

炉料落点在 $\frac{1}{4}(d_i + d_{i+1})$ 处，从而使炉料布到 d_i 和 d_{i+1} 两个

圆环圈成的环形面积上。将 $\frac{1}{4}(d_i + d_{i+1})$ 代入式（27），得：

$$n = \frac{1}{4}(d_i + d_{i+1})$$

$$= \sqrt{l_0^2 \cos^2\beta_i + 2l_0\cos\beta_i L_x + \left(1 + \frac{4\pi^2\omega^2 L_0^2}{C_1^2}\right) L_x^2} \tag{122}$$

式（122）是隐函数，解起来相当繁琐，一般是用式（121）

算出等面积，将各环尺寸画在图上，取两环的中点 n_i 作为溜槽布到第 i 圈 β_i 角度时的炉料落点上，再以 β_i 不同数值代入式（16）算出 n_i 的位置，由此确定 β_i 在各环中的相应值。现举例如下。

炉喉直径 $d_1 = 6.1\mathrm{m}$，将炉喉面积分成 10 等份，即 $N = 10$，代入式（121），分别算出各等份面积的直径，算得结果见表 61。

表 61　炉喉各等份面积的直径

等份面积（自炉墙到中心）N_i	1	2	3	4	5
等份各环直径 d_i/m	6.10	5.79	5.46	5.10	4.73
等份面积（自炉墙到中心）N_i	6	7	8	9	10
等份各环直径 d_i/m	4.31	3.86	3.34	2.73	1.93

再用式（27），算出不同 β 值的炉料落点的 n 值，一并画到图上，根据图 116 便很容易确定 β_i 值。

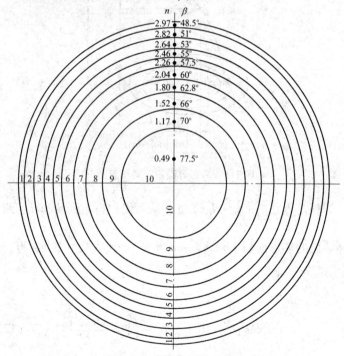

图 116　溜槽角度的确定

194

图116是以炉喉直径 $d_1 = 6.1\mathrm{m}$，10等份炉喉面积，当料线深度 $h = 1.5\mathrm{m}$ 时，不同布料角度的炉料分布，由此确定出对应于10等份面积的溜槽角度（见表62）。

表62　10等份面积对应的溜槽角度

溜槽角度β/(°)	48	49	50	52	54	55	56	57	58	59
炉料分布n/m	3.04	2.96	2.88	2.72	2.55	2.47	2.38	2.30	2.21	2.13
环界半径/m	3.05		2.9	2.73	2.55	2.37			2.16	
各环中点/m	2.97		2.82		2.64	2.46			2.26	
溜槽位置编号	1		2		3	4			5	
溜槽角度/(°)	48.5		51		53	55			57.5	

溜槽角度β/(°)	60	61	62	63	64	65	66
炉料分布n/m	2.04	1.96	1.87	1.78	1.70	1.61	1.52
环界半径/m		1.93			1.67		
各环中点/m	2.04		1.80				1.52
溜槽位置编号	6		7				8
溜槽角度/(°)	60		62.8				66

溜槽角度β/(°)	67	68	69	71	72	74	76	78
炉料分布n/m	1.44	1.35	1.26	1.09	1.0	0.83	0.65	0.46
环界半径/m	1.37				0.97			
各环中点/m			1.17				0.49	
溜槽位置编号			9				10	
溜槽角度/(°)			70				77.5	

二、边缘料面平台

稻叶晋一等总结加古川的高炉布料经验，边缘炉料在炉喉内形成一定宽度平台，高炉顺行很好，由此作为无钟布料规律，得到推广[19]。杜鹤桂等研究指出：多环布料形成的平台要求有适宜的宽度。平台过窄，气流不稳定，煤气利用差；平台过宽，较难生成混合层，中心易堵塞[20]。宝钢重视布料平台，在 4000m³ 高炉上，一般矿石在炉喉内形成自炉墙起 1.3 ~ 1.7m 宽的平台[3]。炉料分布平台如图 117 所示。

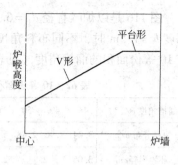

图 117　炉料分布平台

溜槽旋转产生离心力，使堆尖外侧的堆角变小，形成非对称的炉料分布（见图 118）。$\varphi'_2 > \varphi'_1$，外侧料面堆角较平坦。这种差异随溜槽转速增加而增大，称为溜槽旋转效应。由于外侧炉料堆角较小，在多环布料环间距离较小时，料面形成平坦的台阶（见图 119）。

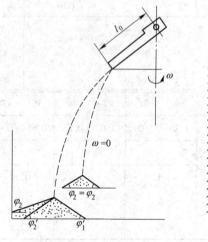

图 118　旋转与不旋转炉内
料面形状的差别

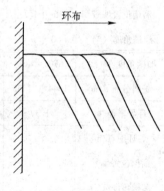

图 119　螺旋或多环布料
形成的平坦料面

平台宽度因高炉具体冶炼条件不同，差别较大。经验表明，较顺行的高炉，一般平台宽度在炉喉半径的 1/3 左右。小高炉也可建立布料平台，马钢一座 350m³ 小高炉，曾成功地按分档布料[21]，具体分档如图 120 所示。

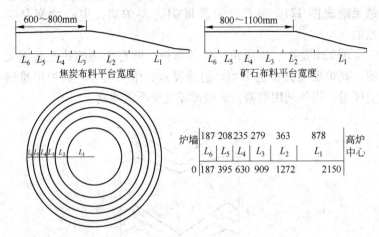

图 120　9 号炉分档尺寸及平台宽度示意图

马钢 9 号炉的炉喉半径为 2015mm，按等面积分成 6 个布料档位，控制边缘布料平台为 0.6 ~ 0.8m。在小高炉布料操作中，取得很好的成绩。

第六节　布料操作

一、单环和双环布料

无钟布料以矿石和焦炭各按一个环位，即一个溜槽角度布料，称为单环布料；如各按两个不同环位布料，称为双环布料。单环布料简单，容易看出每一次布料改变的影响。下面以一座 1327m³ 高炉为实例，讨论不同环位的布料影响。

计算边缘和中心的料层厚度，以开炉前测量炉内炉料的堆角为依据。矿石批重为 24t，开炉前测量料面，由于炉内炉料堆角变化较大，故取料线深度小于 4m 的 8 次堆角值的平均值。

用表 9 中的式（79）计算中心料层厚度 y_0，再用式（72）和式（82）计算边缘料层厚度 y_B 和堆尖料层厚度 y_G，将算得的结果绘成图 121。显然，炉料堆尖远离炉墙，中心堵塞是必然的。

图 121 是矿、焦同角，单环布料，所有无钟的缺点暴露无遗。高炉煤气分布是 I 型，边缘发展，中心堵塞，高炉很难接受风量，煤气利用很差，炉墙被煤气流严重冲刷。

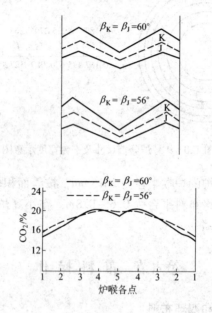

图 121　矿、焦同角的料面分布和煤气分布

总结单环布料的规律有以下几点：

（1）矿焦布料角度保持一定差别，对煤气分布调剂比较有利，矿焦角差 $2° \sim 5°$。

（2）矿石和焦炭角度同时减少布料角度 β，矿石和焦炭均向边缘移动（见图 122）。从图 122 中可以看出，改变前，边缘处一批料矿石和焦炭厚度之比 $E_B = 1.203$；改变后，$E_B =$

1.225，而中心处矿石和焦炭厚度之比 $E_0 = 0.947$ 和 0.940，说明边缘和中心矿石比例均增加，故煤气分布是边缘和中心同时加重。

反之，β_K 使 β_J 同时增大，边缘和中心将同时减轻。

（3）单独减少矿石布料角度，加重边缘减轻中心；反之，则相反（见图123）。图123是实际操作一例。炉料分布计算表明，改变前，$E_B = 1.203$，改变后 $E_B = 1.225$；E_0 则相反，改变前为 0.947，改变后为 0.925。

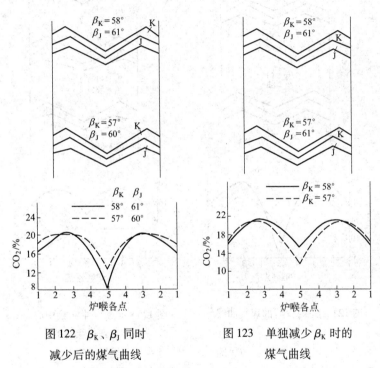

图 122　β_K、β_J 同时　　　图 123　单独减少 β_K 时的
　　减少后的煤气曲线　　　　　　　煤气曲线

（4）单独减少焦炭布料角度对加重中心作用更大，2号高炉多次实践表明，它在控制中心气流方面十分敏感（见图124）。反之，增大 β_J，焦炭更多地布向中心，使中心发展。

图124表明，β_J 由 $65°$ 减到 $64°$ 后，中心一批料的焦层厚度

199

由 386mm 减到 345mm，E_B 由 1.194 增到 1.278，E_0 由 0.951 增到 1.064，说明中心矿石多了。

（5）当炉况失常，需要发展边缘和中心，保持两条通路畅通时，可将焦炭一半布到边缘、一半布到中心，矿石角度不动（见图 125）。在难行时，多次采用上述办法，均取得成功。图 125 是 1980 年 1 月底的一次实例。

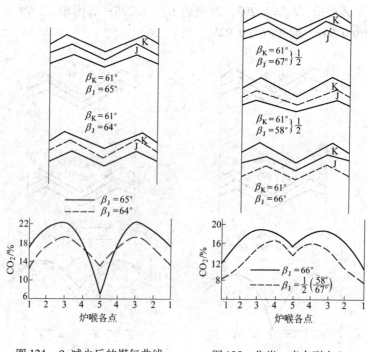

图 124　β_J 减少后的煤气曲线　　图 125　焦炭一半布到中心、
一半布到边缘时的
煤气曲线

表 63 是上面各种装料制度的计算结果。表中 E_B 值和实际煤气曲线反映基本一致。

日本千叶 2 号炉，容积 1380m³，炉喉半径 3.35m。表 64 是它的布料环位[22]。

表 63　不同装料角度的炉料分布

角度变化	y_B		y_0		E_B y_{BK}/y_{0J}	E_0 y_{0K}/y_{0J}	D_K y_{BK}/y_{0K}	D_J y_{BJ}/y_{0J}
	K	J	K	J				
同角增大 $\beta_K=\beta_J=56°\rightarrow\beta_K=\beta_J=60°$	0.562 0.520	0.480 0.453	0.323 0.357	0.331 0.352	1.171 1.147	0.976 1.014	1.740 1.457	1.450 1.286
扩角外移 $\beta_K=58°$　$\begin{cases}\beta_K=57°\\\beta_J=61°\end{cases}$ $\beta_J=61°$	0.539 0.549	0.448	0.339 0.331	0.358	1.203 1.225	0.947 0.925	1.590 1.659	1.251
两角同时外移 $\beta_K=58°$　$\begin{cases}\beta_K=57°\\\beta_J=60°\end{cases}$ $\beta_J=61°$	0.539 0.549	0.448 0.453	0.339 0.331	0.358 0.352	1.203 1.212	0.947 0.940	1.590 1.659	1.251 1.287
焦角外移 $\beta_K=61°$　$\begin{cases}\beta_K=61°\\\beta_J=64°\end{cases}$ $\beta_J=65°$	0.511	0.428 0.400	0.367	0.386 0.345	1.194 1.278	0.951 1.064	1.392	1.109 1.159
焦角各半（焦角平均） $\beta_K=61°$　$\begin{cases}\beta_K=61°\\\beta_J=\frac{1}{2}\left(\dfrac{58°}{67°}\right)\end{cases}$ $\beta_J=66°$	0.511	0.443 0.444	0.367	0.414 0.373	1.153 1.151	0.886 0.984	1.392	1.070 1.190
焦角分计 $\beta_K=61°$　$\begin{cases}\beta_K=61°\\\beta_J=67°\end{cases}$ $\beta_J=58°$	0.511	0.465 0.421	0.367	0.341 0.404	1.098 1.214	1.076 0.908	1.392	1.364 1.042

表 64　日本千叶 2 号炉布料环位（α 角位）

环位号	1	2	3	4	5	6	7	8	9	10
角度/(°)	49.0	47	45.5	44.5	42.5	40.5	39.2	35	30.8	24.2

此炉从双环到多环试验，结果见表 65 和表 66。

表 65　布料环位及料面剖面

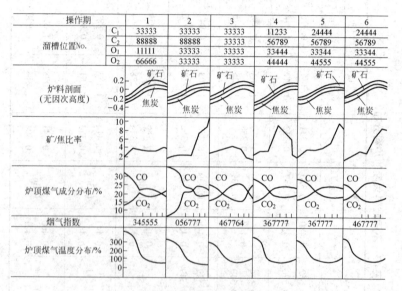

表 66　各期实际生产指标

操 作 期 号	1	2	3	4	5	6
铁水产量/t·d^{-1}	2957	2457	2805	3055	2413	2680
风量（标态）/m^3·min^{-1}	2295	2234	2260	2302	1977	1981
风温/℃	1069	1062	1064	1032	1046	1225
风压/kg·cm^{-2}	2.113	2.215	2.156	2.166	1.857	2.070
富氧（标态）/m^3·h^{-1}	2000	3000	3000	4000	1000	0
鼓风湿度/g·cm^{-3}	17.3	18.2	11.0	11.8	9.3	9.7
炉顶压力/kg·cm^{-2}	0.92	1.00	0.80	0.90	0.75	0.86
压损（g/cm^2）/风量（标态，m^3/min）	0.52	0.58	0.60	0.55	0.56	0.57

操 作 期 号	1	2	3	4	5	6
炉顶煤气温度/℃	131	163	151	148	163	123
CO 利用率/%	46.5	44.5	48.2	49.0	50.3	51.6
焦比/kg·t^{-1}	443	445	439	441	437	410
油比/kg·t^{-1}	75	77	52	37	30	37
燃料比/kg·t^{-1}	518	522	491	478	467	449
铁水温度/℃	1495	1510	1510	1515	1485	1497
[Si]/%	0.42	0.53	0.44	0.51	0.43	0.54
[S]/%	0.036	0.038	0.029	0.031	0.039	0.026
渣量/kg·t^{-1}	322	311	301	291	311	308
(Al$_2$O$_3$)/%	15.6	14.4	15.8	14.5	14.7	14.4
(CaO)/(SiO$_2$)	1.20	1.23	1.25	1.19	1.14	1.22
选矿(烧结+球团)/%	80.2	83.4	80.3	76.4	83.1	87.3
焦炭灰分/%	11.0	10.9	11.0	10.0	11.3	11.5

第一期双环布料,焦炭第三环和第八环位各 5 圈,矿石第一环和第六环位各 5 圈,即矿石布料角度比焦炭角度大两个环位,结果煤气利用率 46.5%,但压差波动较大,压差/风量($\Delta p/V$) 很不稳定(见表 66)。

第二期有意识地从中间向边缘增加矿石层厚度,矿石环变为单环布料,但效果太强,变成极强的中心气流。这是由于焦炭以 8 号环位和 3 号环位装入,过于分开,边缘平台过宽,阻碍了 3 号环位的矿石流向中心。

到第三期,为使矿石顺利流向中心,焦炭和矿石均构成第三环位,即矿、焦同角布料,这当然是无钟布料所不允许的。这种装料接近钟式布料,但边缘发展,炉况不稳。

到第三期为止,进行了单、双环装料方法的布料试验,但未获得满意的结果。因此,在第四期将焦炭的布料增至 8 环,矿石为双环。目的在于减小焦炭的堆角,防止矿石过多地流向

中心，达到矿石的稳定布料。结果避免了中心和炉墙部位 O/C
过高的分布。在本期内，虽然送风温度仅 1032℃，仍然获得
478kg/t 低燃料比的稳定操作。

第五期确定了慢风期的基本装料制度。

第六期由于使用新热风炉，风温可达到 1225℃，燃料比降
至 449kg/t 铁。

从第四期起，焦炭采用多环，矿石采用双环或三环。在适
应市场要求，满风操作期间，高炉依然顺行，煤气利用率明显
提高，燃料比降到 449kg/t。

二、多环布料

以千叶厂 6 号高炉为例，说明多环布料的操作制度选择。

千叶厂 6 号高炉容积为 4500m³，4 个铁口，40 个风口，炉
喉直径为 10.5m。溜槽长 4m，炉喉分成 10 个等面积区。较典型
的布料方法如下[5]：

溜槽位置	1	2	3	4	5	6	7	8	9	10
溜槽角度/(°)	38	39.5	41.5	43.5	46	48.5	51.5	54.5	58.5	64.5
焦炭布料圈数	2	2	3	3	1	1	1	0	0	0
矿石布料圈数	3	2	2	2	2	1	1	0	0	0

他们依煤气分布、煤气利用率、炉顶温度及热损失调整布
料。1979 年 6 月投产以后，摸索不同装料制度，表 67 是初期装
料制度的变化（这里的溜槽角度是 β）。

表 67　千叶 6 号炉开炉初期的布料实践

溜槽位置		1	2	3	4	5	6	7	8	9	10
溜槽角度/(°)		38	39.5	41.5	43.5	46	48.5	51.5	54.5	58.5	64.5
5 月	矿	3	2	3	2	2	1	0	0	0	0
	焦	2	2	3	3	0	1	1	1	0	0
6 月	矿	3	2	3	2	2	1	0	0	0	0
	焦	2	2	3	3	1	1	1	0	0	0

溜槽位置		1	2	3	4	5	6	7	8	9	10
溜槽角度/(°)		38	39.5	41.5	43.5	46	48.5	51.5	54.5	58.5	64.5
7月	矿焦	3	2	2	2	2	1	1	0	0	0
		2	2	3	3	1	1	1	0	0	0
10月	矿焦	3	2	2	1	1	1	2	0	0	0
		2	2	3	3	1	1	1	0	0	0

图126形象地表示了矿石与焦炭在炉内的分布。

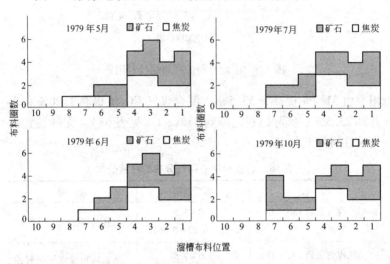

图126 矿石与焦炭的布料角度及圈数

从表67和图126中可以看出，在这4个月期间里，靠近边缘4个位置的焦炭分布未变，从6月份起，矿石逐渐向高炉中心移动，意在适当加重中心，提高中心的煤气利用程度。这是多环操作的优点，调整中心，边缘各环变动较少，重点改变中心布料。这样部分调整，使调剂及判断都大大简化。

图127是这种装料制度不同月份的径向煤气利用率变化的结果：边缘以及第2点、第3点煤气利用率没有明显变化，中心煤气利用率逐月提高；CO/CO_2值由4左右降到2.2，煤气利

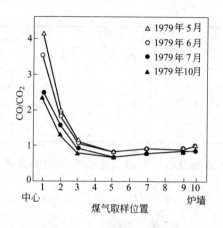

图 127　不同月份的径向煤气利用率

用率由 51.7% 提高到 53.5%；混合煤气 CO_2 值提高 1.20%，上升到 23.5%；实际燃料比降到 436kg/t（见表 68）。无钟装置的优越性得到充分发挥。

表 68　边缘和中心煤气分布的经验公式

指　数	指数范围	说　明
中心煤气指数 $CGI = 18 \times \eta_{CO}^{中心} - 3.0$	$1.0 \sim 3.5$ （$\eta_{CO} = 0.22 \sim 0.361$）	煤气利用好，炉况顺行
边缘煤气指数 $PGI = 18 \times \eta_{CO}^{边缘} - 3.0$	$5.0 \sim 7.5$ （$\eta_{CO} = 0.444 \sim 0.583$）	防止因边缘煤气过轻或过重，造成风口烧坏或曲损，控制边缘气流
温度差 $\Delta T = T_{边} - T_{min}$	$< 30℃$	

应当指出，为保持煤气充分利用，千叶厂 6 号高炉的边缘和中间广大区域煤气利用普遍较好，相应的炉喉径向温度分布，中心高达 500℃，而边缘及中间区域各点不足 100℃。在中心的狭窄区域煤气流旺盛，保证高炉在较低压差下操作，既保持了高炉煤气的最佳利用，又保证了高炉顺行（见图 127 和图 128）。

总结经验，得出边缘和中心煤气分布的经验公式（见表 68）。

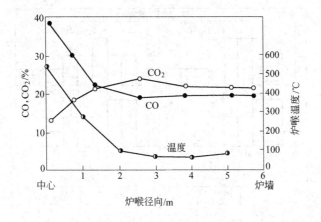

图 128　径向煤气成分及温度分布

上边所列 3 个公式，分别描述中心气流和边缘气流的状况。$CGI > 3.15$，表明中心煤气利用率 $\eta_{CO} > 0.36$，中心过重，不利于高炉顺行；$CGI < 1$，表明中心煤气利用率 η_{CO} 低于 0.22，中心过轻，燃料比会升高。生产实践证明，只有 $CGI = 1.0 \sim 3.5$，生产才是最佳状态。

PGI 是边缘煤气指数。$PGI < 5$，即边缘煤气利用率低于 0.44，说明边缘煤气流过分发展，不仅浪费燃料，而且容易烧坏风口；$PGI > 7.5$，说明边缘过重，煤气在炉墙附近通过的过少，炉墙容易黏结、脱落，造成风口曲损。生产经验表明，$PGI = 5.0 \sim 7.5$，生产稳定、顺行，燃料比也较低。

第 3 个公式是防止边缘气流过分发展，造成圆周工作不均匀。边缘 4 个方向的温度各点与最低点之差必须小于 30℃，如大于 30℃，说明圆周工作不均，要做调整。

宝钢的无钟布料是炉喉边缘形成焦炭平台的典型。宝钢 2 号高炉容积为 4063m³，串罐式无钟，炉喉直径为 9.5m，从炉墙到中心将炉喉面积分成 11 等份，即 11 环位。图 129 是宝钢 2 号高炉的操作结果[3,20]。

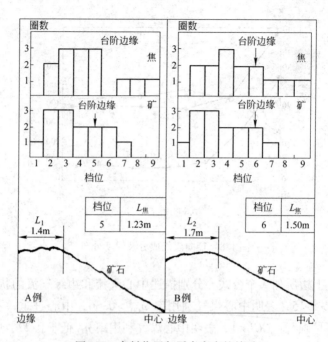

图 129　布料位置与平台宽度的关系

图 129 中 A、B 是两个操作实例：

$$A：K_{1\,3\,3\,2\,2\,2\,1(环数)}^{1\,2\,3\,4\,5\,6\,7(位置)} \qquad J_{2\,3\,3\,3\,1\,1\,1(环数)}^{2\,3\,4\,5\,7\,8\,9(位置)}$$

$$B：K_{1\,3\,3\,2\,2\,2\,1(环数)}^{1\,2\,3\,4\,5\,6\,7(位置)} \qquad J_{2\,2\,3\,2\,2\,1\,1\,1(环数)}^{2\,3\,4\,5\,6\,7\,8\,9(位置)}$$

两例操作在停风时观察，矿石平台宽度分别为 1.4m 和 1.7m。从观察到的平台宽度与布料环位对比可以看到台阶边缘的位置（箭头已表示出来）。平台宽度在不同的条件下，主要由生产试验决定。

参 考 文 献

［1］前田久纪，等. 制铁研究，1987 年第 325 号，21～32

［2］J. Kurihara et al. Ironmaking Proceedings，1979：406～415

［3］余琨，等. 高炉喷煤. 沈阳：东北大学出版社，1996：85，94～112

［4］E. Amadei. Blowing-in and operation of 10.6m Blast furnace，Ironmaking Proceedings，

1979：140～148

[5] Kenjirp KANBARA, et al. Dissection of Blast Furnaces and Their Internal State. Transactions ISIJ, 1997：371～400

[6] 神原健二郎，等．高炉解剖の調査．制铁研究．第288号（1976），37～45

[7] 研野雄二，等．高炉软化融着带の溶解に关する检讨．鉄と鋼，1979，10：28～35

[8] 杜鹤桂，刘秉铎，等．高炉软融带的研究．钢铁，1982，11：40～53

[9] 朱嘉禾．首钢实验高炉解剖研究．钢铁，1982，11：1～8

[10] 高润芝，朱景康．首钢实验高炉的解剖．钢铁，1982.11：9～17

[11] 杜鹤桂，等．软融带形成过程的研究，首钢科技，增刊，1981：30～40

[12] 杨天钧．炼铁过程的解析与模拟．北京：冶金工业出版社，1991：315～344

[13] 近藤干夫，等．鉄と鋼，1977，63：411

[14] 近藤干夫，等．鉄と鋼，1982，68：703

[15] 高道铮，钱人毅．首钢科技，1982(4)：41

[16] 车传人．炼铁，1982(92)：17

[17] 汪大纮．钢铁，1992，7(6)：5～7

[18] 冯本和．钢铁，1993，28(5)：6～11

[19] 稻叶晋一，等．R. D 神钢制铁技报，1984，34(4)：42～47
国外钢铁，1985，9：1～8

[20] 杜鹤桂，等．炼铁，1995，14(3)：33～36

[21] 袁方．炼铁，2004(2)：31～33

[22] 栗原淳作，等．周俊荣译．首钢科技情报，1981(2)：20～36

[23] J. Kurihara. Ironmaking Proceedings, 1980, 39：113～122

第六章 无钟布料操作（续）

第一节 统一布料方程中布料角度的变换

第一章给出的高炉统一布料方程计算公式（16），适用于大钟或无钟布料装置，为了大钟和无钟均能使用，布料角度以大钟角度为基础，即大钟底缘与大钟斜面之间的夹角或溜槽与高炉炉喉水平面之间的夹角，通称 β 角。目前无钟装置已经普及，而无钟布料计算普遍以 α 角为准，即以高炉中心线与溜槽的夹角为准。为了无钟使用方便，现将统一布料方程中的 β 角用 α 角变换，使无钟布料的计算更方便。图 130 所示为无钟布料装置的角度关系的示意图。

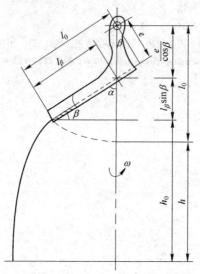

图 130 无钟布料装置的角度关系

一、布料角度变换

由图 130 可知，$\beta = 90° - \alpha$ （123）

统一布料方程是：

$$n = \left\{ (l_0\cos\beta - e\sin\beta)^2 + 2(l_0\cos\beta - e\sin\beta)L_x + \left[1 + \frac{4\pi^2\omega^2(l_0 - e\tan\beta)^2}{C_1^2}\right]L_x^2 \right\}^{\frac{1}{2}}$$ （27）

式中 n——炉料堆尖位置距高炉中心线的水平距离，m；

l_0——溜槽长度，m；

α，β——溜槽角度（见图 130）；

π——圆周率；

ω——溜槽转速，圈/s；

e——溜槽倾动距，溜槽倾动轴到溜槽底面的垂直距离，m；

C_1——炉料在溜槽末端的速度，m/s；

L_x——炉料堆尖位置距溜槽末端在 x 轴方向的水平距离，m。

式（27）中，C_1 和 L_x 分别由式（26）和式（25）计算：

$$C_1 = [2g(l_0 - e\tan\beta)(\sin\beta - \mu\cos\beta) + 4\pi^2\omega^2(l_0 - e\tan\beta)^2\cos\beta(\cos\beta + \mu\sin\beta)]^{1/2}$$ （26）

$$L_x = \frac{mC_1^2\cos^2\beta}{Q - P} \times \left\{ \sqrt{\tan^2\beta + \frac{2(Q-P)}{mC_1^2\cos^2\beta}[l_0(1 - \sin\beta) - e\cos\beta + h]} - \tan\beta \right\}$$ （25）

式中 Q——一块炉料的重量，N；

P——上升的煤气阻力，N；

m——一块炉料的质量，kg。

当高炉停风时，$P = 0$，故 $m/(Q - P) = m/Q$，因 $Q = mg$，所以 $m/Q = 1/g$。代入式（25），则变为式（25）′：

$$L_x = \frac{1}{g}C_1^2\cos^2\beta\left\{\left\{\tan^2\beta + \frac{2g}{C_1^2\cos^2\beta}[l_0(1 - \sin\beta) - e\cos\beta + h]\right\}^{1/2} - \tan\beta\right\} \tag{25′}$$

式中，h 是炉料落程，是溜槽末端到堆尖的距离，$h = h_1 + h_2$，m。

将式（123）带入式（27）、式（26）、式（25）、式（25）′，则得到：

$$C_1 = (2g(l_0 - e\cot\alpha)(\cos\alpha - \mu\sin\alpha) + 4\pi^2\omega^2$$
$$(l_0 - e\cot\alpha)^2\sin\alpha(\sin\alpha + \mu\cos\alpha))^{1/2} \tag{124}$$

$$L_x = \frac{1}{g}C_1^2\sin^2\alpha((\cot^2\alpha + \frac{2g}{C_1^2\sin^2\alpha}(l_0(1 - \cos\alpha) -$$
$$e\sin\alpha + h))^{1/2} - \cot\alpha) \tag{125}$$

$$n = ((l_0\cos(90° - \alpha) - e\sin(90° - \alpha))^2 +$$
$$2(l_0\cos(90° - \alpha) - e\sin(90° - \alpha))L_x +$$
$$\left(1 + \frac{4\pi^2\omega^2(l_0 - e\tan(90° - \alpha))^2}{C_1^2}\right)L_x^2\right)^{1/2}$$
$$= ((l_0\sin\alpha - e\cos\alpha)^2 + 2(l_0\sin\alpha - e\cos\alpha)L_x +$$
$$\left(1 + \frac{4\pi^2\omega^2(l_0 - e\cot\alpha)^2}{C_1^2}\right)L_x^2\right)^{1/2} \tag{126}$$

用式（124）~式（126）计算炉料堆尖位置，较用统一方程更直接、更方便。

二、计算实例

（一）高炉数据

某高炉具体数据见表69，操作指标见表70，布料操作参数见表71。

表 69　某高炉具体数据

有效容积	炉喉直径	倾动距 e	溜槽长度 l_0	h_2	h_1	ω
m³	m	m	m	m	m	圈/s
2650	8.1	0.985	3.5	1.84	1.6	0.15

表 70　某高炉操作数据

利用系数	焦比	煤比	焦丁	燃料比	风温	炉顶温度	η_{CO}	负荷
t/(m³·d)	kg/t	kg/t	kg/t	kg/t	℃	℃	%	K/J
2.52	322.3	135.8	21	479.1	1223	219	50.75	5.28

表 71　某高炉布料操作参数

参数	W_K	W_S	α_K					
			角度/(°)	35	32	30		
单位	t	t	环数	3	5	3		
			α_J					
数量	65	12.3	角度/(°)	41	39	36	32	27	24
			环数	5	3	1	2	2	1

（二）计算

将有关数据顺序带入式（124）~式（126），算出 n 值，结果见表72。

表 72　炉料在炉喉内的堆尖位置

项目	α_K			α_J					
角度/(°)	35	32	30	41	39	36	32	27	24
n 值/m	2.98	2.61	2.36	3.71	3.47	3.1	2.61	1.99	1.62

将表72结果绘成图131，可以看出矿石和焦炭堆尖位置在炉喉内的分布。从图131中不难得出结论，焦炭主要布在边缘，这是炉顶温度较高（219℃，见表70）的基本原因。

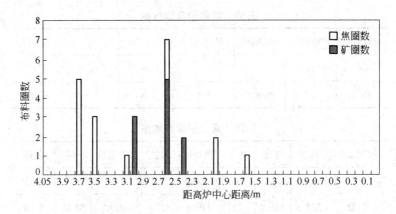

图 131　矿石、焦炭堆尖位置在炉喉内的分布

（三）讨论

利用公式的计算结果，比较各布料参数的影响。表 73 是分别改变溜槽长度 l_0、料线高差 h_2、溜槽转速 ω 和摩擦系数 μ 值，计算炉料堆尖距高炉中心的距离 n，计算结果见表 73。

表 73　计算结果

参　数	l_0	ω	h_2	μ	布料角度 $\alpha/(°)$						
					41	39	36	30	26	24	16
距中心距离/m	3.75	0.167	1.84	0.53	3.71	3.47	3.1	2.36	1.87	1.61	0.5
距中心距离/m	3.5	0.167	1.84	0.53	3.45	3.22	2.88	2.18	1.7	1.46	0.27
距中心距离/m	3.75	0.15	1.84	0.53	3.67	3.44	3.08	2.35	1.86	1.61	0.5
距中心距离/m	3.75	0.167	1.66	0.53	3.64	3.4	3.04	2.31	1.82	1.58	0.49
距中心距离/m	3.75	0.167	1.84	0.43	3.77	3.52	3.14	2.38	1.88	1.63	0.5

注：固定 $h = 1.6m$，$e = 0.985m$。

从表 73 中看到，溜槽长度对炉料分布的影响很大，料线高差次之，转速影响较小，摩擦系数最小。所以，高炉在与其他高炉比较布料操作时，要注意设备的差别，即使相同容积的高炉，溜槽长度也相同，炉料分布也可能有很大差别，因为溜槽安装不同，溜槽的吊挂点不同，带来料线高差 h_2 的差别，从而使布料明显不同，而这点经常被高炉操作者所忽略。

第二节　高炉布料与煤气分布的调节

部分高炉为保持顺行，或为追求高冶炼强度，有意将炉料落点布到炉喉的中间地带，即将炉料堆尖布到离高炉中心和炉墙有一定距离的中间地带。图 132 和图 133 是这种操作类型高炉的布料实例。

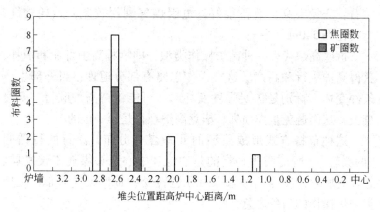

图 132　1780m³ 高炉布料实例（Ⅱ型煤气分布）

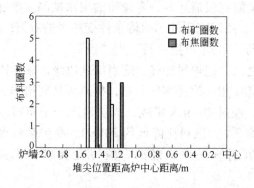

图 133　480m³ 高炉布料实例（Ⅱ型煤气分布）

图 132 是一座容积为 1780m³ 高炉的无钟布料方式。为应对炉料强度波动，焦炭和矿石均布在炉喉半径中部，矿石又布在焦炭中间，形成高炉边缘及中心两股强大的煤气流。由于边缘比较发展，炉衬每 1~2 年喷补一次。煤气利用较差，一般为 46% 左右，它的燃料消耗较高。

图 133 是一座 480m³ 高炉的无钟布料方式，该高炉每两年喷补一次炉衬。应当说，有些小高炉喷补寿命，一般仅维持一年，维持两年，已属不易。这座高炉利用系数在 4.2t/(m³·d) 左右，产量很高，效益很好，也因煤气利用较差，燃耗较高，燃料比在 540kg/t 左右。

这些高炉代表一种高炉操作类型，即牺牲高炉寿命和消耗，获得高炉顺行和高产。这类操作思路有部分道理：当外部生产条件变坏，特别是焦炭强度变坏时，可能维持高炉顺行，安渡难关，从而避免重大损失，毕竟高炉顺行是第一位的。

这种布料方式形成典型的 Ⅱ 型煤气分布，流行的行话叫"两头轻"。所谓两头轻指的是边缘、中心两头煤气流较发展。怎样克服它的缺点，即怎样由 Ⅱ 型转变成 Ⅲ 型煤气分布，是这类高炉操作的当务之急！

在日常操作中，应避免过分发展边缘和中心，在操作条件变差时，再利用这一技术。这样，既可发挥它有利于高炉顺行的贡献，又能克服消耗高、寿命短的突出缺陷。把这类布料方法当"药"，用以克服外部冶炼条件变坏时的对策；条件变好，立即停"药"，切不可把"药"当"饭"。

出路之二，把炉料外移，适当加重边缘，减少边缘气流对炉墙的破坏作用，改善煤气分布，提高煤气利用率。图 132 所示的高炉，经过 20 余天实践，成功地改变了布料操作，煤气利用率提高 3%，燃料比降低约 20kg/t，高炉顺行得到根本改善。这一事例所提供的经验，值得此类操作的高炉反思、借鉴。

以下详细介绍首钢高炉的实践，提供一个成功的实例。

一、试验前炉况

首钢 2 号高炉容积 1780m³、炉喉直径 6.8m，2002 年 5 月 23 日开炉。开炉后，炉况稳定顺行，生产曾经相当辉煌。从 2004 年起，因炉衬侵蚀严重，每年需喷涂一次，到 2007 年，已喷涂 3 次。2008 年 3 月 13 日开始试验的当天，烧结矿布于 38°和 35°对应的两个环位内各 4 圈和 5 圈，详见表 74 和图 132。图 132 的横坐标是炉喉半径的尺度，0 点是炉喉的中心位置。从表和图中看到，焦炭和矿石均布在炉喉半径中部，矿石又布在焦炭中间，形成高炉边缘及中心两股强大的煤气流。在渣量 330kg/t 铁左右、风温可达到 1200℃以上的条件下，高炉煤气利用率仅 46% 左右，炉顶温度经常在 200℃以上。图 134 所示为试验前后，炉喉径向煤气温度分布。

表 74　首钢 2 号高炉 3 月 13 日布料情况

炉料种类	矿　石			焦　炭				
布料角度/(°)	35	38	35	40	38	35	32	26
圈数/圈	3	4	2	5	3	1	2	1

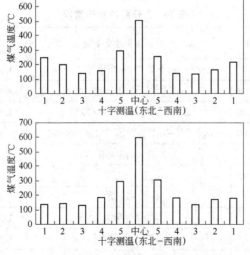

图 134　试验前后炉喉径向煤气温度分布

二、改变煤气分布

3月13日炉况失常，白天发生悬料一次，这在2号高炉是少见的，试验在此条件下开始：

（1）要再敞边缘，解决顺行问题，同时为抑制中心找一条出路。每批炉料抽1t焦炭，每5批加在43°环位，从第62批起入炉。

2号高炉炉喉布料环位按等面积原则分为9区（见表75）。实验前，此炉曾按调整煤气分布的要求改变布料角度，没有固定环位。

表75　2号高炉环位和角度对照表

布料环位	9	8	7	6	5	4	3	2	1
溜槽角度/(°)	47.5	45.5	43	40.5	37.5	34.5	31.5	27.5	22

（2）2号高炉炉况好转后，从146批炉料开始，矿、焦布料环位整体外移1°，开始改变炉料分布的基础进程。3月14日9：30第68批经过24h后，取消抽焦，同时将焦炭环位普遍外移2°。15日4：00，矿焦继续外移，到23：00，进入固定布料环位。具体改变过程如下（见表76）。

表76　2号高炉布料情况

日期（2008年）	矿石、焦炭改变步骤	料线深度/m	实际负荷
3月13日	$\alpha_{K3\ \ 4\ \ 2}^{35\ 38\ 35} + \alpha_{J5\ 3\ 1\ 2\ 1}^{40\ 38\ 35\ 32\ 26}$	1.3	3.7
3月13日22：30	$\alpha_{J5\ 3\ 1\ 2\ 1}^{41\ 39\ 36\ 33\ 27}$（焦外移1°）	1.3	3.7
3月14日9：30	$\alpha_{J3\ 3\ 3\ 1\ 2\ 1}^{43\ 41\ 39\ 36\ 33\ 27}$（焦外移2°）	1.3	3.7
3月15日4：00	$\alpha_{K3\ \ 4\ \ 2}^{37\ 40\ 37} + \alpha_{J3\ 3\ 3\ 1\ 2\ 1}^{44\ 42\ 40\ 37\ 34\ 28}$（矿焦外移）	1.3	3.7
进入固定环位			
3月15日23：00	$\alpha_{K45}^{65} + \alpha_{J333121}^{876543}$	1.3	3.8
3月17日	$\alpha_{K144}^{765} + \alpha_{J333121}^{876543}$	1.3	3.9
3月19日	α_{K2331}^{7654}（焦角未动）	1.5	4.02
4月4日	$\alpha_{K33121}^{76545} + \alpha_{J3321111}^{8765434}$	1.5	5.06
4月24日	$\alpha_{K322111}^{876545} + \alpha_{J3321111}^{8765434}$（矿焦同角）	1.5	5.5

（3）经过 4 天的调整，顺行完全正常，煤气分布明显改善，炉顶温度下降，煤气利用率提高，十字测温边缘各点显著下降（见图 134）。3 月 17 日 7：00 开始加负荷，16～19 日连续加负荷，每次加矿 1t，矿石批重由 40t 加到 43t，负荷由 3.7 增加到 4.02。19 日矿石继续外移，焦炭未动。20 日起继续加负荷。至 4 月 24 日矿石批重加到 45t，负荷由 4.02 加到 5.5。

三、实际结果

由于顺行改善，喷煤量和风温迅速提高，停用多日的小块焦于 3 月 26 日开始启用。具体各月指标见表 77 和图 135。

表 77　2 号高炉各月操作指标

月　份	日产量 /t	焦炭 /kg·t^{-1}	煤粉 /kg·t^{-1}	小焦块 /kg·t^{-1}	燃料比 /kg·t^{-1}
1	4125.06	429.9	71.4	0.8	502.1
2	4208.90	414.4	79.9	14.7	509
3	4353.55	426.3	72.3	3.1	501.7
4	4522.6	340.8	136.7	26.5	504
5	4594.77	344.9	130.6	36.2	511.7

月　份	风量 /m^3·min^{-1}	风温 /℃	炉顶温度 /℃	煤气利用率 /%
1	3565	1044	201	44.68
2	3660	1097	194	46.27
3	3708	1108	192	46.66
4	3677	1195	187	49.24
5	3613	1201	182	49.46

表 77 中的数据，除煤气利用率以外，均取自炼铁厂统计的生产月报。煤气利用率是每 5min 取一次数据，由全月平均得到的，比较准确。图 135 也是用每 5min 取一次数据的月平均值。

比较试验前后结果，炉顶温度由 200℃降到 180℃，大约下降 20℃（见图 135）；煤气利用率由试验前的 46%提高到 49%，

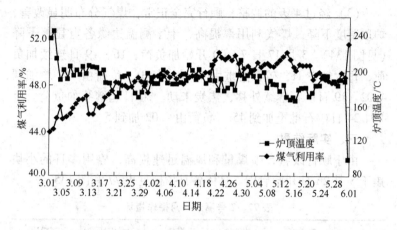

图 135　3～6 月炉顶温度与煤气利用率的关系

约提高 3%（见图 135）。4 月与 2 月比较，据生产月报数据，虽然燃料比变化不大，但 4 月的煤粉和小块焦用量，较 2 月多 68kg/t，实际上不仅焦比下降 68kg/t，从平均日产量分析，4 月产量提高7.5%，主要是燃料比下降的结果。按风中总氧量与产量估算，燃料比下降约 15～20kg/t，大体与煤气利用率提高水平相符。

高炉稳定状况的提高是试验的主要收获。

与试验前比较：矿石布料角度由 38°提高到 45.5°，外移7.5°；矿石堆尖外移约 0.7m；焦炭外移 5.5°，约 0.6m（见表78 和图 136），从而彻底改变了炉料堆尖落到炉喉中间地区的不良后果。

表 78　试验前后的炉料分布和煤气分布变化

日期	批重 W_K/t	炉料分布		煤气分布(十字测温)/℃						炉顶温度 /℃	煤气利用率 /%	负荷 (K/J)
		α_K	α_J	边缘	2	3	4	5	中心			
3.13	40	35 38 35 3 4 2	40 38 35 32 26 3 3 1 2 1	194	163	136	151	289	505	206	45.5	3.7
4.24	45	8 7 6 5 4 5 3 2 2 1 1 1	8 7 6 5 4 3 4 3 3 2 1 1 1 1	132	143	127	176	301	590	175	50.3	5.5

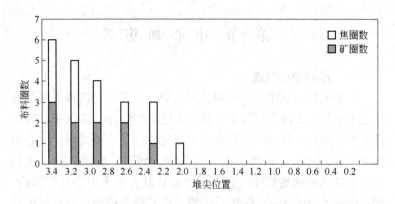

图 136　实验后炉料分布

四、讨论

高炉煤气分布在很大程度上受炉料分布左右，因此合理布料十分重要。

（1）应将炉喉按等面积原则，依炉喉直径大小，分成 5 ~ 11 等份，炉料按规定的有限位置布料。这样的布料结果可以和不同的高炉实践比较，也可与本炉不同时期、不同布料方法进行比较。

（2）在正常条件下，不应将炉料堆尖布到炉喉半径的中间地区，这种布料只可在炉料质量很差或炉况失常情况下，作为处理手段，是"药"而不能当"饭"。矿石一般不要布到焦炭中间，因为容易形成过分发展的"两条通路"。

（3）长期使用的布料制度，在需要改变时，要有耐心。因高炉内型已与煤气分布相适应，煤气通道比较顺畅，改变需要时间来"磨合"。在改变布料试验的过程，除严重影响顺行，不应频繁变动。有的试验一天改变几次，实际不可能看清改变布料的真实作用。

（4）保持高炉中心通路非常重要。高炉越大，中心越重要。但中心集中加焦炭，一般不可取。中心高温区域不能过宽，否则煤气利用变差，浪费高炉燃料；窄一些，既可保持高炉顺行，又能节约燃料。

第三节 中心加焦

一、控制中心气流

高炉必须活跃中心，特别是大高炉。打开中心通路有两类办法：中心加焦或改变料柱中心漏斗深度。1987年，清水正贤等创造的中心加焦布料方法，为大高炉强化作出了重要贡献。中心加焦便于打开中心，促使中心气流发展；同时，推动炉缸"死料柱"的焦炭较快地更新，有利于炉缸活跃。由于中心气流活跃，相对抑制了边缘气流，保护了炉墙。他们特别指出，中心加焦量达到焦炭批重的1.5%，就能满足置换死料柱焦炭的需要[1,2]。

生产中遇到的问题是中心气流旺盛后，煤气利用率变差，有的高炉因中心加焦，煤气利用率下降2%以上，这是正常的高炉所不允许的。

二、中心加焦的分布特征

清水正贤等把焦炭直接布到炉喉中心部位，试验表明，中心档位布料半径r_{zx}与炉喉半径之比达到0.12时，就能达到置换死料堆焦炭的目的[1]。如把炉喉面积等分10份，则中心区域半径，远远大于中心加焦原创者的要求区域。现以式（127）将炉喉面积均分成10等份，分析中心加焦的特征。

$$d_i = \sqrt{\frac{N-i+1}{N}} d_1 \tag{127}$$

式中 d_i——第i档位的圆周直径；

d_1——炉喉直径；

N——等分炉喉面积的份数。

用式（127）算出每个环位的宽度，并以这些宽度和中心环位的半径比较，可以明显地看到这些加焦的特征。依式（127），各环位径向宽度为：

$$\frac{1}{2}(d_i - d_{i+1}) = \frac{1}{2}\left(\sqrt{\frac{N-i+1}{N}} - \sqrt{\frac{N-i}{N}}\right)d_1 \tag{128}$$

中心布料环位半径为：

$$r_{zx} = \frac{1}{2}d_n = \frac{1}{2}\sqrt{\frac{1}{N}}d_1 \qquad (129)$$

依式（129）算出中心档位半径 r_{zx}（见图137）。

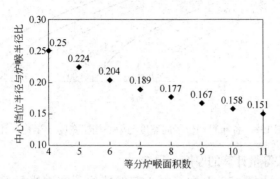

图137 中心档位半径与炉喉半径比的关系

从式（129）和图137中可以看到，高炉布料档位分得越少，中心档位所占的比例越大，与档位的平方根成反比。所以，布料档位数量应以炉喉直径大小确定，炉喉直径越大，档位应越多。

各档位宽度与中心档位半径 r_{zx} 相比为：

$$r_{kd} = \frac{(3)}{(2)} = \frac{1}{2}\frac{1}{\sqrt{N-i+1}-\sqrt{N-i}}d_1 \qquad (130)$$

用式（130）算得的结果如图138所示。

从图137和图138中可以看到：

（1）布料档位划分越少，中心档位布料半径越大，如将炉喉等分成5个档位，中心档位的布料半径等于炉喉直径的22%（相当于炉喉半径的44%）。一般小高炉因炉喉直径较小，划分档位较少，如马钢350m³ 高炉，分成6个档位[9]，大高炉分成 10~11 个档位。即使分成11个档位，中心档位半径也达到炉喉半径的 15.8%，如炉喉半径 5m，中心档位布料直径已经达 1.58m。一般中心布料仅占中心档位的一部分，中心档位的炉料

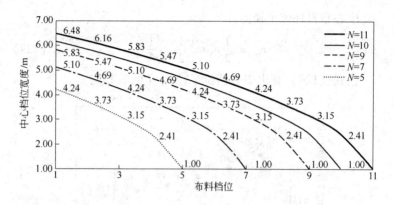

图 138　各布料档位径向宽度与中心档位宽度（半径）比

厚度比按等量计算的厚度大得多。

（2）由图 138 可知，中心布料档位的宽度半径是边缘的 4.2～6.5 倍，由此推断，当等量的炉料布到边缘档位，其料层厚度仅是中心档位厚度的四分之一或六分之一。实际炉料在炉喉内分布是不均匀的，中心档位一般位置最低，此处炉料较稳定，而其他档位的炉料可能向中心方向滚动、滑动，停留在原档位的炉料数量可能减少，实际炉料的分布厚度可能小于等量计算的厚度。所以，中心加焦很容易在高炉中心区形成焦炭凸台。中心加焦超过焦炭批重的 10%，凸台已经明显，所占炉喉中心面积已很大，除非高炉事故状态，正常生产会使煤气利用率下降。

三、合理的中心气流

合理的中心通道既能保证中心气流畅通，又能保证煤气能量充分利用，因此通道"面积"不应太大，如图 139 所示[3]。图 139 形象地说明，焦炭加到炉喉中心，形成

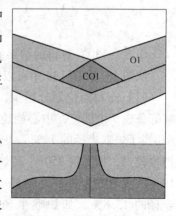

图 139　理想中心加焦示意图

很窄的中心通道。

不论用哪类方法活跃中心，十字测温的中心点温度不应超过700℃，经验表明大高炉一般控制在500～600℃之间。

下面以一座大高炉的实际操作，讨论高炉中心加焦的得失。

（一）高炉数据

高炉容积 5700m³，炉缸直径 $d = 15.5m$，炉喉直径 $d_1 = 11.2m$，其他具体数据如下：

矿石批重/t	焦炭批重/t	其中焦丁/t	料线深度/m
137	25.1	2.7	1.7

$$O\begin{smallmatrix} 44.2 & 40.9 & 39 & 37.9 & 32.2 & 29 \\ 3 & 4 & 6 & 1 & 2 & 3 \end{smallmatrix}$$ $$C\begin{smallmatrix} 44.2 & 43.9 & 39 & 37.9 & 32.2 & 29 & 25.4 & 22 \\ 5 & 3 & 2 & 2 & 2 & 1 & 2 & 3 \end{smallmatrix}$$

（二）炉料分布和高炉指标

用首钢自动化院研制的"专家系统"显示的炉料分布（见图140）。

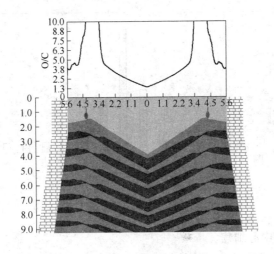

图140　炉料分布

高炉指标见表79。

表79 高炉指标

指标	风量 /m³·min⁻¹	风温 /℃	煤粉 /kg·t⁻¹	氧量 /m³·h⁻¹	综合负荷	顶压 /kPa	顶温 /℃
日平均	8689	1305	96.9	23894.38	3.28	2.72	129

指标	实际风速 /m·s⁻¹	鼓风动能 /kg·m·s⁻¹	$T_{理}$ /℃	焦比 /kg·t⁻¹	煤比 /kg·t⁻¹	燃料比 /kg·t⁻¹
日平均	248	13965	2051	287	161	448

（三）讨论

5700m³ 高炉在当今世界上，属于超大型。炉缸直径 15.5m，要求中心气流有足够水平。实际当时中心温度 440℃，边缘温度在 40~55℃之间（见图 141）。高炉顺行时，风温 1305℃，燃料比仅 448kg/t，现在是成功的。布焦最小环位是 22°，距炉喉中心线还有 2.06m，边缘平台宽度约 1.7m，漏斗深度约 2.5m。巨大的漏斗深度保证了高炉中心通路。对于炉喉直径 11.2m 的超大型高炉，煤气中心温度 440℃偏低，应在 500℃以上。

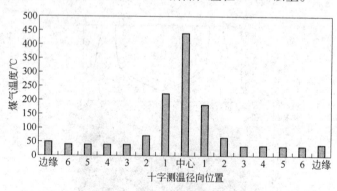

图 141　炉喉径向煤气温度分布

四、中心加焦

济钢 1750m³ 高炉在炉料质量变差时，炉况不顺。经过长期探索，自 2008 年 1 月 1 日实施以来，在 3 座 1750m³ 高炉已经稳定运行了两年多的时间，以"大角度、大角差、大矿批、中心加焦"

为核心的无钟炉顶布料技术是可行的。实施该技术提高了炉况的稳定性，增强了高炉抵抗原燃料波动的能力，加快了高炉休风后的炉况恢复速度，稳定了高炉气流分布，活跃了炉缸工作状态，高炉的各项经济技术指标明显改善。表 80 是具体的操作参数[4]。

表 80　济钢 1750m³ 高炉中心加焦操作参数

矿批/t	布料矩阵	利用系数/t·(m³·d)⁻¹	焦比/kg·t⁻¹	煤比/kg·t⁻¹	燃料比/kg·t⁻¹
40	$C^{38.2\ 36\ 33.5\ 30.7\ 27}_{2\ \ 2\ \ 2\ \ 2\ \ 3}O^{40\ 38.2\ 36\ 33.5\ 30.7}_{3\ \ 3\ \ 3\ \ 2\ \ 1}$	2.412	402	144	546
41	$C^{38.2\ 36\ 33.5\ 30.7\ 17}_{2\ \ 2\ \ 2\ \ 2\ \ 4}O^{40\ 38.2\ 36\ 33.5\ 30.7}_{3\ \ 3\ \ 3\ \ 2\ \ 1}$	2.455	406	142	548
41	$C^{39.5\ 37\ 34.2\ 31.4\ 17}_{2\ \ 2\ \ 2\ \ 2\ \ 4}O^{42\ 39.5\ 37\ 34.2\ 31.4}_{3\ \ 3\ \ 3\ \ 2\ \ 1}$	2.544	408	145	553
41	$C^{40\ 37\ 34\ 31\ 12}_{2\ \ 2\ \ 2\ \ 2\ \ 5}O^{43\ 40\ 37\ 34\ 31}_{3\ \ 3\ \ 2\ \ 2\ \ 1}$	2.547	406	149	555
43	$C^{40\ 37\ 34\ 31\ 12}_{2\ \ 2\ \ 2\ \ 2\ \ 5}O^{43\ 40\ 37\ 34\ 31}_{3\ \ 3\ \ 2\ \ 2\ \ 1}$	2.532	397	162	559
45	$C^{40\ 37\ 34\ 31\ 12}_{2\ \ 2\ \ 2\ \ 2\ \ 5}O^{43\ 40\ 37\ 34\ 31}_{3\ \ 3\ \ 2\ \ 2\ \ 1}$	2.538	393	160	553
48	$C^{43\ 40\ 37\ 34\ 31\ 12}_{1\ \ 2\ \ 2\ \ 2\ \ 2\ \ 4}O^{43\ 40\ 37\ 34\ 31}_{5\ \ 4\ \ 3\ \ 2\ \ 1}$	2.520	388	166	554
43	$C^{40\ 37\ 34\ 31\ 12}_{2\ \ 2\ \ 2\ \ 1\ \ 5}O^{43\ 40\ 37\ 34\ 31}_{5\ \ 4\ \ 3\ \ 2\ \ 1}$	2.311	392	163	555
43	$C^{40\ 37\ 34\ 31\ 28\ 23\ 12}_{2\ \ 2\ \ 2\ \ 2\ \ 2\ \ 1\ \ 4}O^{43\ 40\ 37\ 34}_{3\ \ 3\ \ 2\ \ 2}$	2.400	378	165	543

从表 80 中看到，初期中心加焦在 27°环位，以后认识到焦炭并未加到炉喉中心，反而阻挡了矿石分布，将中心加焦环位放到 13°~12°后，中心焦炭凸台变窄，如图 142 所示。

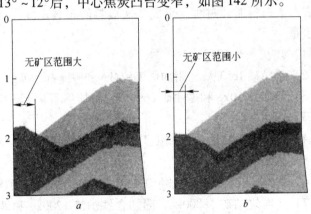

图 142　中心加焦环位变化

a—矿批扩大前；b—矿批扩大后

它的缺点在于中心加焦比例过高，约占25%，导致目前利用率降低，实际浪费了入炉燃料。

第四节 布 料 矩 阵

现代高炉操作对不同粒度的炉料，一般都分级入炉。不同种类的炉料，也要求不同的装料方法。简单的矿↓焦↓二重循环，已不适用。现以德国阿奇洛米塔尔公司5A号炉的装料矩阵为实例，分析这类装料方法。

5A号炉内容积 $2032m^3$，炉缸直径 9.75m，26个风口。料车容积 $12m^3$，炉顶双罐 $2 \times 24m^3$，溜槽长度 3.5m。炉喉分11个布料环位。2006年全年平均日产量 4587t，烧结矿、球团矿和块矿分别占 80%、9% 和 11%，其中包括小粒度烧结矿大约 190kg/t。焦丁 10~38mm，焦炭大于38mm。4~8mm 是小粒烧结矿，烧结矿大于8mm。全年平均焦比 315kg/t，其中包括焦丁 70kg/t、煤粉 176kg/t。全年平均燃料比 491kg/t[3]。

5A号高炉 1997 年安装无钟装置，料车上料未动，由9次放料组成一组布料矩阵，每次粒度、质量、种类有所不同，9次放料完成一个布料循环过程，组成9次放料的布料矩阵。具体布料方法是：

(1) 焦炭一车 6250kg： C_{124}^{872}；

(2) 烧结矿 16533kg，附加焦丁 914kg 和橄榄石 590kg： $O_{5\ 4}^{10\ 3}$；

(3) 块矿 6650kg 和球团矿 6690kg，附加焦丁 914kg 和蛇纹石 1277kg： O_{111}^{987}；

(4) 烧结矿 16533kg，附加焦丁 914kg 和橄榄石 590kg： O_{1111}^{9753}；

(5) 焦炭 5250kg： C_{34}^{71}；

(6) 烧结矿 16533kg，附加焦丁 914kg 和橄榄石 590kg： $O_{5\ 4}^{10\ 3}$；

(7) 小粒烧结矿 18000kg，附加含铁炉渣 1200kg 和铁矾土 400kg： $O_{1\ 111}^{10987}$；

(8) 烧结矿 16533kg，附加焦丁 914kg 和橄榄石 590kg： $O_{1\ 111}^{10864}$；

（9）块矿 6650kg 和球团矿 6690kg 附加蛇纹石 1277kg：$O_{1(0)\ 1\ 1\ 1(0)}^{4\ 3\ 2\ 1}$。

表 81 是上述布料的汇总。

表 81　装料矩阵汇总

次序	炉料				布料档位											
	主料	次料	辅料		炉墙									中心		
			焦丁	辅料	11	10	9	8	7	6	5	4	3	2	1
1	焦炭														
2	焦炭							1	2				4		
3	烧结矿		焦丁	辅料											
4	烧结矿		焦丁	辅料		5						4			
5	生矿	球团矿	焦丁	辅料			1	1	1						
6	烧结矿		焦丁	辅料			1		1		1		1		
7	焦炭														
8	焦炭							3							4
9	烧结矿		焦丁	辅料											
10	烧结矿		焦丁	辅料		5						4			
11	小粒烧结矿			辅料	1	1	1	1							
12	烧结矿		焦丁	辅料	1		1		1		1				
13	生矿	球团矿		辅料									1		

入炉料质量/kg

料 种	主 料	次 料		
烧结矿	16655		K	焦炭
小粒烧结矿	18000		KK	焦丁
生 矿	6660	6.660	A	烧结矿
焦 炭	6260		AF	小粒烧结矿
焦 丁			E	生矿
球团矿		6.690	P	球团矿
			A1.A4	辅料

料 种	橄榄石	（渣中）铁	铁矾土	蛇纹石	焦 丁
辅 料	690				
辅 料				1277	
辅 料		1200	400		
辅 料				1277	
焦 丁					914

布料模型显示它的炉料分布剖面（见图143）。

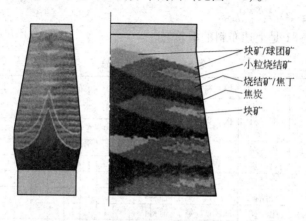

块矿/球团矿
小粒烧结矿
烧结矿/焦丁
焦炭
块矿

图143　炉内炉料分布剖面

这是创造性的布料，打破传统，成效显著。在9次加料中，有两次是加焦炭，两次合计10.5t，其中第二次有3t较集中地加到炉喉中心环位，占总焦量的28.6%，从图143中也能看到中心焦炭所形成的明显凸台。它的设备缺陷明显，料车上料，料车和料罐容积都很小，因此用浮渣的矩阵，达到较好地生产目的。

第五节　观察煤气流分布

高炉内煤气流分布，当前还没有简单易行的直接观察方法。早在1929年，美国以肯尼和福尔纳斯为首的小组，在公称700t的高炉上实测，结果如图144所示[4]。从图144中看到，在接近料面的炉内，煤气流速和煤气温度的径向分布趋势是一致的，可以用温度近似地描述煤气流速。实际上，煤气温度也可以描述煤气成分，如图145所示。我们现在观察煤气流分布，主要依靠径向温度，一般高炉均安装炉喉十字测温，它是观察煤气分布的主要工具。

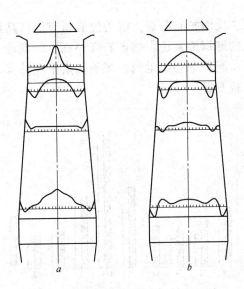

图 144　高炉实测煤气流速和相应温度

a—高炉各层的煤气速度；b—各层温度分布

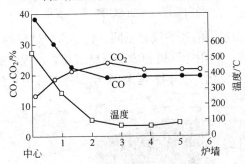

图 145　煤气温度和成分的分布

　　首钢 1979 年 2 号高炉投产以前，和全国多数高炉一样，一直用炉喉径向煤气 CO_2 值判定煤气流分布。2 号高炉投产后，开始用径向测温，即现在通用的十字测温判定，并依此调整装料。图 146 所示为首钢 2 号高炉不同时期的径向温度分布比较（即第二节讨论的实验）。实际当时边缘煤气温度变化巨大，从 260～290℃ 降到 160～180℃。矿石和焦炭外移以后，中心温度不仅没降低，反而稍有升高。因为焦炭虽有提高高炉通气性的作用，而它的堆积位置还影响矿石在料面上的滚动，当焦炭堆尖限制矿石向高炉中心滚动时，虽然焦炭落点外移，高炉中心依然可能比较发展。

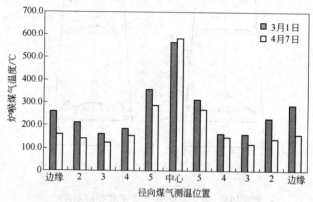

图146　首钢2号高炉不同时期的
径向温度（第五章第二节）变化

　　计算机和过去的高炉仪表不同，它是高炉过程的"放大镜"和"显微镜"，利用计算机和传感器显示高炉进程，能深入地观察过程的连续变化。图147是1991年3月1日到4月8日的日

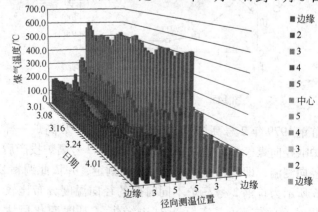

图147　试验期间径向煤气温度变化

232

平均径向温度变化，X坐标是日期，从3月1日到4月8日，Y坐标是煤气径向的测温各点位置，Z坐标是温度值。从图147中看到，布料的变化对不同径向测点影响不同。从这张三维图中看到，实验过程中径向煤气温度，变化较大，边缘温度降低很多，中心温度稍有提高。在装料变化过程中，炉喉径向温度均在同时改变，到4月7日才是中心区域，包括煤气测温中心点和次中心点温度均升高。此前一段时间，中心温度也曾升高过。

计算机监控过程，可以微观分析加料过程。图148所示为一批料（矿石＋焦炭）加料过程中的煤气径向温度变化。

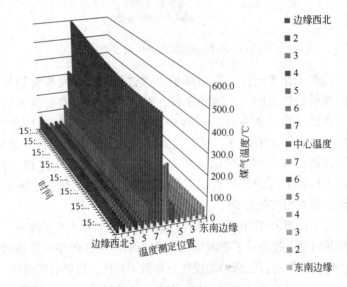

图148 高炉加一批料（矿石＋焦炭）过程中的
径向煤气温度变化

图148是一座大高炉加一批料的时间全过程。从14：59：40开始加矿，到15：04：25加完焦炭，计285s，每5s取一组数据，绘成图148。从图148中可以看到，加矿过程中，接近中心的第七环位，煤气温度变化较大；加焦过程中，第七环位的温度升高。加料前后的高炉径向温度变化如图149所示。

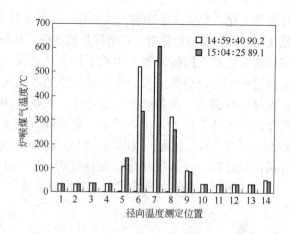

图 149　加料前后的高炉径向温度变化

　　高炉工作者应深入观察高炉生产过程，充分发挥计算机为我们提供的放大的、连续的条件，对高炉过程应有更深入的研究。在研究高炉内变化的过程中，除重视三维空间的变化外，还应把时间作为第四维，对变化做瞬间的、连续的观察、分析。可以预期，就像生物学家使用显微镜观察细菌变化过程一样，高炉工作者引入计算机检测高炉，充分利用它的快速、连续的技能，会有更多的发现。

　　附记：2010 年 10 月，酒钢的高炉操作专家提出高炉煤气分布的判断问题，我论述了把时间参数作为第四维分析煤气分布的方法。他们当即对自己高炉的煤气分布做了分析，这里引用两例：

　　（1）2 号高炉青年专家毛金玲、王铎发现，虽然他们的高炉生产很好，但高炉煤气分布很不稳定。说明高炉还有改进空间。特别是边缘和中心煤气温度，波动很大，这是提高煤气利用率的重要方向。酒钢 2 号高炉径向煤气分布如图 150 所示。

　　（2）6 号高炉青年专家李刚、秦占邦，发现他们的高炉煤气分布十分特殊，边缘煤气发展，特别是径向第二、第三点，煤气温度很高。因此，降低此区间煤气温度，是 6 高炉提高煤气利用率的重点。

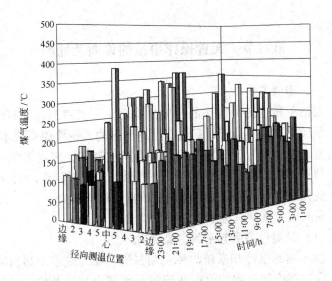

图 150　酒钢 2 号高炉径向煤气温度分布（10 月 14 日，每小时平均值）

　酒钢 6 号高炉一批料的煤气温度连续变化（每 5s 一组数据）如图 151 所示。

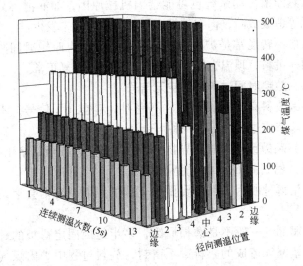

图 151　酒钢 6 号高炉一批料的煤气温度连续变化（每 5s 一组数据）

第六节　无钟操作事故的诊断及处理

一、溜槽不转

溜槽不转是无钟操作的典型故障之一。溜槽不转的原因很多，最经常出现的是密封室温度过高引起的齿轮传动系统不转。密封室正常温度为 35 ~ 50℃，最高不超过 70℃，超过 70℃，常出现溜槽不转故障。溜槽不转要分析原因，不要轻易人工盘车，更不要强制启动，以防止烧坏电机或损伤传动系统。

密封室温度高，应顺序分析，找出原因：

（1）顶温过高引起密封室温度高。

（2）密封室冷却系统故障：用氮气、煤气或水冷却的密封室，应检查冷却介质的温度和流量是否符合技术条件。冷却介质的温度不应超过 35℃。

（3）如果上两项均正常，密封室温度经常偏高，应检查密封室隔热层是否损坏。

虽然溜槽传动系统也可能会因机械原因，如润滑不好、灰尘沉积等造成故障，但在首钢多年的运转中还未发生过。

溜槽不转经常是炉顶温度高引起的，但有时短时间减风或定点加一批料，顶温也能下降，转动溜槽即恢复正常。

二、放料时间过长或料空无信号

料罐放料有时很长时间放不完料，料空又无信号，不能正常装料。造成这种情况有两种可能：

（1）料罐或导料管有异物，通路局部受阻或全部堵死；

（2）密封阀不严或料罐漏气。

不论哪种原因，都需要做出正确的判断，否则会浪费很多时间。

料罐漏气一般不是磨损原因，多半是因固定衬板的螺孔处或人孔垫漏气造成的。料罐不密封，放料过程中炉内煤气沿导料管向上流动，阻碍炉料下降，特别是阻碍焦炭下降，在并罐式高炉上一个罐漏气会影响另一个罐放料。

1980年8月20日，首钢2号高炉从2：10至7：10因放料过慢，料罐料空无信号，主皮带被迫停机8次；至8：00，左料罐不下料，下密封阀关不到位，被迫停风49min。利用停风机会，将炉料放空，判断是密封阀不密封。于8月22日停风更换下密封阀胶圈后，恢复正常。

区别是异物阻料还是密封阀不严比较简单。导料管或料罐卡料，可用放风处理做检查；料罐漏风或密封阀不严，只要停1~3min，罐内的炉料很快放空。如果是卡料，停风处理，依然无效。

三、导料管或料罐卡料

如果料罐卡料，会经常出现放料过慢或放不下料，甚至下密封阀关不到位，造成被迫停风的故障。

为做出准确判断，停风时关好上密封阀，向罐内充氮气，同时反复开、关节流阀，利用节流阀开关，振动炉料，使料流到炉内。如果这样处理3~4min还不起作用，即可判断为卡料。

卡料处理较复杂，处理顺序如下：

（1）停风。

（2）停充压氮气，关充压阀，开放散阀。

（3）打开人孔，将罐内炉料从人孔掏出。

（4）观察异物卡料位置，将异物从人孔处取出。

（5）有时在料罐外难以将异物取出，要求进入罐内，为防止煤气中毒，应采取以下措施：

1）炉顶点火或关闭炉顶切断阀；

2）检查罐内气体，$N_2 < 80\%$，$CO \leqslant 30mg/m^3$；

3）开上密封阀和放散阀，关充压阀；

4）用细胶管（一般用氧气带）引入压缩空气。

首钢4号高炉曾因一块薄铁板随炉料进入料罐，将左罐下料口卡住大半，最后在罐内用气焊将铁板烧一个孔，挂上钢丝绳才拉出来。

异物卡料一般多发生在下罐的下部。

当年，首钢 3 座无钟高炉都发生过卡料故障，异物来源和形状如下：

（1）烧结机振动筛内的加固件，有角钢、槽钢等，长度一般不超过 1m。

（2）料仓上的固定筛板因长期使用，焊缝磨掉或磨断；或各种放料闸门上的部件脱落。

（3）焦化、烧结、炼铁等运料区清扫的垃圾放到皮带上混入料罐。

为防止卡料，要求烧结、焦化、炼铁等工序内凡炉料经过的设施，以及相应除尘罩等，其结构应牢固可靠，特别是闸门和振动筛，最易局部损坏造成部件脱落。对上料设施的焊缝要有检查制度。

严格清扫制度，不允许将异物扔到皮带上。

在运料皮带上设拾铁器。

四、料过满和重料

造成料过满的原因有两种：

（1）程序错误，一个罐连续装入两批料。这种可能性极小，程序一般不会出错。

（2）料空信号误发，实际料罐中尚有余料，第二批料（或者第二种）又装入罐内，造成料满，导致上密封阀关不上或溢出料罐。

在上密封阀关不到位或根本不能关的情况下，要检查罐重显示，如罐重超过正常限额，可能料过满，旋转炉顶摄像镜头，观察是否有炉料溢出罐外，必要时到炉顶检查。

确认料过满后，应进行放风处理，一般放风 3~5min，将一罐料放完。有时放风后，料仍不下，需要做停气处理。个别情况下，如停气料也不下，可在停风的同时向料罐充压，强迫炉料下降。

对于并列式料罐，下密封阀不严造成剩料是屡见不鲜的，要保持下密封阀不漏气，应及时更换胶圈。胶圈漏气，易将阀座磨坏，而补焊阀座的劳动条件又很差，焊后还要研磨，费工费时；更换阀座，时间更长。

五、溜槽倾角错位

溜槽布料角度(俗称 α 角,是大钟角度 β 的余角,即 $90° - \beta$)对炉料分布影响很大。一般来讲，溜槽与溜槽角度指示器的连接是刚性的，不可能错动。理论上，溜槽可以在任何角度下工作，实际由于机械安装要求，首钢 2 号高炉溜槽最小工作角度为 $17°$，是溜槽工作角度的下限，低于下限角度后，溜槽机械连接机构受力易变形，溜槽难以复位。1980 年 7 月 23 日 5：15，从溜槽指示器上发现溜槽角度低于下限，停风 180min，人工到炉顶盘车，使溜槽重新回位，仔细观察，溜槽并未越限，是显示的溜槽角度与实际不符，大约差 $3°$。有的厂曾发生实际角度与指示角度差 $4°$，按正常加料，使炉况严重失常。溜槽角度在未知条件下变化，会给炉况带来严重后果。

事后分析，在这之前显示角度与实际角度已有明显差异，高炉煤气分析和煤气成分最能说明这一点，表 82 是其煤气分布变化情况。

表 82 1980 年 7 月首钢 2 号高炉的煤气变化情况

日期	平均径向煤气分布(CO_2)/%					混合煤气/%			
	1 （边缘）	2	3	4	5 （中心）	CO_2	CO	H_2	CO/CO_2
21 日	19.3	20.9	19.3	15.7	12.1	18.3	23.5	1.1	1.28
22 日	16.5	19.0	20.5	17.0	7.1	18.1	23.7	1.1	1.31
23 日	12.9	17.0	19.8	18.0	8.5	17.1	24.6	1.1	1.44

从表 82 中可以看出，尽管在这期间装料制度和炉料均未发生变化，但煤气分布和煤气利用程度发生的变化十分明显：21 日，边缘煤气 CO_2 占 19.3%，到 23 日已降到 12.9%，边缘明显发展；混合煤气的 CO_2 值在外部物质条件未变的情况下下降 1.2%。由

此可见，溜槽角度变化早已在煤气分布和利用程度上有了表现。

此后首钢规定，每天0:00检查一次溜槽下限角度。

六、溜槽磨漏

溜槽在炉内无法直接观察。溜槽从磨损到磨漏（磨透），有一段过程。磨漏初期因通过磨漏处的炉料较少，一时很难发现。特别是第一次碰到磨漏，一切征兆不明，判断困难，有时甚至误以为是炉料强度或粒度变化引起的而调整装料制度和送风制度，实际上不起作用。

首钢2号高炉磨漏前后装料制度和煤气分布的变化见表83。这里举例说明其磨漏前后的表现：

1980年9月下旬，首钢2号高炉煤气分布开始变化，初期炉况还能维持，很快高炉失常。

从表83中可以看出，9月16日以后，中心逐渐加重，边缘逐渐减轻。从16日起，逐步将焦炭布料角度向中心移，意在使焦炭更多地布到中心，实际未起作用，而且中心日渐加重。

当时布料调剂不起作用，又从下部入手，堵3个风口，将风速提高到140m/s以上，还不起作用。到10月上旬，炉缸中心堆积征兆日渐明显，渣铁物理热不足，炉况不稳、中心重，透气性指数偏低而且变化大，出铁前后的变化为1600~2000；渣口带铁多，渣中FeO有时达0.88%。10月7日，铁中硅含量控制在0.75%~0.80%之间，铁水物理热依然不足，铸铁机铸出的铁块有槽窝；而且风口窝渣，并有吹管烧出。

10月10日停风检查，发现溜槽正对导料管处磨漏，炉内料面呈圆锥状，中心部分烧结矿很多。

13日20:53~15日15:02，停风42h以上，补焊溜槽（当时无备件），送风后，很快转入正常。从表83中可以看到，16日的煤气分布已经正常，矿石批重和焦炭负荷逐渐恢复。

从表83中还可以看出，溜槽磨漏大约从9月16日开始，随着炉料通过漏洞的数量增加，窟窿很快扩大，到10月4日已相当大，反映在煤气分布上，中心的CO_2已上升到15.4%。

表 83 首钢 2 号高炉溜槽磨漏前后装料制度与煤气分布的变化

| 日期 | 装料制度 | | | | 煤气分布(CO$_2$)/% | | | | | 混合煤气成分/% | | 负荷 |
	料线/m	批重/t	α_K	α_J	1(边缘)	2	3	4	5(中心)	CO$_2$	CO	(K/J)
9月16日	1.4	28.5	32	25	18.1	20.6	21.6	15.4	8.2	19.1	23.6	3.75
17日			32	27	18.1	21.5	22.2	16.2	12.7	18.7	23.3	3.64
18日		28.0			17.0	20.7	22.6	17.1	14.0	19.2	22.8	3.51
19日		27.0			17.1	19.8	21.2	16.5	13.7	18.7	23.3	
20日					17.2	20.5	21.1	14.3	12.5	18.7	23.1	
21日		28.0	30.0	25	14.5	18.6	20.1	18.9	12.7	18.8	23.5	3.64
10月1日		28.5			15.0	18.7	21.3	16.9	10.6	18.1	23.9	3.56
2日					15.4	18.7	20.9	16.8	11.3	18.3	24.3	3.63
3日		29.0	31	24	14.1	18.6	20.6	16.2	13.1	18.5	23.5	3.77
4日			31	23	15.2	18.5	20.7	17.7	15.4	19.0	23.1	
5日					14.6	18.7	20.1	17.6	16.8	18.0	23.9	
6日					13.1	18.4	20.1	18.7	17.8	18.2	24.2	
7日			32	23	13.6	17.7	20.1	19.0	21.6	18.0	23.6	3.64
10日		28.0	30	21	14.6	18.7	20.6	18.7	16.9	18.6	23.3	
11日					15.4	18.5	20.5	19.2	17.7	18.3	22.5	
12日					11.2	18.0	19.8	19.5	16.8	18.5	23.4	
16日		27.0	32	25	17.6	19.8	20.8	14.6	8.1	18.1	22.8	3.51
17日		28.0	32	27	15.6	19.4	21.2	18.3	7.8	18.3	24	3.64
18日		29.0	31	27	17.3	20.7	21.3	17.5	8.3	18.7	24.4	3.77

这是第一次溜槽磨漏,仅10月1日~10月16日,扣除小修,损失产量7000t,焦比升高20kg/t。

1982年2月,2号高炉溜槽再次磨漏,位置在溜槽前端710mm处,有80mm×140mm和80mm×130mm两个洞,现象同前一次一样,即边缘较轻中心重,调整布料角度和料线均不起作用。

溜槽磨漏的另一个特点是煤气分布不均,几个方向的煤气分布差别较大,而且这种差别是固定的。

发现溜槽磨漏应及时更换。最好利用检修时间定期更换溜槽,防止因磨穿溜槽造成巨大损失。

七、溜槽脱落

溜槽脱落在国内已发生多次。溜槽脱落后,炉料完全落到中心,从炉顶向下俯视,呈一个大圆锥状,表现在煤气分布上是中心重、边缘轻(见表84),装料调剂完全失效。如不及时处理,高炉会很快失常。1990年5月25日,首钢4号炉溜槽脱落。停风观察,炉喉料面呈"馒头"状,煤气分布曲线剧变,中心CO_2含量猛增,边缘CO_2含量剧降(见图152及表84)[5]。

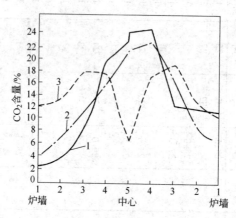

图152 布料溜槽脱落前后煤气分布

1—9:40溜槽脱落后煤气分布;2—22:20溜槽脱落后煤气分布;

3—5:45溜槽脱落前煤气分布

表84　溜槽脱落前后的煤气分布变化

溜槽状况	日期	时　间	煤气分布（CO_2）/%				
			1	2	3	4	5
脱落前	25 日	1:15 ~ 1:35	11.0	12.5	18.0	18.0	7.0
		5:25 ~ 5:45	12.0	13.0	19.0	17.5	7.2
脱落后	25 日	9:25 ~ 9:40	2.2	3.4	7.9	19.8	22.7
		13:30 ~ 13:45	1.5	5.2	9.5	15.1	20.0

溜槽状况	日期	时　间	煤气分布（CO_2）/%				
			5	4	3	2	1
脱落前	25 日	1:15 ~ 1:35	6.8	15.0	18.3	12.0	9.8
		5:25 ~ 5:45	6.2	16.8	19.0	12.8	10.2
脱落后	25 日	9:25 ~ 9:40	20.4	24.3	12.5	11.8	11.3
		13:30 ~ 13:45	15.5	15.1	16.4	8.5	6.7

　　与溜槽磨漏不同，溜槽磨漏虽然煤气曲线变化和溜槽脱落相似，但前者曲线变化是逐渐的，而溜槽脱落的变化是突然的、剧烈的。首钢此次因更换溜槽在脱落后两天才进行，因此损失产量5800t。换溜槽两天后，炉况恢复正常。

　　因此，在正常生产时，操作者应对高炉炉喉边缘和中心煤气含量突然发生显著变化，给予高度重视。此时，首先要检查实际布料角度是否正确，如未发现问题，可及时进行溜槽脱落的判断试验。根据本厂实际情况，通过定点布料（即选择旋转角），使落料在两探尺方位放料后进行料面探测，若两料尺变化与旋转角布料时一样，可确认溜槽脱落。一旦确认溜槽脱落，应果断停风检查，尽快处理，以防发生严重炉冷事故。由于缺乏经验，首钢4号高炉从溜槽脱落后至得到确认，间隔27h，这中间进行了调整布料角度（α 角）、缩小矿批等操作，拖延了一些时间[6]。

　　最好在炉顶装红外线测温装置，通过它可直接观察到溜槽运动和料面温度分布。

八、溜槽衬板翘起

　　溜槽衬板翘起事故，破坏料流正常流入高炉，导致煤气分布改变，炉况失常。包钢曾发生过这类事故（见图153）。包钢 3 号高炉容积为 2200m³，因衬板翘起，导致炉况失常，焦比升高 81.6kg/t，其具体生产指标对比见表85。

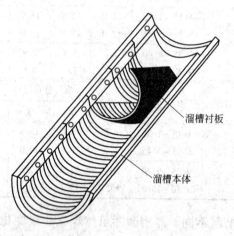

溜槽衬板

溜槽本体

图 153　溜槽衬板脱落后翘起示意图

表 85　溜槽衬板翘起前后高炉生产指标对比

项　目	1997. 12. 1 ~ 1997. 12. 20	1998. 1. 1 ~ 1998. 1. 14
利用系数/t · (m³ · d)$^{-1}$	1. 707	1. 365
焦比/kg · t^{-1}	482. 3	563. 9
煤比/kg · t^{-1}	99. 24	40. 25
综合冶炼强度/t · (m³ · d)$^{-1}$	0. 962	0. 824
综合 CO_2/%	16. 7	15. 8
焦炭负荷/t · t^{-1}	3. 97	2. 79

　　一般衬板翘起多发生在溜槽中部偏上、炉料频繁冲砸的部位。12 月 26 日，中心煤气 CO_2 值从 3.3% 跃升到 6.7%，估计是衬板开始翘起的时间。29 日，中心煤气 CO_2 升到 13.4%，表明衬板已经翘起。

　　发生衬板翘起应及时更换溜槽，因没有衬板保护，溜槽会很快断掉，造成更大的损失。

参 考 文 献

[1] 清水正贤，等. コークス中心装入による高炉融化软着带と炉芯充てん构造の制御. R&D 神钢制铁技报，1991，4，11~15

[2] 车传仁. 管理中心加焦及格过问题的探讨. 炼铁，1992(4)：14~17

[3] Joachim Buchwalder et al. Contemporary BF top charging practices，Stahl and Eisen，2008(4)：47~54

[4] 法泉营，李传辉，等. 济钢 1750m³ 高炉新型无钟炉顶布料技术. 中国冶金，2010(12)：24~28

[5] 董福祥，等. 首钢科技，1992(6)：1~4

[6] 郝志忠，等. 炼铁，1998(5)：38~40

[7] Kinney S P，Furnas C C. Gas-solid contact in the shaft of a 700-ton blast furnace. U. S. Bureau of Mines，1929(442)：148

第七章　大钟布料操作

高炉最早出现于我国，至今已有 2700 余年的历史。期间出现的高炉装料方法有多种多样，但均未流传下来。1850 年，巴利式大钟布料器在英国出现，尽管它不能旋转并有许多缺点，但还是流传下来。在此基础上，高炉布料器经过不断改进、完善，终于在 1907 年出现了马基式布料器，并迅速在世界范围普及。之所以大钟布料器得到发展，能够在高炉发展历史中占有重要地位，是因为它解决了高炉长期以来一直困扰的煤气流合理分布问题。

通过大钟布料器落入炉内的炉料，形成边缘高、中心低的反锥体料面。当炉喉直径大于 3.5m 时，边缘和中心的料面差已经超过 1m，这就使中心的料柱透气性明显提高，高炉每米工作高度的压力差为 0.04 ~ 0.07kPa，由于高炉中心料面低、阻力小，吸引了煤气流向高炉中心。这一作用也为高炉炉容扩大奠定了基础。

大钟式布料所形成的料面，是以后各种布料器共同遵循的准则，无钟布料也不例外。

大钟布料受炉喉间隙的限制，炉料堆尖仅能布于间隙范围内的圆环里。为适应高炉千变万化的生产条件，不仅依靠改变批重、装料次序、料线，还要用它们的组合方式，提高高炉水平。

第一节　批重的选择

批重对炉料分布的影响是所有装料制度参数中最重要的。批重不仅对高炉操作，而且对上料设备的设计也有重要意义，上料能力、料车容积、大料斗容积（对无钟炉顶是料罐容积）

等的确定，都与批重有关。

在前几章里已经分析了批重对布料和高炉行程的影响，这些影响可以归纳成以下几条：

(1) 炉料加到炉喉内，根据炉料在高炉边缘和中心的料层厚度之比，可以绘出一条批重特征曲线，按不同批重对炉料分布的影响，批重分别属于 3 个区，即激变区、缓变区和微变区。在激变区，由于炉料分布的不稳定性，煤气分布不可能稳定，高炉冶炼必然频繁出现管道行程。批重过小，必然出现边缘和中心两头轻的煤气分布；批重过大，会出现边缘、中心两头堵塞的煤气分布，增加了料柱阻力。

(2) 批重决定炉内料柱层状结构的厚度，批重越大、料层越厚，软熔带每层"气窗"面积越大，高炉将因此改善透气性。

(3) 批重越大，整个料柱的层数减少，因此界面效应减少，有利于改善高炉透气性。

批重对透气性的影响有矛盾的两方面。实践表明，扩大批重后，因煤气边缘通路受阻，总的压差升高。杜鹤桂曾用图解（见图 154）法正确地指出了批重对透气性的双重影响：随着高炉矿焦层厚度的增加，软熔带压差（$\Delta p_{\text{软}}$）升高，而总压差（$\Delta p \approx \Delta p_{\text{软}} + \Delta p_{\text{块}}$）略为下降到某一点后又升高[1]。应当指出，批重扩大不只是增大了中心气流的阻力；同时也增大了边缘气流的阻力；而且由于批重扩大，或由同装变分装，或增加正装比例后，一般是边缘通道受阻更多，边缘受影响的可能更大。这曾多次为高炉实践所证实。

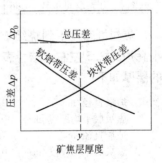

图 154　矿焦层厚度与
压差的关系

批重的选择早就受到炼铁专家重视。有些教科书推荐确定批重以焦炭为主，一批料的质量大约以焦炭在炉喉内的厚度保持 0.5m 左右为合理[2]。采用喷吹技术以后，焦炭批重受燃料喷吹量的影响，变化很大。矿石批重大小可用式（68）表示：

$$W = \pi\rho\left[\left(\frac{n}{2}d_1^2 - \frac{1}{12}d_1^3 - \frac{2}{3}n^3\right)(\tan\varphi_2 - \tan\varphi_1) + \frac{1}{4}d_1^2 y_0\right]$$

从式（68）中可以看出，矿石批重大小主要取决于炉喉直径（d_1）、矿石和焦炭在炉喉内堆角的差值（$\tan\varphi_2 - \tan\varphi_1$）以及炉料堆密度（$\rho$）三个因素。如果所用的焦炭和烧结矿在高炉内的堆角相近（$\varphi_K \approx \varphi_J$），则矿石批重主要决定于炉喉直径。多数情况下，矿石与焦炭的堆角差别较大，所以对批重的影响也很大。

根据前面论述的批重概念，矿石批重范围分为激变区、缓变区和微变区。以表18～表21的生产条件，令 $\tan\varphi_2 - \tan\varphi_1 = 0.083$，用式（67）～式（69）算出的各高炉合理批重的范围（微变区）如表86所示。

表86　高炉合理批重的范围

炉喉直径 d_1/m	2.5	3.5	4.7	5.8	6.7	7.3	8.2	9.8	11
高炉容积/m³	100	250	600	1000	1500	2000	3000	4000	5000
矿石批重范围/t	>4	>7	11.5	>17	>24	>30	>37	>56	>76.8
在炉喉内平均厚度/m	0.51	0.46	0.41	0.40	0.43	0.15	0.44	0.46	0.51

焦炭堆密度不到烧结矿的1/3，大高炉的负荷为3.0左右，小高炉为2.5左右，结合表86中的数据可以算出焦炭在炉喉内的层厚如下：

炉喉直径/m	2.5	3.5	4.7	5.8	6.7
焦炭层平均厚度/m	0.65	0.59	0.44	0.43	0.46

炉喉直径/m	7.3	8.2	9.8	11.0
焦炭层平均厚度/m	0.48	0.47	0.49	0.54

可见，以焦炭层厚0.5m左右选择批重，对不喷吹的大、中高炉较接近。过去情况则不同，那时焦比较高，焦炭负荷只有2.0左右，当时以焦炭层厚度（0.5m左右）选择批重，对高炉是适用的。现在以焦炭质量作为批重的标准，必须同时考虑负荷的变化，特别是喷吹量的变化。

选择批重的最好办法是计算批重特征数 D_K，绘制批重特征曲线，在微变区中确定批重。如炉料准备较差，粉末过多，可在缓变区靠近微变区的一侧，选择操作批重。

在微变区确定批重值的一个因素是炉料含粉量，含粉末越少，批重应当越大。图155所示为鞍钢各高炉批重与烧结矿粉末量的关系[3]。

炉顶温度对高炉批重选择也有影响。对于使用热矿的高炉，如果小时料速为3~4批，在加料前炉顶温度很高，加焦炭后，顶温骤然下降，使炉喉煤气体积产生巨大变化，给高炉增加一个波动因素。图156是首钢旧2号高炉（容积为515m³，已拆除）在1978年试验大批重和小批重

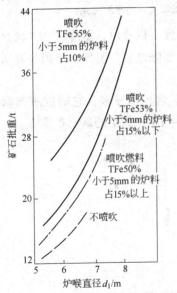

图155　鞍钢各高炉批重与原料条件的关系

图156　首钢旧2号高炉大批重和小批重时的炉顶温度波动情况

1—大批重分装，矿石批重 $W_K = 14t$；

2—大批重试验开始；3—同装，

矿石批重 $W_K = 7t$

时的炉顶温度波动情况。

日本高炉完全使用冷矿,炉料中粉末很少,粒度小于5mm的只有2%~6%,矿石批重普遍很大,小时料速4~5批,煤气利用很好。

图157所示为高炉炉顶温度和煤气利用率的关系。从图157中可以看出,1975年前我国多数高炉使用热烧结矿,烧结矿温度一般在400~600℃之间,这是炉顶温度高的主要原因。

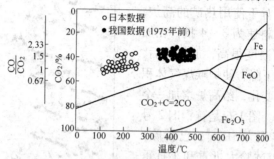

图157　高炉炉顶温度和煤气利用率的关系

从图157中C和CO的平衡曲线可以看出,温度越低,越有利于反应向生成CO_2的方向发展,要降低炉顶温度,使用冷烧结矿是十分必要的。

1975年前,苏联多数厂烧结矿含粉末较多,它的批重普遍比日本小。图158所示为前苏联不同容积高炉的矿石批重[4]。

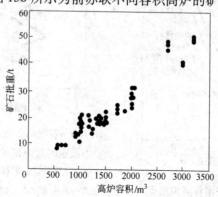

图158　前苏联不同容积高炉的矿石批重

1975 年前，我国多数高炉使用热矿，烧结矿含粉末量较多，和前苏联 1975 年前的情况相近，矿石批重与前苏联的也相近。图 159 是我国、前苏联和日本矿石批重的比较。从图 159 中可以看出，日本高炉的批重大于我国的批重，这是日本精料的结果，也是他们煤气利用率高、燃料比低的基本原因。

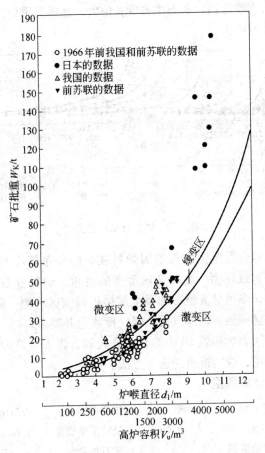

图 159　矿石批重特征曲线

　　从图 159 中还可以看出，大部分实际批重（经验值）都在微变区范围内。20 世纪 60 年代武钢高炉批重小，与原料条件有关。从图159中还看出，我国小高炉矿石批重普遍偏小，扩大批重的潜力还很大。

图160是按矿石堆密度为 1.6t/m³，算得的不同容积高炉的矿石批重特征曲线，从图中大体能看出炉喉直径 d_1 与合理批重（在微变区范围）的关系。实际确定批重应考虑矿石品位的作用，矿石含铁分高，矿石堆密度 ρ 值大，选择批重应比图160中所示的批重值大。

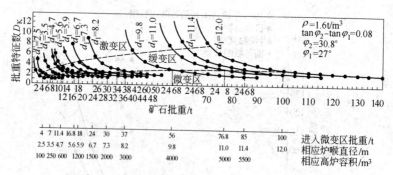

图160　矿石批重特征曲线

进入微变区范围的批重因炉料在炉内分布较均匀，煤气曲线接近Ⅲ型或Ⅳ型。在缓变区范围的批重，炉料分布边缘和中心都适中，多半是Ⅱ型，如果批重接近微变区一侧，则是Ⅲ型；接近激变区一侧，因煤气两头轻，而成为Ⅰ型。

下面用表9和表10中的有关公式和首钢1号高炉的实际数据进行计算，说明批重的选择方法。

一、计算数据

大钟直径	$d_0 = 4.2$ m	焦炭堆密度	0.5t/m³
炉喉直径	$d_1 = 5.6$ m	烧结矿堆密度	1.6t/m³
大钟边缘到堆尖距离	$L_x = 0.5$ m	矿石堆角	$\varphi_K = 30.8°$
		原始料面角	$\varphi_0 = 25°$

二、计算临界批重

根据式（38）：

$$n = \frac{d_0}{2} + L_x = 2.1 + 0.5 = 2.6(\text{m})$$

按表 10 中的式（65）计算临界批重 W_0：

$$W_0 = \pi\rho\left(\frac{1}{2}nd_1^2 - \frac{1}{12}d_1^3 - \frac{2}{3}n^3\right)(\tan\varphi_2 - \tan\varphi_1)$$

$$= 3.14 \times 1.6 \times \left(\frac{1}{2} \times 2.6 \times 5.6^2 - \frac{1}{12} \times 5.6^3 - \right.$$

$$\left. \frac{2}{3} \times 2.6^3 \right) \times (\tan30.8° - \tan25°)$$

$$= 9.2(\text{t})$$

三、计算料层厚度和批重特征数

用式（68）和式（65）之差计算不同批重时中心料层厚度 y_0：

$$\Delta W = W - W_0$$

$$= \pi\rho\left[\left(\frac{1}{2}nd_1^2 - \frac{1}{12}d_1^3 - \frac{2}{3}n^3\right)(\tan\varphi_2 - \tan\varphi_1) + \frac{1}{4}d_1^2 y_0\right] -$$

$$\pi\rho\left(\frac{1}{2}nd_1^2 - \frac{1}{12}d_1^3 - \frac{2}{3}n^3\right)(\tan\varphi_2 - \tan\varphi_1)$$

$$= \frac{1}{4}\pi\rho d_1^2 y_0$$

解上式，则：

$$y_0 = \frac{4}{\pi\rho d_1^2}\Delta W \tag{131}$$

用式（131）计算增减批重时的 y_0 值很方便，因为对具体高炉 $\dfrac{4}{\pi\rho d_1^2}$ 是常数，y_0 和 ΔW 之间乘一个常数项 $\dfrac{4}{\pi\rho d_1^2}$ 即可。当然，用表 9 中的式（79）计算 y_0 也可，只是麻烦些。

用式（131）计算中心料层厚度的结果如下：

矿石批重 W/t	9.2	10	11	12	13	14	15	16	17	18
$\Delta W = W - W_0$/t	0	0.8	1.8	2.8	3.8	4.8	5.8	6.8	7.8	8.8
中心料层厚 y_0/m	0	0.02	0.045	0.07	0.095	0.12	0.145	0.17	0.195	0.22

用表 9 中的式（72）计算边缘料层厚度 y_B：

$$y_B = \left(2n - \frac{1}{2}d_1\right)(\tan\varphi_2 - \tan\varphi_1) + y_0$$

$$= (2 \times 2.6 - 2.8)(0.594 - 0.466) + y_0$$

$$= 0.307 + y_0$$

将上表中算得的 y_0 值分别代入上式得到 y_B，将 y_B 和 y_0 值分别代入式（76）：

$$D_K = \frac{y_B}{y_0}$$

将算得的结果一并列于表 87。

表 87 矿石批重与批重特征数

矿石批重 W/t	中心料层厚 y_0/m	边缘料层厚 y_B/m	D_K
9.2	0	0.307	∞
10	0.02	0.327	16.3
11	0.045	0.352	7.82
12	0.070	0.377	5.38
13	0.095	0.402	4.23
14	0.120	0.427	3.56
15	0.145	0.452	3.12
16	0.170	0.477	2.81
17	0.195	0.502	2.57
18	0.220	0.527	2.39

四、计算小于临界批重 W_0 时的不同批重的炉料分布

用式（67）计算不同批重时的未布料区半径 a_0：

$$a_0 = \sqrt[3]{-\frac{q}{2} + \sqrt{\left(\frac{q}{2}\right)^2 + \left(\frac{p}{3}\right)^3}} + \sqrt[3]{-\frac{q}{2} - \sqrt{\left(\frac{q}{2}\right)^2 + \left(\frac{p}{3}\right)^3}}$$

式中

$$p = \frac{3}{4}d_1^8$$

$$q = \frac{3}{2}d_1^2 n - 2n^3 - \frac{1}{4}d_1^3 - \frac{3W}{\pi\rho(\tan\varphi_2 - \tan\varphi_1)}$$

用式（67）计算，解三次方程常需用转化法求得数学解，为简化运算，可用表 10 中的式（66）反算，这样计算相当简单。

以式（66）代入实际值，则：

$$W = \frac{1}{3}\pi\rho\left(a_0^3 - \frac{3}{4}d_1^2 a_0 + \frac{3}{2}nd_1^2 - \frac{1}{4}d_1^3 - 2n^3\right)$$

$$= \frac{1}{3} \times 3.14 \times 1.6\left(a_0^3 - \frac{3}{4} \times 5.6^2 a_0 + \frac{3}{2} \times 2.6 \times 5.6^2 -\right.$$

$$\left.\frac{1}{4} \times 5.6^2 - 2 \times 2.6^3\right)$$

$$= 0.214 \times (a_0^3 - 23.5a_0 + 42.8)$$

以不同的 a_0 值代入上式算出相应的批重值：

a_0/m	0.0	0.1	0.3	0.5	0.8	1.0	1.2
W_K/t	9.2	8.64	7.68	6.65	5.25	4.37	3.48
a_0/m	1.4	1.5	1.6	1.8	2.0	2.2	
W_K/t	2.69	2.36	2.0	1.35	0.82	0.30	

将上面的计算结果绘成图 161，从图中可查得不同批重下的 a_0 值。当批重为 8t 时，$a_0 = 0.26$m，依次查得数据（见表 88）。

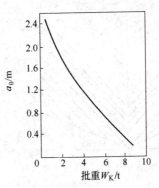

图 161 批重 W_K 和 a_0 的关系

表88　不同矿石批重下的无料区直径值

W_K/t	7	8	8.5
a_0/m	0.44	0.26	0.16

用表9中的式（80）计算小于临界批重时的不同批重的边缘料层厚度 y_B，则

$$y_B = \left(2n - \frac{1}{2}d_1 - a_0\right)(\tan\varphi_2 - \tan\varphi_1)$$

$$= \left(2 \times 2.6 - \frac{1}{2} \times 5.6 - a_0\right) \times 0.13$$

$$= 0.128(2.4 - a_0)$$

将表88中的数据代入上式，算出的边缘料层厚度 y_B 列于表89。

表89　不同批重的无料区半径与边缘料层厚度

批重 W_K/t	7	8	8.5
无料区半径 a_0/m	0.44	0.26	0.16
边缘料层厚度 y_B/m	0.25	0.28	0.29

将表89和表87中数据绘成图162和图163。从图162中可以

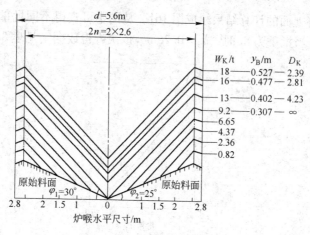

图162　不同批重的炉料在炉喉内的分布（纵断面）

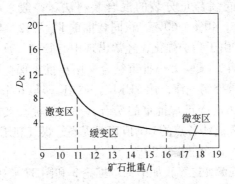

图 163　首钢 1 号高炉批重特征曲线

明显地看出，只有批重 W_K 大于 13t，才能进入微变区。实际情况是首钢 1 号高炉当时的批重只有 8.5～9.5t，难怪当时炉况不稳。

计算批重特征曲线的方法可以简化。设堆尖与炉墙重合，即 $n = \dfrac{1}{2}d_1$，由表 9 中式（74）计算 y_0，以式（73）计算 y_B 同样可行。

$$y_0 = \frac{4W}{\pi\rho d_1^2} - \frac{1}{3}d_1(\tan\varphi_2 - \tan\varphi_1) \tag{74}$$

$$y_B = \frac{1}{2}d_1(\tan\varphi_2 - \tan\varphi_1) + y_0 \tag{73}$$

一般高炉批重扩大后煤气分布趋向稳定，有利于高炉强化，允许加重边缘。在扩大批重的同时适当增加正装比例，对改善煤气利用是十分有利的。扩大批重，允许加重边缘、增加正装比例，这是上部调剂的重要规律。

有时限于高炉具体条件（如原料粉末多），使用大批重，高炉不稳定，可以考虑使用部分大批重、部分小批重的加料方法。为加料方便，首钢曾用"抽焦矿石双装法"，效果也比单纯用小批重好。

20 世纪 70 年代，首钢 3 号高炉（1036m³）由于使用热烧结矿，未过筛，当时烧结矿含粉末又太多，高炉煤气通路受阻，长期采用正同装与正分装的混合装料法。一般采用 mKKJJ + nKJ↓KJ↓, n = 40% ~ 60%，正同装批重 W_K 为 12 ~ 14t，正分装为 18t。以后由于高炉强化，经常出现中心管道，高炉顺行遭到破坏。1971 年，试验大小批重结合，用小批重保持煤气两条通路，用大批重抑制气流，用 6JJKK + KKKK 即每 6 个正常小批重后，加一批两倍于正常批重的矿石，抑制气流。实践表明，使用双装后煤气曲线各点的 CO_2 值普遍提高，煤气利用改善，燃料比下降 20kg/t，产量提高 13%。

批重选在激变区，正如第二章推论 3 和图 37 所表示的那样，煤气两头轻，能量利用差，炉顶温度高，煤气分布呈Ⅱ型或Ⅰ型。可以利用激变区批重这个特点，恢复难行的炉况。首钢 1977 年以前常用激变区的小批重处理难行炉况，特别是 1 号高炉，一旦高炉难行，立即缩小批重，使煤气两头轻，渡过难关。1 号高炉当时流行一句话：小批重是"药"，大批重是"饭"，用"药"（小批重）治炉况不顺，"病"好了吃"饭"（大批重）。

武钢曾根据烧结矿含粉末多和激变区的特点，用小批重维持高炉生产。根据武钢宋崇森绘制的批重特征曲线，微变区的批重应在 24t 以上，当时因烧结矿粉末过多，只用 10 ~ 14t 的激变区的矿石批重，煤气边缘和中心均十分发展，煤气曲线呈尖锐的双峰形（见图 77）[4]。由于批重在激变区（见图 164），尽

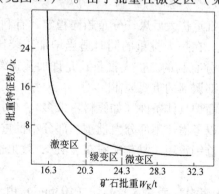

图 164　武钢 3 号高炉批重特征曲线

管煤气两头轻，气流并不稳定。

利用特征曲线，可以从另一角度确定炉料批重。从式(72)～式(74)可以看出，批重 W_K 和料层厚度 y_B、y_C、y_0 呈线性关系，以 y_B、y_0 为纵坐标绘成的图 165 是一个有用的布料指导图。

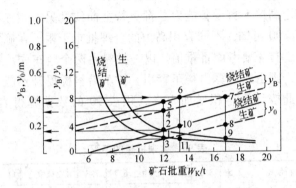

图 165　两种不同堆密度的炉料特征曲线

如希望每批料边缘厚度是 0.4m，可以在图 165 纵坐标 0.4m 处作一平行线，得交点 6、7，再过 6、7 两点作垂线与横坐标相交，得生矿和烧结矿的批重分别为 16.8t 和 13.2t；同时，垂线与 y_0 线相交于点 8、9、10、11，从而得到下列各值：

指标	生矿	烧结矿
y_0	0.20	0.185
D_K	2.0	2.05

对比 y_B、y_0 和 D_K 值，可知要求 $y_B = 0.4m$ 是否合理，并由此得知需要的批重 W_K 和中心料层厚度 y_0。

利用图 165 还可在已知批重条件下了解边缘、中心（和堆尖）处料层厚度（堆尖厚度辅助线未绘出）。以批重 $W_K = 12t$ 为例，过横坐标 12t 的点作垂线，与烧结矿特征曲线交于 1、2 两点，并与 y_B 和 y_0 线交于 3、2、4、5 四点，通过各交点引平行线与纵坐标相交，得到下列数据：

指标	生矿	烧结矿
D_K（批重特征值）	3.2	2.3
y_B（边缘料层厚度）	0.30	0.37
y_0（中心料层厚度）	0.09	0.16

这些数据对分析炉料分布是重要的。

确定高炉上料设备能力是批重特征曲线的另一用途。由图159和表90可知，不同容积高炉的合理批重下限。在确定上料能力时，首先要考虑批重值。以一批料由两个料车先后拉到炉顶考虑，则由此可算出料车容积。料车沿斜桥提升不能完全装满，因此按计算容积增加30%，用表90的数据算得表91的结果。

表90　合理批重的下限

炉喉直径/m	2.5	3.5	4.7	5.9	6.7	7.3	8.2	9.8	11.0	11.4
相应高炉容积/m^3	100	250	600	1200	1500	2000	3000	4000	5000	5500
进入微变区批重/t	4.5	7.9	12.8	20	27	34	42	63	87	96

注：此表是按矿石铁含量为52%，堆密度为1.6t/m^3计算的。

表91　计算的料车容积

高炉容积/m^3	100	250	600	1200	1500	2000	3000	4000	5000
进入微变区批重/t	4.5	7.9	12.8	20	27	34	42	63	87
一批料体积/m^3	2.5	4.4	6.9	10	13.1	18.1	25	37.5	52.7
计算的料车容积/m^3	1.6	2.9	4.5	6.5	8.6	11	16.3	25	34.2

从表91中可以看出，大高炉用间断式的料车上料很不经济，应当用连续式皮带方式上料。依批重值计算大料斗或料罐（无钟）容积，然后乘以系数，也很方便，这里不再重复。

第二节　不同批重操作的实践

武钢于1978年试验大批重操作，取得成功，并积累了丰富的经验。当时冶金部曾在全国推广，由此开始了新一轮扩大批重试验。武钢最早在 3 号高炉扩大批重，取得明显效果[5]。3 号高炉容积为1513m³，炉喉直径为6.6m。试验前装料制度为 $J_3K_2\downarrow$，矿石批重为29t。6 月 5 日进行试验，先用倒分装：$J_3K_3\downarrow$，炉况不顺；6 月 6 日改正分装：$K_3\downarrow J_3\downarrow$，批重扩大到 35～39t，由于煤气利用改善而提高了焦炭负荷。武钢 3 号高炉正分装试验前后的操作指标见表92。

表 92　武钢 3 号高炉正分装试验前后的操作指标

时　期	装料制度	批重 (P/K)/t	平均日产量 /t	利用系数 $/t \cdot (m^3 \cdot d)^{-1}$
1978 年 5 月	$J_3K_2\downarrow 1.8,\ 1.9m$	$\dfrac{29}{8\sim9}$	2501.6	1.655
1978 年 6 月 11 日 ～7 月 31 日	$K_3\downarrow 1.9m,\ J_3\downarrow 1.25m$	$\dfrac{36\sim39}{10\sim11}$	2571.8	1.698

时　期	焦比 $/kg \cdot t^{-1}$	煤气成分/%		炉喉 CO_2/%	
		CO	CO_2	边缘	中心
1978 年 5 月	539.1	24.7	15.5	4.5	3.6
1978 年 6 月 11 日 ～7 月 31 日	481.0	21.2	18.1	10.6	8.2

从表92 中可以看到，采用正分装大批重后，平均 CO_2 曲线上移，边缘升高6.1%，中心升高4.6%，边缘仍保持高于中心。炉顶煤气平均 CO_2 含量提高 2.6%。试验期间（炉料）铁分升高 0.87%，喷油量增加 13.1kg/t。校正后因煤气利用改善使焦比下降33kg/t。大批分装的另一收获是风口破损显著减少，从试验开始到 7 月底，仅坏两个风口，而此前 5 个月，平均每月坏 16 个以上风口[6]。

攀钢 4 号高炉用式（76）算出批重特征曲线（见图166），从图166 中看到批重应选在 20～28t 之间。实践证明，批重为 22～26t 时，煤气利用率高，气流分布稳定，高炉顺行。若进一

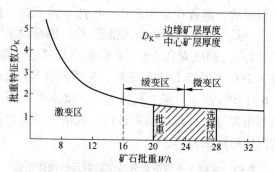

图 166　攀钢 4 号高炉炉料批重特征曲线

步增大批重，气流分布极不稳定，容易悬料，顺行变差。

　　攀钢的经验再次说明，大批重是有条件的，批重过大，会形成煤气"两头堵"的现象，破坏高炉顺行。

　　首钢采用大批分装以后，批重逐步加大，1 号高炉由15.5t 逐步扩大到 20t，3 号高炉由 22～23t 逐步扩大到 26.5t，4 号炉由 24.5t 逐步扩大到 28.5～29t，均突破了正同装时的批重范围。尽管煤气利用率普遍提高，其透气性变化不大，焦比降低，$Q/\Delta P$ 值未恶化[7]。首钢 4 号炉不同批重下的冶炼指标见表 93。

表 93　首钢 4 号炉不同批重下的冶炼指标

时　　间	批重/t	负荷	冶炼强度/t·(m³·d)⁻¹	焦比/kg·t⁻¹	综合焦比/kg·t⁻¹
1981 年 12 月 5～7 日	24.6	4.029	1.005	412	516
1981 年 12 月 8～18 日	25.5	4.038	0.89	406	517
1981 年 12 月 19～27 日	28.0	4.112	0.938	385	500
1982 年 1 月 5 日～2 月 7 日	26.5	3.952	1.030	400	498
1982 年 2 月 28 日～3 月 13 日	28.5	3.979	1.105	400	513
1982 年 3 月 14～17 日	30.0	3.939	1.111	388	500

时　　间	风量 /m³·min⁻¹	透气性指数 $Q/\Delta P$	煤气分布（CO_2）/%				
			1	2	3	4	5
1981 年 12 月 5~7 日	2135	1779	15.2	17.0	18.8	16.2	7.3
1981 年 12 月 8~18 日	2030	1796	15.8	17.6	19.0	16.5	8.5
1981 年 12 月 19~27 日	2118	1761	16.4	18.1	19.2	15.7	8.5
1982 年 1 月 5 日~2 月 7 日	2259	1807	15.9	17.5	18.9	16.1	10.3
1982 年 2 月 28 日~3 月 13 日	2350	1703	16.0	18.1	19.2	15.8	8.4
1982 年 3 月 14~17 日	2420	1754	15.3	17.7	19.3	15.6	12.0

第三节　料线的选择

料线一般是固定不变的，只有在装料次序改变还不能满足冶炼要求时，才改变料线。料线一般选在碰点以上。

从第二章的论述里已经知道，在其他条件一定时，料线愈深，堆尖愈靠近边缘，边缘分布炉料愈多。为加重边缘，可适当降低料线，一般不超过炉料在炉喉的碰点区，即 $h < h_{max}$。因为在碰点区以下，炉料多一次碰撞机会，强度不好的炉料容易破碎；料线过深，造成空区过大，浪费了高炉容积；料线越深，界面效应越大，对高炉行程不利。所以，选择合适料线，以 $h < h_{max}$ 为必要条件，碰点以下矿石反弹入炉，加重边缘程度不如料线以上。

图 167 是用式（32）计算的实例。从图 167 中可以看出，当碰点在 2.66m 处（炉喉间隙 $f = 1.0m$ 时）堆尖与炉墙重合，在碰点以上料线越深，堆尖越靠近炉墙。

临界料线的计算公式见式（39）：

$$h_{max} = f\tan\beta + \frac{f^2(Q-P)}{4Q\eta\cos^2\beta} \tag{39}$$

由式（39）可以看出，无钟式高炉利用溜槽角度调整炉料

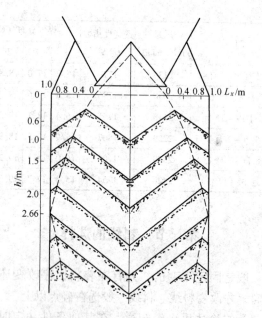

图 167　料线深度 h 对布料的影响

分布非常方便；大钟式高炉，装料调剂手段比无钟的少，有时也用料线控制炉料分布。从式（39）和图 167 中均能看到，深料线布到边缘，浅料线布到中心。利用这一规律，可使炉料按要求加到炉喉一定的位置。

　　对于分装操作，有两种方式利用料线的作用：一种较普遍的加料方式是矿和焦均用同一料线深度，称为等料线操作；另一种方法是不等料线操作。不等料线操作是利用料线加重边缘的有效办法。当矿石入炉后，不等料尺到位，立即加入焦炭，结果相当于深料线加矿石，使矿石布到边缘。在矿石上加焦，相当于浅料线加焦炭，使焦布向中心。例如，30t 的矿石批重，7t 的焦炭批重，一批矿占炉喉厚度（y_B）约 1m，1.5m 深度加矿后，接着加焦，相当于矿石加入深度 $h_K = 1.5m$，焦炭深度 $h_J = 0.6m$。从图 167 中不难看出，当以 1.5m 的料线深度加料时，堆尖距离炉墙很近；当料线为0.6m时，堆尖远离炉墙，接近大钟外缘，这是不等料线加料的实质。

在炉料离开大钟后所经过的距离里，炉料是碰不到炉墙的，这在图167中也表现出来了。因此，从大钟下降位置的下缘起就装炉喉保护板是没有必要的。炉喉保护板上端与大钟下缘应有一段距离，这段距离大小可用式（39）在给定炉喉间隙后，具体算出来。

实际观察发现，炉料碰撞炉墙不是一个点，而是有一定宽度的带，碰点密集区宽度，大约为0.5m，因此保护板高度下缘应大于碰点以下0.5m。由式（39）：

$$h_{max} = f\tan\beta + \frac{f^2(Q-P)}{4Q\eta\cos^2\beta} \tag{39}$$

由式（39）可以算出碰点的高度 h_{max}。高炉停风时，$P = 0$，h_{max} 值最大，代入式（39），则：

$$h_{max} = f\tan\beta + \frac{f^2}{4\eta\cos^2\beta}$$

η 值与高炉容积有关，现以 $\eta = 0.517$、$\beta = 53°$ 代入上式，则 h_{max} 为：

$$h_{max} = 1.327f + 1.335f^2$$

依上式，算得炉喉保护板高度（见表94）。

表94　$\eta = 0.517$、$\beta = 53°$ 时炉喉保护板的高度

高炉容积/m³	100	250	600	1000	1500	>2000
炉喉间隙 f/m	0.55	0.60	0.70	0.75	0.90	1.0
炉喉保护板高度/m	1.5	1.7	2.0	2.2	2.7	3.0

第四节　低料线操作

首钢曾用过低料线操作，那是在"大跃进"的1958年。太钢1号高炉，吹响了钢铁跃进的号角，产量提高很快，主要靠

提高冶炼强度。继而本钢产量也迅速提高，它既提高冶炼强度又降低焦比。首钢也想提高产量，当时的 2 号高炉容积为 $515m^3$，炉腰直径为 6.07m，有效高度为 25.28m，高炉细长比为 4.16，是个细长高炉。为改善高炉透气性，提高冶炼强度，试验低料线操作。原来料线为 0.8m，实测炉料碰点集中在 1.26m 附近。3 月 27 日将料线降到 1.5m，28 日再降到 2m，接着又降到 2.5m。4 月 4 日料线降到 3m。料线深度超过碰点以后，首先发现的情况是装料次序改变，已不起调节作用，当时的操作参数如下：

日　期	料线深度 /m	矿石批重 /t	装料次序	煤气分布（CO_2）/%	
				边缘	中心
3 月 31 日	2.5	6	KJ↓ +JK↓	9.8	7.4
4 月 1 日	2.5	6	KJ↓ +2JK↓	9.6	7.9
4 月 3 日	2.5	6	KJ↓ +3JK↓	9.4	7.7
4 月 7 日	3	6.2	2KJ↓ +JK↓	9.0	9.3
4 月 8 日	3	6.2	3KJ↓ +JK↓	9.3	8.8

使用深料线以后，风量加上去了，冶炼强度得以提高，但焦比也同时升高。5 月曾做过对比试验，结果如下：

日　期	料线深度 /m	冶炼强度 /t·$(m^3 \cdot d)^{-1}$	焦比 /kg·t^{-1}	利用系数 /t·$(m^3 \cdot d)^{-1}$
1~15 日	0.8	1.02	743	1.502
16~25 日	3	1.14	765	1.563

从上列数据可以看出，冶炼强度提高 11.76%，焦比升高 3%，产量提高 4%。终因焦比过高，不得已改回正常料线 0.8m。当时，首钢 1 号高炉在随后也曾做过低料线试验，结果和 2 号高炉相近，也因焦比升高过多，回到正常料线。

有一座容积为 $620m^3$ 的高炉，炉喉直径为 4.7m，1999 年曾经使用 2.5m 深料线，这座高炉矿石碰点在 1.8m 附近。当时矿石批重为 13t，用半倒装，这本来是发展边缘的"小批半倒"的装料制度。但实际由于使用2.5m深料线，炉料进入炉喉后，先撞在炉喉钢瓦，再落到料面上，究竟矿、焦怎样在炉内分布，很难估计。对于"小批重、半倒装"的装料方法，炉况不大可能稳定，再加上因料线过深，装料次序很难起作用，只能依靠改变批重或抽焦等方法，控制煤气分布。由于料线在碰点以下，矿石在入炉过程中要和炉喉钢瓦碰撞，多了一次破碎机会，必然增加炉料粉末。特别是强度较差的炉料，影响尤其严重。

对于炉喉直径为4.7m的高炉，料线每降低1m，使大约18m³炉喉容积变成空区。上升的煤气所带的物理热和化学能，在这1m高的区间没有得到利用。这18m³容积如装炉料，质量大约20t（按负荷为3.0计算）。炉料在高炉内靠料柱质量下降，低料线的结果，也减少了炉料下降的原动力。

高炉内的情况是复杂的，包钢容积为1513m³的1号、2号炉，曾用过2.5m料线，效果不错。估计与炉料的碰点位置有关。1号高炉1980年6月23日将料线由1.5m一次降至2.5m，边缘CO_2由2%~4%上升到6%~9%，中心煤气流立即发展起来，随后批重由18~20t加大到25~26t，煤气利用显著改善，焦比下降30~40kg/t。2号高炉1981年5月3日也将料线由1.5m改为2.5m，边缘CO_2由6%~9%上升到11%~12%，中心CO_2急剧下降，批重由16~18t扩大到30~32t。效果也十分显著。炉身边缘温度也大幅度下降[8]。表95是其具体操作数据。

表95　包钢降低料线扩大批重的效果

指 标	1号高炉		2号高炉	
	1980年5月	1980年7~8月	1980年5~7月	1981年6月
装料制度	2KKJJ+3JJKK	2KKJJ+3JJKK	2KKJJ+3JJKK	2KKJJ+3JJKK
料线深度/m	1.5	2.5	1.5	2.5
边缘温度/℃	250	150	450	190
中心温度/℃	600	600	750	620

从料线深度为 2.5m 时，还能加重边缘、减轻中心分析，可能是炉料强度较差，部分炉料经过炉喉钢瓦碰撞变成粉末，这些粉末在距炉墙不远处产生；或者炉料本身含有粉末，在炉墙不远处落到料面上，因此边缘加重，中心同时减轻。据此推论，炉料碰点距 2.5m 不远。而料柱透气性不佳的高炉，减少 1m 料柱阻力，也有一定效果。

总的说来，用大钟布料应尽量少用低料线作业。对于大钟设备，用低料线弊多利少。至于无钟高炉，布料角度可调，不需采用低料线作业。如果使用低料线，也可通过角度控制，避免炉料碰撞炉喉钢瓦，因此不存在炉料破碎作用。由此推断，无钟采用低料线较大钟弊端少。由于无钟的灵活性，一般也无需采用低料线作业。

第五节　装料次序的选择

装料次序如何影响布料是目前有争论的一个问题，装料次序的影响实际是改变堆角的结果。由于矿石和焦炭在炉内的堆角不同，上下次序的改变必然改变炉料的分布。这里用首钢的实际数据（表18～表21）具体分析装料次序的影响。

先求出 K 值，然后算出不同料线时各种炉料的炉内堆角。用式（74）和式（75）分别计算各种装料制度时的中心料层厚度 y_0 和边缘料层厚度 y_B，最后算出布料特征数 E_B 和批重特征数 D_K，所得结果列于表96。将这些结果绘在图上（见图168），可一目了然地看出装料次序对布料的影响。

布料特征数 E_B 代表布到边缘的矿石与焦炭厚度之比。E_B 愈大，说明边缘愈重。比较不同装料次序时的 E_B 值，在相同冶炼条件下（包括相等料线），加重边缘的装料顺序是：

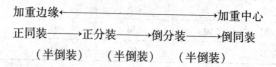

加重边缘 ←——————————————→ 加重中心

正同装 ——→ 正分装 ——→ 倒分装 ——→ 倒同装

（半倒装）　　（半倒装）　　（半倒装）

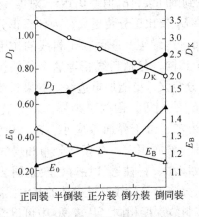

图 168　装料次序对布料的影响

E_B值	1.355（1.253）	1.222	1.208	1.160
占比例/%	100（92.6）	90.4	89.2	85.7

表 96　不同装料制度的布料特征数

装料制度		正同装	半倒装	正分装	倒分装	倒同装
y_B	K	0.416	0.391	0.397	0.395	0.377
	J	0.307	0.321	0.32	0.327	0.325
y_0	K	0.109	0.138	0.157	0.163	0.212
	J	0.472	0.477	0.423	0.417	0.369
E_B	y_{BK}/y_{BJ}	1.355	1.253	1.22	1.208	1.160
E_0	y_{0K}/y_{0J}	0.231	0.289	0.371	0.391	0.575
D_K	y_{BK}/y_{0K}	3.817	2.833	2.529	2.423	1.778
D_J	y_{BJ}/y_{0J}	0.650	0.654	0.763	0.784	0.881

　　分析上面数值，正分装与倒分装对布料的影响是接近的，E_B值只差 0.014，其差别程度远较其他装料方法小，对煤气流的影响也较缓和。正同装与倒分装差别较大，E_B值差 0.147，差别最大

的是从正同装变到倒同装，E_B 值差 0.195，对煤气流影响较剧烈。

　　既然正同装 E_B 值比正分装更大，为什么正分装在实践中反而较正同装更加重边缘呢？原因在于料线的作用。上述计算是在冶炼条件完全相同，包括料线相等这个条件在内，因此正同装的 E_B 值比正分装大，更能加重边缘。如果料线不等，则正同装与正分装的 E_B 值相等，因为：第一，正分装的界面效应小（见第二章）；第二，由于界面效应小，矿、焦混合，渗透少，所形成的软熔带气窗面积大，对煤气分布和煤气利用较正同装更有利。界面效应小、料柱透气性好，较正同装能够接受更大的批重，这是正分装不等料线取得成功的基本原因。

　　如果正分装料线深度相同，从表 96 中可以看出，它反不如正同装效果好。

　　首钢 4 号高炉容积为 1200m³，1979 年 4 月试验分装，当时规定料线深度：矿石为 2m，焦炭为 1.25m。由于上料组织和设备上的不足，加矿石后不能马上装焦炭，等焦炭运到大料斗后，料线已经接近 2m，实际是 2m 等料线分装。结果正如表 96 所计算的那样，煤气不但边缘没有加重，煤气利用效果反而变坏（见表 97）[9]。

表 97　首钢 4 号高炉等料线分装试验结果

时　间	装料次序	煤气曲线（CO_2）/%					混合煤气（CO_2）/%
		1	2	3	4	5	
1979 年 3 月 20～31 日	同装	9.7	16.6	19.8	16.4	13.1	16.5
1979 年 4 月 3～8 日	分装 40%	9.7	16.1	18.9	16.1	13.0	16.2
1979 年 4 月 9～11 日	全分装	9.4	14.5	18.7	17.0	14.6	15.6

　　1981 年 12 月，4 号高炉经过充分准备。改变了上料方法，矿石下到炉内后马上放焦炭，结果分装试验取得成功。与正同装比较，分装降低燃料比 20kg/t。

　　过去许多厂采用过分装法，部分高炉一直沿用，但都是等料线分装，且批重较小。1978年，李马可首先在武钢介绍日本不等料线大批分装的经验，同时在武钢3号高炉做试验并取得成功，为我国高炉合理控制煤气流作出了贡献[10]。此后，全国有条件的高炉陆续实践，大多数都降低焦比10~20kg/t，其中梅山铁厂的高炉矿石批重由22.2t提高到27t以后，混合煤气中CO_2含量由15.6%提高到17.1%，燃料比下降22.5kg/t[11]。

半倒装的影响介于正同装和倒同装之间，图167中的数据是底焦1.5t，占焦炭批重1/3时的结果，它接近正同装而介于正同装和正分装之间。可以说，正装是底焦最少的半倒装，倒装是底焦最多的半倒装，变化半倒装的底焦量一般可以达到相当于上述各种装料制度所能得到的布料结果。至于半倒装的具体影响，应当在具体条件下计算E_B值才清楚。

批重特征值D具体地反映同一种炉料分布在炉喉内边缘与中心厚度之比。一般情况下，E_B越大、D_K也越大。E_B表示矿和焦在边缘的比例，它正确地反映了边缘的轻重程度；而D_K值的大小只能说明矿石在边缘与中心的数量，不能说明边缘的轻重。两者是互相补充的。

E_B和E_0是对应的，D_K和D_J也是对应的，所以计算E_B和D_K两值就足以反映布料的特点，无需再算E_0和D_J。

E_B是布料的指标，是上部调剂的定量准数。它可以作为控制机改变布料的自变量。表96中E_B值和D_K值具体度量了首钢1号高炉当时的布料作用和不同装料制度对边缘影响的具体程度和关系。

应当指出，分装减少界面效应的不利影响，对高炉顺行是有利的。目前，界面效应还不能定量地计算，它的具体作用要靠模型试验及生产实践。

第六节　装料制度的选择实例

首钢1号高炉容积576m³，炉型矮胖，$H_u/D = 2.61$，高度为 18.3m（见图 169），在同类型高炉中，它是最矮的。由于炉型矮胖，因此冶炼周期短。在高冶炼强度下，冶炼周期如下：

冶炼强度/t·(m³·d)⁻¹	1.0	1.2	1.4	1.5
冶炼周期/h	5.5~6.4	4.6~5.4	4~4.6	3.7~4.3

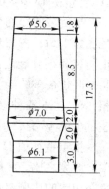

图 169 首钢 1 号
高炉内型尺寸

1 号高炉有 15 个风口，两个铁口，炉顶压力为 70kPa。为提高产量，于 1977 年 5 月 28 日扩大风口，直径由全部 130mm 扩大到 150mm，风口总面积由 0.199m² 增加到 0.2606m²。

到 1977 年 7 月，1 号高炉水箱已损坏 60 余块，占炉腹以上水箱总数的 20% 以上，正如第四章中所介绍的那样，煤气曲线呈馒头状，边缘管道不断，气流极不稳定（见图 88 和图 89），当时矿石批重 8.5～9.5t，标准风速约为 100m/s，鼓风动能 50kJ 左右。

为改变这种状况，曾试图用提高风速的办法将炉缸吹透，于 8 月 9 日将全部风口的直径又改回到原来的 130mm，矿石批重继续维持在 8.5～9.5t 之间，但煤气分布依然如故。

由于中心重，炉温少许降低，硫立即升高，对质量威胁很大；8 月下旬开始，风口大量破损，炉缸堆积已十分严重。

9 月 7 日，用长为 450mm、直径为 150mm 的直风口 5 个换下长为 370mm、倾斜 3° 的小风口，顺行得到改善，产量提高 27%，可惜没有长风口备件，之后不得不继续使用短风口。

1 号高炉有效高度矮，冶炼周期不到 5h，因边缘发展中部炉料直接还原较多，炉缸中心部分温度低，造成炉缸堆积。为活跃中心，于 10 月下旬起用高锰铁洗炉缸，1978 年 1 月将短风口陆续换成长风口，顺行情况又一次改善，产量提高 9%。

使用长风口后，煤气分布依然是 Ⅰ 型，悬料、坐料经常发生，1978 年 2～3 月共坐料 56 次，出现 3 次严重的炉况失常。

1977 年 8 月，首钢曾就 1 号高炉的装料制度计算过有关值，计算结果如图 162 和图 163 所示。从图 163 中可以看出，8.5～9.5t 的批重是处于激变区，煤气流不可能稳定，边缘管道频繁发生是必然的，要根本改变这种被动状况，必须扩大批重。1978 年 4 月开始试验扩大批重，从 9.5t→11.5t→13t→15t，高炉行程不断改善，煤气曲线边缘 CO_2 值上升到 12% 左右，中心活跃，煤气分布由 Ⅰ 型过渡到 Ⅱ 型，高炉稳定、顺行（见图170）。

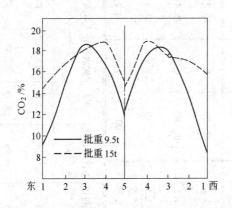

图 170　首钢 1 号高炉批重对煤气分布的作用

6 月份中修后，高炉生产用原有的基本制度，产量上升，高炉利用系数月平均突破 3.0t/（$m^3 \cdot d$），具体指标变化列于表 98。

应当指出，1 号炉最大的变化是经过中修，坏水箱全部更换，炉衬重砌，高炉装备根本改观，这是上部调剂和下部调剂都不能代替的优势。完整的炉型是高炉高产的重要因素。与炉型比较，操作（无论上部调剂还是下部调剂）均有局限性。

表 98　首钢 1 号高炉生产变化情况

时　期	装料制度				煤气分布(CO_2)/%		混合煤气 CO_2/%	利用系数 /(t·(m³·d)⁻¹)	焦比 /(kg·t⁻¹)
	批重/t	次序	料线深度/m	正装比例/%	边缘	中心			
1977 年 12 月	8.5~9.5	KJ+JK	1.5	40~50	6.7	16.3	14.4	2.067	480
1978 年 2 月	8.5~9.5	KJ+JK	1.5	40~60	6.7	15.4	—	2.224	460
1978 年 4 月	12~13.7	KJ+JK	1.5	70~80	7.1	13.3	14.3	2.345	413
1979 年 1 月	16~16.5	KJ	1.75	100	11.42	14.2	17.6	3.017	386

时　期	煤比 /(kg·t⁻¹)	油比 /(kg·t⁻¹)	折算燃料比 /(kg·t⁻¹)	生铁硅含量 /%	TFe /%	焦炭灰分 /%	石灰石量 /(kg·t⁻¹)	废铁量 /(kg·t⁻¹)	风温 /℃	顶压 /kPa	富氧量 /(m³·t⁻¹)
1977 年 12 月	136	6	596	0.74	55.8	12.66	83	99	1039	62.72	22.86
1978 年 2 月	107	2	540	0.76	55.99	12.83	83	88	1030	64.68	2.40
1978 年 4 月	122	9	521.4	0.69	54.81	13.35	69	82	1055	68.60	19.44
1979 年 1 月	125	23	513	0.47	58.08	11.98	42	61	1077	78.40	23.27

第七节 同装和分装

前几章已讨论了批重的作用及确定批重的方法。这里通过实例进一步分析运用批重的不同稳定炉况，降低燃料消耗，提高生产水平的方法。

1981 年，武钢原料条件并不好，为提高生产水平，进行装料试验。当时的炉料条件见表 99 ~ 表 101[5]。

表 99　炉料状况

时期（1981 年）	成分/%						$\dfrac{CaO}{SiO_2}$
	TFe	FeO	CaO	SiO_2	MgO	S	
基准期（10 月）	52.47	14.80	12.43	8.39	3.43	0.057	1.48
试验期（11 月）	52.58	13.46	12.34	8.25	3.62	0.057	1.50

时期（1981 年）	粒度组成/%				
	>40mm	40~25mm	25~10mm	10~5mm	<5mm
基准期（10 月）	3.91	9.21	38.13	36.09	12.48
试验期（11 月）	3.19	9.97	41.95	35.86	10.96

表 100　焦炭及煤粉成分

项　目	固定碳	挥发分	灰分	硫	M_{40}	M_{10}
焦炭（10 月）/%	86.21	0.80	12.99	0.64	80.1	6.7
焦炭（11 月）/%	85.98	0.85	13.17	0.63	79.6	6.7
煤粉/%	68.90	10.80	20.30	0.40		

表 101　焦炭粒度组成

粒度/mm	>80	80~60	60~40	40~25	<25
粒度组成/%	6.56	19.39	47.60	22.29	3.84

当时烧结矿铁含量仅为 52.58%，粒度小于 5mm 的含量大于 10%。为吸取过去的教训，在炉料不好的前提下，参考梅钢的经验，特别强调三点[5]：

（1）为保顺行，必须做好上下部调剂；

（2）控制炉渣碱度；

（3）注意炉墙热负荷变化，防止炉墙结厚。

试验于 10 月 30 日开始，装料制度由同装 3($J_2K_2\downarrow+2K_2J_2\downarrow$)变成分装 $K_2\downarrow J_2\downarrow$。改变后，炉况稳定顺行。6h 后，中心煤气 CO_2 升高，料速不匀，炉顶温度波动很大。后将料线提高：1.75m→1.7m→1.6m，炉顶温度好转。3 日后开始加风，经过调负荷，扩大批重，在原料及设备基本不变的情况下，同装改分装，冶炼强度提高 6.8%，焦比及综合焦比分别降低 18.2kg/t 和 18.6kg/t，产量提高 12%，具体试验结果对比见表 102。

表 102　装料制度改变后的试验结果对比

项　目	1981 年 10 月	1981 年 11 月	增减量	比例/%
日产量/t	2406.6	2696.3	+289.7	+12
利用系数/t·(m^3·d)$^{-1}$	1.590	1.782	+0.191	
焦比/kg·t^{-1}	549.4	531.0	-18.2	-3.3
综合焦比/kg·t^{-1}	579.2	560.2	-18.6	
冶炼强度/t·(m^3·d)$^{-1}$	0.893	0.954	+0.061	+6.8
CO_2/%	15.7	16.8	+1.1	
风量/m^3·min^{-1}	2642	2743	+101	
透气性灵敏指数$\frac{Q^2}{\Delta P}$	1604.8	1730.8	+126.0	+7.8
装料制度	$3K_2P_2+2P_2K_2$	$5P_2\downarrow K_2\downarrow$		
炉料铁含量/%	51.98	52.55	+0.57	
烧结矿粒度小于 5mm 比例/%	12.47	10.96	-1.51	
风温/℃	1020	1002		
烧结率/%	87.1	87.0		
坏风口/个	5	14	+9	

项　目	1981 年 10 月	1981 年 11 月	增减量	比例/%
悬料次	0	0		
铁水含硅/%	0.682	0.656		
一级品率/%	86.53	86.44		

从表 102 中可看到，实际效果很好，扩大批重后，高炉送风量增加 101m³/min，透气性指数提高了 7.8%，这是由于同装变成分装后，整个料柱料层界面减少的结果。分装以后，炉顶温度下降约 100℃，炉喉温度下降了 150℃，(低于 500℃)，而炉身各段冷却壁的水温差有所升高，说明高炉高温带下移，中温带扩大（见表 103）。

表 103　上部温度及冷却壁水温差　　　　　　　　（℃）

项　目	10 月 26 日	11 月 2 日	11 月 9 日	11 月 16 日	11 月 23 日
8 段	10.9	21.8	18.4	19.8	22.4
7 段	5.4	15.3	13.7	19.1	19.8
6 段	5.2	8.5	14.2	13.4	15.1
5 段	2.4	4.6	2.8	3.4	5.0
4 段	2.5	3.6	2.4	5.1	3.3
炉喉温度	625	535	500	516	592
炉顶温度	182	142	132	130	210

项　目	11 月 30 日	12 月 7 日	12 月 14 日	12 月 21 日	12 月 28 日
8 段	24.9	17.0	25.4	21.7	16.8
7 段	20.6	12.0	25.2	17.7	11.4
6 段	12.2	4.7	17.1	15.7	7.8
5 段	2.4	1.2	2.5	3.0	2.3
4 段	2.7	3.9	3.5	3.9	3.9
炉喉温度	553	455	706	682	750
炉顶温度	186	141	197	174	227

从表103中可看到，在分装实验期，炉顶温度及炉喉温度都下降。12月停止试验后，冷却壁水温差仍处于正常范围，炉顶温度及炉喉温度均又升高。表103中冷却壁的具体位置如图171所示。

各厂分装实践结果是相近的。表104是首钢3号高炉（1036m³）的实践结果[12]。

表104记录了在扩大批重的同时，同装改成分装，料线也根据煤气分布的变化进行相应的调整，校正焦比、校正燃料比分别降低82kg/t和26kg/t，风量增加，透气性指数略有改善。

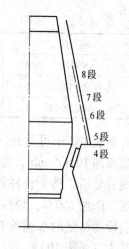

图171 表103中冷却壁的具体位置

表104 首钢3号高炉同装改分装结果

时间	日产量/t	冶炼强度/t·(m³·d)⁻¹	CO_2/%	η_{CO}/%	装料	料线/m	W_K/t	W_J/t	负荷
1月1~20日	2015	0.996	17.5	41.37	同装	1.75	23.1	6.01	3.846
2月1~9日	2140	1.072	17.7	41.92	分装	2.0	24.1	5.94	4.06
2月18~25日	2130	1.008	17.9	42.49	分装	2.0	26.3	6.33	4.15

时间	$Q/\Delta P$	风量/m³·min⁻¹	焦比/kg·t⁻¹	燃料比/kg·t⁻¹	校正焦比/kg·t⁻¹	校正燃料比/kg·t⁻¹
1月1~20日	1624	1889	395	510	482	542
2月1~9日	1734	1990	393	511	420	545
2月18~25日	1670	1945	374	490	400	516

也有另一种情况，扩大批重后，高炉透气性恶化，产量下降，这也是经常出现的。安钢炼铁厂试验初期，有的高炉也出现过类似情况。后来经过炉料改善，打开中心煤气通路，大批重分装在全厂全面推广，使安钢高炉生产水平跃居先进行列。安钢在相同的 4 座 $300m^3$ 高炉（炉喉直径为 3.7m）实践扩大批重，结果不尽相同，尽管高炉设计是相同的[13]。安钢试验前，先算出批重特征曲线（见图 172）。从图 172 中可看到，进入缓变区的批重约为 6t，进入微变区的批重约为 9t。因此，安钢高炉选择在微变区批重进行操作比较合理[13]。先在 1 号高炉试验，试前是同装，批重为 7.6t。改成分装后，批重增到 9.6t，结果较理想。以后在其余 3 座高炉推广，结果除 3 号高炉外，其他高炉透气性指数均下降，炉况经常波动；反映在煤气曲线上，煤气利用率升高，煤气曲线较平坦，通路不畅。大批分装无法坚持，经常往返于大批分装和小批同装之间。炉况不顺，退回小批同装；顺行改善，再用大批分装。对 1994 年 1～2 月两月统计，各炉使用大批分装的比例如下：

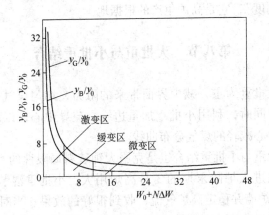

图 172　安钢炉料批重特征曲线

$W_0-y_0=0$，即中心无矿区的批重（临界批重）；

ΔW—批重增加量；N—批重增加次数

炉 号	1	2	3	4
使用大批分装比例/%	45	27	92	41

安钢的分析认为，在当时的条件下，3号高炉鼓风动能高，炉缸活跃，反映在煤气曲线上，中心较开，故能接受大批分装。对于其他高炉，批重增加应根据当时具体情况，相应缩小[13]。

只扩大批重，不增加正装或改变料线等加重边缘措施，中心会更趋加重，影响煤气利用。当然，扩大批重还受原料透气性的限制。实践表明，在提高冶炼强度过程中，采用较大批重，增加正装比例，加重边缘，对稳定气流、抑制管道行程均起到明显作用。批重过小，煤气流分布不易稳定，正装比例也难增加。

大批分装是高炉操作的基本方向，但要适应具体条件。在操作上，要依据煤气分布、透气性指数做相应的调整。如调整不利，应回到原有的较稳定的制度，创造条件，待机再试。所以，任何高炉都应建立稳定、顺行的装料制度，尽管它不是最佳的，燃料消耗可能高一些，但它是可靠的，任何失常的炉况，只要退回到这里，都能很快得到恢复。这种装料制度称为"基本装料制度"，它是高炉生产的根据地。

第八节 大批重与小批重结合

以大批重为主，减少界面带来的阻力，均匀煤气分布，稳定气流；同时，利用小批重加重边缘、疏导中心，以取得边缘加重、中心减轻的煤气分布曲线。

大批重与小批重结合也是克服大钟装料局限性的一种措施。首钢曾在进入炉龄末期的3号高炉用大、小批重混装的方法，"修补"炉墙并稳定高炉气流，收到很好的效果。当时，3号高炉处于生产末期，从炉腹到炉身下部，砖衬严重侵蚀，冷却壁大量损坏，为制止继续侵蚀，控制边缘发展，试用抽矿的方法加重边缘：KKJJ↓ + KK↓，结果边缘加重过分剧烈，悬料频繁，导致炉墙结厚。当时的高炉，不加重边缘，炉墙无法坚持生产；加重边缘，炉况又难以接受。1964 年初，试用大、小批重结合，随着小批重比例增加，炉料分布不均，煤气流不稳定。2 月份，加大批重，顺行得到改善。具体方法是[14]：

$$2A + 3B \qquad A = KKJJ\downarrow \qquad KK = 17 \rightarrow 20t$$
$$B = KJ\downarrow KJ\downarrow \qquad K = 8.5 \rightarrow 10t$$

这是大批重与小批重的结合，小批重的质量是大批重的一半。大批重占 40%，小批重占 60%。

实践结果表明，实际焦比下降 26kg/t。按表 105 所列的 6 项条件（烧结矿比例、矿石含铁、焦炭灰分、铁水含硅、鼓风加湿量、风温）折算，校正焦比降低 17kg/t。1 月份探测炉身下部，炉墙厚度为 460mm，到 3 月 7 日再探，墙厚增到 580mm。这是由于管道减少，边缘气流减弱的结果。

表 105　大批重与小批重结合的情况

时　间 （1964 年）	装料制度	利用系数 $/t \cdot (m^3 \cdot d)^{-1}$	焦比 $/kg \cdot t^{-1}$	校正焦比 $/kg \cdot t^{-1}$	冶炼强度 $/t \cdot (m^3 \cdot d)^{-1}$
1 月 1～10 日	KKJJ↓1.5m	1.34	718		0.942
1 月 11～31 日	(2A+3B)↓1.5m	1.476	692	701	1.01

时　间 （1964 年）	K/J	塌料 （次/日）	坐料 （次/日）	风温 /℃	烧结矿比 /%	TFe /%	焦灰 /%
1 月 1～10 日	2.93	1.4	0.8	818	100	42.31	15.01
1 月 11～31 日	3.18	1.2	0.6	828	98.13	43.28	15.4

时　间 （1964 年）	铁水含硅 /%	加湿 $/g \cdot m^{-3}$	CO_2/%	煤气半径分布（CO_2）/%				
				1	2	3	4	5
1 月 1～10 日	1.28	25.5	13.7	7.6	12.4	14.5	12.9	10.6
1 月 11～31 日	1.23	27	14.2	8.5	12.6	14.4	11.8	9.4

大批重稳定气流，小批重加重边缘，两者结合既改善了顺行，也保护了炉墙。

大批重虽有很多优点，也受高炉具体冶炼条件及设备条件限制。大、小批重结合，是发挥大批重优势的方法之一。类似的方法过去常用且行之有效的有：

（1）抽矿或抽焦。炉况不稳定，炉料又不好，不具备使用大批重的条件，可用抽矿或抽焦的方法，稳定气流。具体做法是：

$$mKKJJ\downarrow + KKKK\downarrow \quad 或 \, mKKJJ\downarrow + JJJJ\downarrow$$

在每组 m 批正常料中，每批正常料抽出一定数量的矿石或焦炭，集中组成一批料入炉。集中的这批料，相当于大批重。如每 6 批料组成一组，在前 5 批正常料中，各抽出一定数量的矿石或焦炭，组成第 6 批料。如上式所示。

（2）双装。出于同样理由，也可用双装。其"双"的部分是"正装"与"倒装"配双。如下式所表示的：$mKKJJ + JJKK$。前一批是正装，和它相配的是倒装。每隔 m 批，有一批双装，即 $JJJJ$。换句话说，每 $(m+1)$ 批料中，有一个大的焦炭层，其质量相当于正常焦炭批重的 2 倍。

（3）插入大批重。高炉强化后，有些料车式高炉表现出上料能力严重不足，为充分发挥上料能力，不得不满车拉料。如每车拉料 10t，批重为 30t，按炉况要求，希望扩大到 32t，这时可采用插入大批重的方法，达到目的：

$$KKK\downarrow + JJJ\downarrow \rightarrow 4(KKK\downarrow + JJJ\downarrow) + KKKK\downarrow + JJJJ\downarrow$$

在 5 批矿中，插入一批 40t 批重的料，平均矿石批重为 32t。其作用虽不能与每批 32t 完全相同，毕竟有 20% 的料批扩大了批重。这也是在不损失上料能力的前提下，大、小批重结合的一种方式。

第九节　等料线及不等料线

料线一般变动较少，无钟高炉无需改变料线，大钟高炉也很少用料线作调剂手段。但有时为改变煤气流分布，改变料线又是必不可少的。通常加料过程，矿、焦使用相等料线，也有使用不等料线的时候，虽然使用不多。

首钢3号高炉，1982年1月23日以后，高炉连续3日管道频繁，透气性指数 $Q/\Delta P$ 偏低，平均为1626，很难加风，平均风量为1866m³/min，完不成产量任务。为了不过分加重边缘，把同装改成分装，料线未变：KK1.75↓JJ1.75↓，矿石批重仍为21.5t。改料后约6h，$Q/\Delta P$ 升到1670，风量由1866增到1954m³/min。产量提高，但煤气分布变化不大。为了进一步加重边缘，改善煤气利用，1月27日矿石批重增加到22.5t，并在28日改为KK1.75m↓JJ↓，焦炭不等料线加入，顺行较好。2月2日又将料线降到2m。此后，矿石批重逐步扩大到24t和26~26.5t。边缘 CO_2 加重，由正同装时的11.5%左右逐步增到13.5%~14%，中心 CO_2 仍保持在12%~13%之间，$Q/\Delta P$ 从正同装时的1624提高到1700左右。煤气利用改善，校正后的焦比和综合焦比分别降低了17kg/t和16kg/t，日产量提高了115t，相当于增产54.7%[12]。

　　为了继续加重边缘、疏导中心，于3月10日改为KK1.75↓KJJJ↓，一批矿石分成两部分，两次开大钟入炉。我们把这种装料方法称为综合分装。采用综合分装后，炉况顺行稳定，径向煤气曲线4、5点 CO_2 值下降（首钢径向煤气取样位置分5点，1为边缘，5为中心），边缘1、2点 CO_2 值上升，煤气进一步改善，效果也更好。试验主要过程及主要指标见表106[12]。

　　表106列出按实验过程分为的4个阶段。第一阶段用等料线操作。1月27日起用不等料线加料，并逐步加重边缘。第二阶段，同装改分装并降低料线0.25m。第三阶段，矿石批重进一步扩大，第四阶段采用综合分装。表107是首钢1号高炉的实践结果。在分装的基础上，于6月4日开始用综合分装，批重扩大到18.5~20t。煤气分布曲线显示，边缘 CO_2 上升到13.4%，中心由10.9%降到7.3%。矿石分两次开大钟。第一次按料线1.75m加料，接着不等料线第二次开大钟加入后续料。

表106 不等料线及综合分装结果

时间	装料程序	平均矿批/t	焦炭负荷	风量/m³·min⁻¹	Q/ΔP	焦比/kg·t⁻¹	校正焦比/kg·t⁻¹
1月1~20日	KKJJ1.75↓	23.1	3.846	1889	1624	395	
2月1~9日	K2.0↓JJ↓	24.1	4.060	1990	1734	393	392
2月1~25日	K2.0↓JJ↓	26.3	4.152	1945	1670	374	378
3月10~14日	KK1.75↓KJJJ↓	26.9	4.084	1840	1546	369	376

时间	装料程序	综合焦比/kg·t⁻¹	校正综合焦比/kg·t⁻¹	利用系数/t·(m³·d)⁻¹	综合强度/t·(m³·d)⁻¹	混合煤气成分/% CO_2	η_{CO}
1月1~20日	KKJJ1.75↓	510		1.950	1.000	17.5	41.37
2月1~9日	K2.0↓JJ↓	518	517	2.066	1.072	17.7	41.92
2月1~25日	K2.0↓JJ↓	490	494	2.056	1.008	17.9	42.49
3月10~14日	KK1.75↓KJJJ↓	484	489	2.209	1.088	18.0	42.65

注：校正因素包括矿石活铁含量、焦炭灰分、风温、废铁比、生铁硅含量。

284

表 107 首钢 1 号高炉综合装料的结果

时间	装料制度	利用系数/t·(m³·d)⁻¹	焦比/kg·t⁻¹	校正焦比/kg·t⁻¹	煤比/kg·t⁻¹	燃料比/kg·t⁻¹	校正燃料比/kg·t⁻¹
5月1~13日	KKJJ↓	2.639	381	381	163.8	544.8	544.8
5月14~24日	KK↓JJ↓	2.679	375	377	162.5	539.5	537.5
5月25~29日	KK↓JJ↓	2.104	363	366	123.8	486.8	489.8
6月26~29日	K1.5m↓KJJ1.5m↓	2.875	366	375	138.8	504.8	513.8

时间	风量/m³·min⁻¹	风压/kPa	透气性指数(Q/ΔP)	煤气CO₂/%	η_CO/%	边缘CO₂/%	中心CO₂/%
5月1~13日	1476	1.65	1713	15.77	35.88	6.7	8.5
5月14~24日	1487	1.62	1770	15.45	35.65	7.0	8.7
5月25~29日	1191	1.28	1726	17.19	39.15	11.9	10.9
6月26~29日	1487	1.62	1728	17.28	38.53	13.4	7.3

采用综合分装，加重边缘适度，又能减轻中心，这是它的优点；但不等料线有明显的缺陷，矿石加完后，焦炭跟进加入的时间不太稳定，常受上料速度及其他因素影响，因此加焦的料线深度也跟着变化，这是不稳定因素。

当高炉操作边缘较轻时，用矿石低料线、焦炭高料线，或采用综合分装，均能加重边缘，提高边缘的矿焦比。

第十节　半　倒　装

20世纪60年代初期，钢铁生产相当困难。原料很差，数量短缺，高炉或经常封炉或维持生产。高炉难行、结瘤经常发生，半倒装由此流行。当时首钢（石钢）流行一句顺口溜："小批半倒，灵丹妙药"，在高炉难行时经常使用，用以恢复炉况。炉况恢复后，回到正常装料制度。

"小批"可保证高炉煤气两条通路，"半倒"是把焦炭装到高炉边缘及中心。这是发展两头的装料制度，其煤气利用率很差，燃料比高，可以当"药"用，用于处理炉墙不干净，或在原料质量太差时，保持高炉顺行。小批半倒是"药"，不能当"饭"，不能经常使用。如经常使用，燃料消耗太高。且破坏炉型，缩短高炉寿命。半倒装不应作为经常的操作制度。

半倒装是洗炉的有效手段，在本书第四章第四节中，曾分析过用半倒装洗炉，效果较好。在本章第五节，对半倒装的作用也做过分析。当前，在大钟操作中，因半倒装操作不便，已很少使用，这是操作进步的表现。

第十一节　炉料在大料斗及炉喉内的分布

料车拉料，一车一车地装到大料斗里，巴克曾用生产高炉1∶10的模型及相应缩小的料，进行布料试验，特别是大料

286

斗中炉料位置和落入炉喉料面的分布有密切关系[15]，如图173所示。

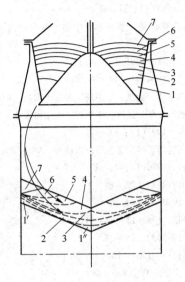

图173 大料斗内及炉内炉料分布示意图

(图中数字是料车上料顺序)

巴克把矿石及焦炭染上不同颜色，模型是透明的，按不同的装料制度上料，直接观察、测量炉料的分布特点。图173是7车料在大料斗及炉内的分布特点。从图173中看到，第一车料落在大料斗的最下部，以后各车料依次落在上面。大钟打开，炉料落到炉喉内，次序依旧，但第一车料被后续的第二车料推向中心，部分在中心，部分留在上部。另一重要特点是最后一车炉料完全靠近炉墙。

这些特征，给我们两点启示：

(1) 不论矿石还是焦炭，只要有足够的作用力，在料面上都有可能产生变形。以为只有焦炭产生变形，是片面的。

(2) 最后装的炉料靠近炉墙。洗炉料或其他要加到边缘的炉料，应最后一车入炉；希望远离炉墙的炉料，应加到第一车。

287

参 考 文 献

[1] 杜鹤桂等. 钢铁, 1981(7): 34~42

[2] 北京钢铁学院炼铁教研室. 炼铁学, 中册. 北京: 冶金工业出版社, 1960: 486~504

[3] 马树涵, 杨国盼. 钢铁, 1981(7): 9~17

[4] 刘光煜. 武钢技术, 1964(4): 17~26

[5] 刘淇. 武钢炼铁四十年. 武汉: 华中理工大学出版社, 1998: 290~295

[6] 张寿荣. 武钢炼铁四十年. 武汉: 华中理工大学出版社, 1998: 263~275

[7] 谢国海, 等. 炼铁, 1993(1): 13~17

[8] 包钢编委会. 白云鄂博矿矿冶工艺学, 炼铁卷. 1995: 769

[9] 魏开明. 首钢科技, 1980(1): 4, 61

[10] 李马可. 钢铁, 1979(1): 25~28

[11] 李国安. 钢铁, 1980(4): 64

[12] 陈欣田. 首钢科技, 1982(12): 1~11

[13] 赵合安. 炼铁, 1995(3): 25~27

[14] 陈家华. 首钢炼铁厂, 1964: 10

[15] Р. Бааке. Сталь, 1959(10): 869~880

第八章 布料模型

尾原义雄等 1983 年公开炉顶炉料分布模型，和本书相同，用直线描述料面（见图 174）[1]。在测定界面效应的混合料层方面，发明了磁性测量仪，判定混合层厚度。1984 年，稻叶晋一等发表无钟布料模型，用 6 个线段描述料面形状[2]。该模型包括料面形状、炉料粒度和孔隙度的径向分布并给出计算流程。1985 年起，日本专家大量公布他们的布料研究成果，特别是布料规律的基础研究。山本亮二等用 1∶1 和 1∶10 的模型研究炉料在空区的运动轨迹、气流速度对炉内堆角的影响，

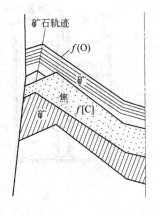

图 174　炉料厚度计算模型

取得重要成果[3]。奥野嘉雄等关于炉料变形、塌落的系列研究，引起世界炼铁专家的极大兴趣。他们引进土建工程广泛应用的"边坡稳定理论"，计算界面效应引起的料面变形，成功地解决了料面发生变形的数量及位置[4]，为布料模型建立作出巨大贡献。

1991 年，杨天钧等与唐钢王宝等合作，在唐钢高炉上建立布料模型，用 4 个线段描述料面[5]。通过他和他的几代研究生及高征铠的努力，继续与武钢合作，先后在武钢及美钢联高炉上应用[6,7]。杜鹤桂等通过模型试验，研究攀钢高炉的料流轨迹，分析了节流阀及导料管中炉料的运动[8]。张玲等用本书的公式，算出炉料堆尖位置，制成简单模型，起到了较好的指导作用[9]。毕学工的高炉模型专著第四章，有布料模型的介绍[10]。

第一节 测 定 方 法

　　住友公司利用铁矿石和焦炭磁性差别巨大的原理，发明测定矿焦混合厚度的方法[1,11]。图 175 所示为磁性测厚仪的工作原

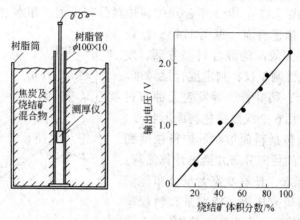

图 175　磁性测厚仪工作原理

理。将测厚仪垂直插入料层中，可直接测出矿石、焦炭及混合层厚度。图 176 和图 177 所示为测厚仪工作方法及工作结果。从图 175 中看到，烧结矿在混合料中的含量与输出电压呈线性关系。图 177 是实测和歌山 3 号高炉在距炉墙 1m 处及高炉中心的结果，图 178 是依测定的结果画出的料层分布。磁性测厚仪构造简单，使用方便，节省大量人力、物力，也省掉了测定人员从高炉人孔进出的困难、危险动作。

　　测量炉料在空区运动轨迹的方法很多，日本钢管公司早期用取样箱测量轨迹。图 179 是测量方法示意图。

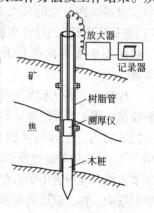

图 176　测厚仪工作方法

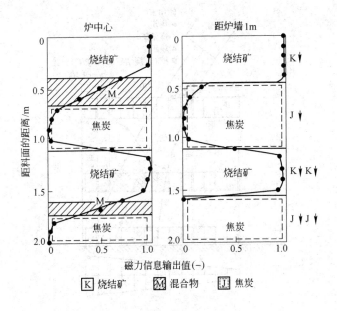

图 177 测厚仪工作结果

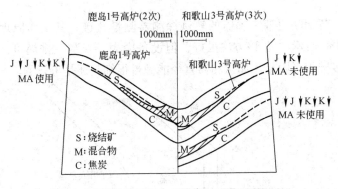

图 178 测得的鹿岛 1 号高炉及和歌山 3 号高炉炉料层

福山 2 号高炉容积 $2828m^3$ ，山本亮二等用 1∶1 及 1∶10 的模型测定炉料轨迹及炉料分布[3]。大模型用生产设备，上部尺寸与高炉相同。在炉喉内沿径向每隔 1m 放一排取样箱，放料后称量各箱质量，依此画出炉料轨迹。

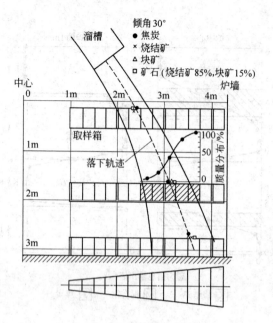

图 179　测定炉料落下轨迹

英钢联用带传感器的轨迹探测器测量轨迹,其工作原理如图 180 所示[12]。该方法虽好,但设备庞大,安装一排尚可,安装多排相当困难。如探测器直径能做得很细,还是可行的。

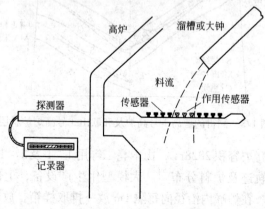

图 180　轨迹探测器工作原理

292

纽卡斯尔厂 4 号高炉用照相法测量炉料在空区的运动轨迹[13]。用 13mm 圆钢沿高炉炉喉垂直断面建成炉料轨迹参考坐标，在参考坐标垂直的位置，安装 35mm 相机，放料时开动相机，拍下炉料运动轨迹,如图 181 和图 182 所示。照相法所需的坐标杆，安装工作量较大，也很不方便，如能用光电系统，如激光或其他

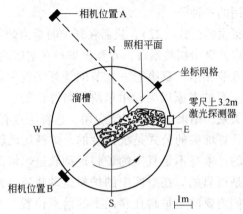

图 181　相机及参考坐标位置

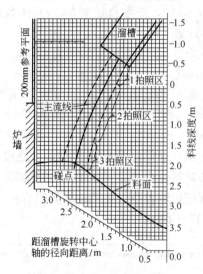

图 182　照相法测量炉料轨迹

射线做参考坐标，安装工作量简化，则照相法可能发展。

无钟的发源地卢森堡阿贝尔公司，当年推荐测定轨迹的方法是在炉喉内径向吊挂一组平行的标杆，由炉料碰撞标杆的痕迹，确定炉料运动轨迹。网架法在国内多次利用，方法虽有不同，但大同小异。高征铠与武钢合作使用的炉料轨迹测定方法是其中较常用的一种[6]。

用本书提供的公式（27），只需在开炉时量出炉料的堆尖位置，由此可以推算出相关系数，并算出炉料在空区的运动轨迹。在第一章第五节和第二章第七～九节的计算实例中，已有计算方法及结果。有的专家以为，用单块炉料算出的，不考虑炉料之间的相互关系，结果很难有广泛应用。这种论点有一定道理。其实，本书计算堆尖的公式是统计性的，炉料运动轨迹是依堆尖位置反推的，本身不是真实的炉料运动轨迹。依此算出的堆尖位置应当是可靠的。在空区中的炉料运动轨迹，并不是我们需要的，我们需要的是炉料在料面上的落点位置。本书提供的方法，测量和计算都较简单，也可用于计算。

一座 $1386m^3$ 高炉，炉喉直径 6.5m，具体数据（对照第一章图 25 和图 26）如下：

溜槽长度	$l_0 = 2.8m$
溜槽倾动距	$e = 0.94m$
溜槽转速	$\omega = 0.15$ 圈/s
料线高差	$h_2 = 1.2m$
摩擦系数	$\mu = 0.53$

摩擦系数 μ 值，在第二章已讨论过，可通过试验或从手册中查到。如已知炉料速度 C_1，也可用公式算出来。实际不必计算 μ 值，它对速度影响较小（见第一章第三节）。将上面数据代入公式（26），算出 C_1：

$$C_1 = \sqrt{2g(l_0 - e\tan\beta)(\sin\beta - \mu\cos\beta) + 4\pi^2\omega^2(l_0 - e\tan\beta)^2\cos\beta(\cos\beta + \mu\sin\beta)}$$

$$(26)$$

294

将 C_1 值代入式（25），算出 L_x。将 L_x 值代入式（27）算出堆尖位置。用不同角度、不同料线，即可算出炉料在空区的运动轨迹。

$$L_x = \frac{mC_1^2\cos^2\beta}{Q-P}\left\{\sqrt{\tan^2\beta + \frac{2(Q-P)}{mC_1^2\cos^2\beta}\left[l_0(1-\sin\beta)-e\cos\beta+h\right]} - \tan\beta\right\}$$

$$(25)$$

$$n = \sqrt{(l_0\cos\beta - e\sin\beta)^2 + 2(l_0\cos\beta - e\sin\beta)L_x + \left(1+\frac{4\pi^2\omega^2(l_0-e\tan\beta)^2}{C_1^2}\right)L_x^2}$$

$$(27)$$

将上面各数据写入图 183 所示的程序，瞬间即可完成计算。

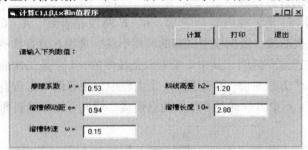

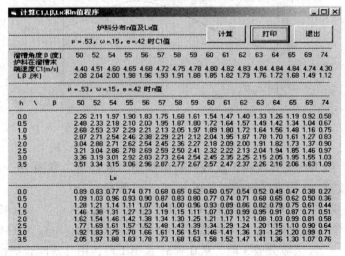

图 183　计算 C_1、L_β、L_x 和 n 值程序的界面

第二节　料面形状描述

本书描述料面从边缘到中心的纵剖面形状是两段直线（见图 29）；尾原义雄等用 3 段直线（见图 156）；杨天钧等用 4 段，其中有直线，也有曲线[5]。用两段直线描述料面，方法简单、计算容易，但与实际有一定差别。根据大量的观察、测量，特别是开炉前的料面测量以及大量模型研究，用更多的线段描述料面，能较准确地体现实际状态。这里，用稻叶晋一等的 6 段描述说明计算过程[2]。

图 184 是炉喉内料面轮廓。B、E 两段是直线，A、C、D、F 是二次曲线。依据模型试验的料面形状，选用 6 段直线或曲线方程描述这一区间。其中 2 个方程是线性的，4 个是二次曲线方程。每个方程对应一个区间。6 个方程中，相邻两个方程有一个共同点。6 个方程通过 5 个共同点连接，形成可计算的料面。

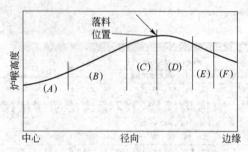

图 184　炉喉内料面轮廓

图 185 是 2 段和 5 段线的料面描述。取自第二章图 29，稍加改造。2 段直线描述，如图中 a^*、b^* 线段：

a^* 线　　　　$0 \leqslant x \leqslant (L_x + d_0/2)$　　$y = x\tan\varphi_2 + y_0$　　(45)

b^* 线　$(L_x + d_0/2) \leqslant x \leqslant d_1/2$　$y = (2n - x)\tan\varphi_2 + y_0$　(46)

a^* 段区域分成 3 段。从 0 到 x_1 是第 1 段，用二次曲线描述。x_1 到 x_2 是第 2 段，用原来的直线描述。1、2 段两线交点在图中

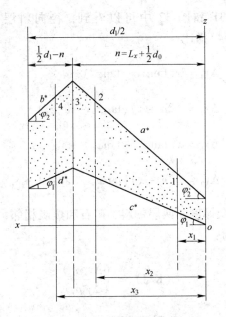

图 185　2 段和 5 段线的料面描述

"1"的位置。第 3 段、第 4 段是二次曲线。2、3 段线的交点在 "2"的位置，3、4 段线的交点在 "3"的位置。第 5 段是直线，用式（46）描述。4、5 线段的交点在 "4"的位置。

　　对料面的描述，除通过模型试验测量，用线性和非线性曲线描述外，尾原义雄等于 1988 年引入散料力学作工具，研究炉料在堆积过程的运动并建立了炉料分布数学模型[11]。散料力学在其他领域应用较广，并取得一些成果，但在炼铁研究中，还在发展。炉料在斜面上的堆积，已给出一些结果。在我国，有些专家也在进行类似工作[14,15]。将来会在较严格的推理过程后给出料面模型。

第三节　径向料层的负荷及碱度

　　在第二章中给出，任何料层均可用 a^*、b^*、c^*、d^* 4 条线描述。从图 31 和图 32 中可以看到，径向料层厚度可由式（51）～式（54）描述：

$$\Delta y_1 = x(\tan\varphi_2 - \tan\varphi_1) \tag{51}$$

$$\Delta y_2 = (2n - x)(\tan\varphi_2 - \tan\varphi_1) \tag{52}$$

$$\Delta y_1 = x(\tan\varphi_2 - \tan\varphi_1) + y_0 \tag{53}$$

$$\Delta y_2 = (2n - x)(\tan\varphi_2 - \tan\varphi_1) + y_0 \tag{54}$$

Δy 是料层厚度，两层炉料、矿石和焦炭相邻，它们的径向负荷可描述为：

$$(K/J)_j = \frac{(\Delta y_K \rho_K)_j}{(\Delta y_J \rho_J)_j} \tag{132}$$

式中　Δy_K，Δy_J——分别是矿石层、焦炭层厚度，m；

　　　ρ_K，ρ_J——分别是矿石层、焦炭层的堆密度，t/m^3。

式（132）是径向第 j 点的矿焦比。同理，矿石及焦炭的成分和碱度已知，再在式（132）的分子及分母项分别乘以碱度，则得到径向任一点的炉料碱度变化，这变化实际是径向的相对碱度。

实际在炉内的料层，直线描述是对真实料层的简化，用 4 段、5 段或 6 段直线或曲线描述，可能更接近实际。用多段曲线描述料层，式（132）完全适用，只是计算 Δy 要部分由曲线段代替。

为简化计算，假定一次料面（原始料面）和新料面（二次料面）均不变（见第二章）。在无钟布料过程，炉料在炉内的堆放有多种组合。杨天钧等给出的 4 种类型的料层形状[5]，如图 186 所示。在具体的高炉上编制模型，可以根据具体条件确定，无钟布料很灵活，所以料层组合也更多。

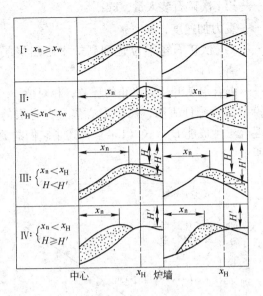

图 186　料层形状分类

第四节　料层的塌落与变形

料层在放料过程中，上层炉料对下层炉料的冲击或多或少导致下层炉料发生混合及变形。在第二章"界面效应"中已讨论过，混合与变形与放料的能量有关。尾原义雄等深入研究，给出混合层形成的计算公式[1,11]：

$$E_z = E_D + E_s = \sum_{n_1 = n_2}^{n^2} \left[1/2 \left(m_i v_i^2 + m_i g h \right) \right] \quad (133)$$

中心部分焦炭层厚度的增量 ΔL 为：

$$\Delta L = 3.49 \times 10^{-4} \times E_z - 136 \quad (134)$$

式中　E_z——混合层生成能，$kg \cdot m^2/s^2$；

　　　E_D——矿石落下的动能，$kg \cdot m^2/s^2$；

　　　E_s——矿石在落下位置的势能，$kg \cdot m^2/s^2$；

　　　v_i——在焦炭层表面方向的矿石分速度，m/s；

m_i——第 i 次矿石装入量，kg；

g——重力加速度，m/s²；

h——第 i 次矿石落下位置到高炉中心焦炭层表面的距离，m；

n_1，n_2——混合层从开始到终止的环数，相对值。

大量模型试验统计表明，高炉中心焦炭混合层的厚度增加量决定于混合层生成能 E_z，式（134）描述了它们的关系，具体如图 187 所示。

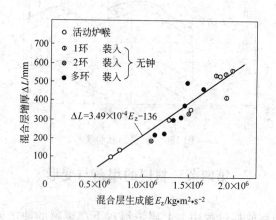

图 187　混合层增厚与生成能的关系

尾原义雄等不仅定量地给出了混合层厚度，而且仔细观察了活动炉喉与无钟模型在放料时混合层产生的过程。矿石开始放到焦炭层表面，并不发生混合，第 4 环到第 6 环是混合层的生成期，图 188 清楚地表示了混合层的形成过程。

认识这些规律很重要，它将帮助我们修正炉料分布。

奥野嘉雄等的研究，更具实用性[4]，其中有的结果和尾原义雄等一致。图 189 是奥野嘉雄等的测定结果。从图 189 中看到：矿石加入第 1 环、第 2 环，焦炭层并未发生塌落，矿石只在炉墙附近堆积；矿石装入第 3 环，焦炭层发生塌落，将炉墙及中间的焦炭层表面的焦炭推向高炉中心方向。矿石流向中间

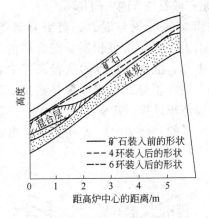

图 188　混合层的形成过程

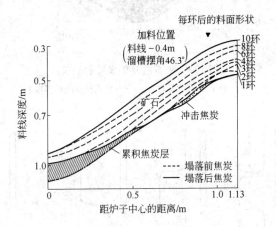

图 189　溜槽每旋转一周测定的矿石层剖面

（装料制度：$JJ_4 \downarrow KK_4 \downarrow$，煤气流速：$0.84 \mathrm{m}^3 / \mathrm{s}$）

位置，形成矿石堆积层，另有部分矿石填充到原焦炭塌落区，大量的塌落焦炭堆积在高炉中心。

第 4 环装入的矿石流入焦炭塌落层表面，形成矿石堆积层。第 5 环装入以后，矿石堆积层逐渐加厚。通过尾原义雄和奥野嘉雄等的试验可以说明：焦炭层的塌落主要堆积在高炉中心附近，它的完成是在矿石加入的中间几环。

关于中心焦炭的堆积与混合，奥野嘉雄等有精确的测量。图 190 和图 191 是焦炭堆积层及混合层的分布状况。在图中从炉墙向中心，混合层最厚的位置靠近中心，接近中心的第 4 剖面混合层并不厚，这里主要是焦炭。测定表明，中心混合层中，按体积计算，矿石约占 15%；焦炭移向中心的数量，占焦炭质量的 4% ~ 16%。这些数据可帮助我们建立料层分布模型。

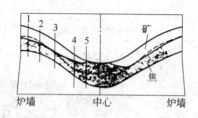

图 190　矿石层及焦炭层的剖面
（ - - -代表机械测量厚度；——代表仪器测量厚度）

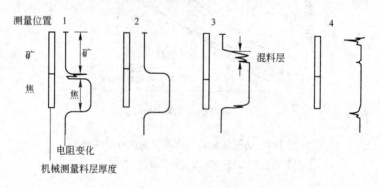

图 191　焦炭层塌落前后炉料层的变化

在开炉送风前，测定几批中心焦炭量，算出中心因焦炭塌落所增加的焦炭比例，依次确定塌落焦炭的数量及料层分布图。

第五节　料层塌落的定量计算

　　铁路路基或土质水坝，堆积一定高度后容易产生滑坡。建筑工程师经常计算滑坡问题。1915年，瑞典工程师彼得森（K. Petterson）提出，后经另一位瑞典工程师费伦纽斯（K. Fellenius）（1927年）改进，成为古典的、实用的"边坡稳定"计算方法。这一方法在土力学教科书中普遍介绍，发展到现在已有很多变形，是建筑工程师常用的工具。1985年奥野嘉雄等首先将此古老方法引入布料模型计算，取得突破，由此开创了炉料塌落的定量计算[4]。我国的布料模型也有部分依此方法计算。

　　现场观察和调查表明，土坡滑塌时，其滑面成曲面，接近于一个圆柱面。工程计算中常将它当做一个平面应变问题，为方便计算，假定断面成圆弧形。具体计算，建筑业已有程序软件可用，详细计算可参考土力学教科书，如参考文献［16］，也可参考熊玮等的论文[17]。图192是放料过程引起弧形区炉料塌落的示意图[18]。

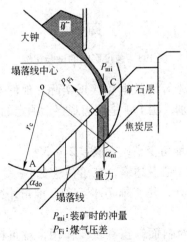

P_{mi}：装矿时的冲量
P_{Fi}：煤气压差

图192　放料及炉料塌落示意图

第六节　气流速度对料面的影响

在第二章中，曾讨论过气流速度对炉料堆角的影响，具体计算料面形状后，必须考虑煤气速度因素，并用它对计算结果修正。关于煤气速度的影响，已有的研究数据很多，而且差别较大，这是由于炉料差别太大造成的。图193给出不同数据的比较[11]。

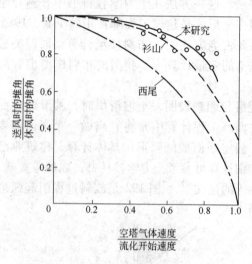

图193　速度影响的试验比较

选用尾原义雄等的数据较接近实际，他们考虑了在炉内径向不同位置的区别。图194是他们观察、测定的结果。从图194中可以看到：

（1）送风时堆角变小，一般差2°~3°；

（2）在高炉中心及边缘，堆角普遍变小；

（3）在中心处，焦炭堆角小于矿石堆角，这是焦炭塌落被推向中心的结果。

上述特点，对料面修正有重要作用，对布料操作也有重要作用。

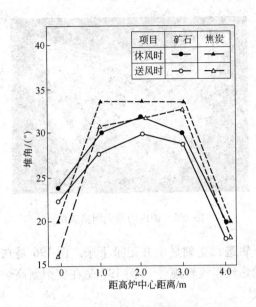

图 194　送风与不送风的径向堆角分布

第七节　红外线和激光自动检测

测量技术进步，使繁琐的高炉测量变得方便、可靠。北京科技大学和北京神网创新公司开发的高炉炉内监测技术已经在中国内地、中国台湾中钢集团，俄罗斯马钢公司（Magnitogorsk I & S Works），美钢联（U S Steel）、美国 Gary 钢铁厂，加拿大 Hamilton 钢铁厂、多发斯科钢铁公司（ArcelorMittal Dofasco）、伊利湖钢铁厂，斯洛伐克美钢联科希策公司（USSK），土耳其卡德米尔钢铁公司（Kardemir I & S Co.）等钢铁企业的 380 余座高炉上安装使用，这是我国高炉技术装置输出到发达国家的成功范例。它不仅节省人力、时间，而且测得数据完整、可靠，可直接输入计算机使用，是完善高炉控制、支持高炉专家系统开发有力的工具。

图 195 是用激光在炉内形成的测量网格[19]。当炉料穿过网

图 195　炉内的激光网格成像

格线，留下轨迹，立刻显示并记录下来。图 196 是在加拿大高炉上实测的焦炭料流轨迹[19]。图 197 是在宝钢新高炉最后 5 批料料面形状[20]。

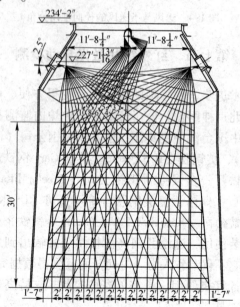

图 196　加拿大 Hamilton E 高炉实测焦炭料流轨迹

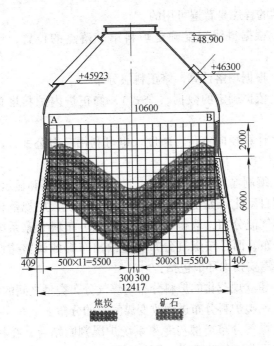

图 197　宝钢新高炉最后 5 批料料面形状

第八节　布料模型编制

模拟料层分布的布料模型以及更实用的布料调剂模型，已有很多专著发表，其中杨天钧、徐金梧著的《高炉冶炼控制模型》中，专门对高炉异常炉况进行研究，这是创举[21]。毕学工著的《高炉过程数学模型及计算机控制》，广泛地收集了有关文献，为研究和开发高炉专家系统提供了有价值的工具[10]。真正用于操作、控制的模型，公开得较少，主要原因是成绩不突出。这里讲的是模拟料层分布模型。归纳上述各节，总结以下几点供参考：

（1）首先算出炉料在空区的运动轨迹，式（25）～式（27）及

表 5 提供的程序是普遍可用的。

（2）根据料线深度确定炉料第一落点的位置，计算料面曲线。

（3）根据塌落计算，修正料层分布。

（4）依据确定的数据（公式），修正炉内炉料堆角及料层分布。

（5）计算径向负荷、碱度。也可利用已有公式，计算粒度分布及孔隙度、气流分布。

（6）编制输入、输出通道，建立人、机联系和显示画面。

首钢自动化研究院开发的布料专家系统，用规范化的布料来调整煤气流分布，取得了良好的效果。布料专家系统不仅给出炉料分布，而且按煤气分布类型给出布料的调整建议。布料专家系统重要技术环节包括：

（1）建立规范化的炉料分布与煤气分布类型之间的关系。

（2）调整炉料分布进而改变煤气流的分布。

（3）煤气分布类型与专家系统炉况判断结合，在特殊炉况失常情况下进行布料调整，稳定炉况。

以此建立的布料模型，不仅仅局限于模拟料面形状，更重要的是能针对煤气流的变化给出相应的布料调整方案，将不合理的煤气流分布调整到合理的状态。

布料模型今后会更快发展，同时也将世界第一钢铁大国更快地发展。

参 考 文 献

［1］Yoshimasa, Kajiwara, 等 . Trans. ISIJ, 1983(23)：1045~1052
［2］稻叶晋一，等 . R-D 神户制铁技报，1984，4(34)：42~47
　　译文见：国外钢铁，1985，9：1~8（麻瑞田译）
［3］山本亮二，等 . 日本钢管技报，1985，106：1~11；
　　译文见：国外钢铁，1986，6：1~14（张景智译）
［4］Yoshio Okono, 等, Ironmaking Proceedings, 1985, 543~552；
　　奥野嘉雄，等 . 鉄と鋼，1986，7：75~82；

奥野嘉雄，等. 鉄と鋼，1987，1：91~23,

译文见：国外钢铁，1988，3：15~14（赵世芳译）

[5] 杨天钧，等. 钢铁，1991，26(11)：96~100

[6] 郑危国，等. 2002 年全国炼铁生产技术会议暨炼铁年会文集. 中国金属学会，
2002：654~659

[7] 高征铠，等. 2002 年全国炼铁生产技术会议暨炼铁年会文集. 中国金属学会，
2002：647~653

[8] 杜鹤桂，等. 钢铁，1988，6(23)：1~4

[9] 张玲，等. 2002，1(37)：11~13

[10] 毕学工. 高炉过程数学模型及计算机控制. 北京：冶金工业出版社，1996：
128~145

[11] 尾原义雄，等. 住友金属，1990，4(42)：171~182

[12] J. O/Hanlon, Iron and Steel Engineer. 1991，9：13~19

[13] M. McMarthy, 等. Ironmaking Proceedings. 1993：505~515

[14] 林成城，等. 钢铁，1998，3(33)：4~8

[15] 罗果萍，等. 2002 年全国炼铁生产技术会议暨炼铁年会文集，中国金属学会.
2002：634~638.

[16] 刘成宇. 土力学. 北京：铁道出版社，2002：238~247；
赵树德. 土力学. 北京：高等教育出版社，2001：224~235

[17] 熊玮，等. 2002 年全国炼铁生产技术会议暨炼铁年会文集. 中国金属学会，
2002：639~641

[18] 武田干治，等. 鉄と鋼；1987，15，282~289

[19] 高征铠，等. 高炉检测与仿真技术及其应用//第八届中国钢铁年会论文集，
2011 年光盘版. 高征铠，等. 激光测量在宝钢 1 号炉的应用//2009 年中国钢
铁年会论文集，北京：526~530

[20] 李军，高征铠，等. 宝钢高炉应用激光网格法测量布料规律的应用//2008 年
全国炼铁生产技术会议暨炼铁年会文集（下册）：1198~1202

[21] 杨天钧，徐金梧. 高炉冶炼控制模型. 北京：科学出版社，1995

本书中主要符号

一、符号确定原则

（1）通用的符号尽量保持。

如：$T\ t$（温度）；$P\ p$（压力）；V（体积）；$D\ d$（直径）；$R\ r$（半径）；$H\ h$（高度）；$L\ l$（距离）；W（重量）；g（重力加速度）；m（质量）；v（速度）；α、β、φ（角度）。

（2）采用汉语拼音的符号如下。

如：K（矿石）；J（焦炭）；m_0（煤量）。

脚标一般用汉语拼音第一个字符、大写。

如：T_T（铁水温度）；T_F（风口前温度）；W_K（矿石批重）；y_{BK}（矿石在边缘的料层厚度）。

（3）除上述两条原则外，也有例外。世界通用的 O、C，分别代表矿、焦，在本书中并行使用。

二、符号说明

a^*——新料面（或称二次料面）在 xOz 坐标系内的位置；

a_0——一批料未分布区域的半径，即自高炉中心线到有新料处的距离，m；

b^*——新料面（或称二次料面）在 xOz 坐标系内的位置；

b'——块矿的标准尺寸，m；

C——炉料在溜槽上某点的速度，m/s；

C_0——炉料沿溜槽方向的初速度，m/s；

C'_0——炉料进入溜槽前的速度，m/s；

C_1——炉料在溜槽末端的速度，m/s；

C_{FJ}——风口前焦炭中的碳量，kg/t；

C_J——焦炭中的碳量，%；

C_x，C_y，C_z——分别为炉料在空区 x、y、z 方向的分速度，m/s；

C'_x，C'_y，C'_z——分别为炉料在溜槽末端在 x'、y'、z'方向的分速度，m/s；

c^*——原始料面（或称一次料面）在 xOz 坐标系内的位置；

D——高炉直径，m；

$D_{K(J)}$——矿石（焦炭）批重特征数；

D'——导料管直径，m；

d——炉料颗粒直径，m；

d^*——原始料面（或称一次料面）在 xOz 坐标系内的位置；

d_0——大钟直径，m；

d_1——炉喉直径，m；

d_i——炉喉内第 i 圈炉料直径，m；

E_B——边缘布料特征数；

E_0——中心布料特征数；

e——溜槽倾动距，溜槽倾动轴到溜槽底面的垂直距离，m；

F——惯性离心力，N；

F_f——炉料与溜槽间的摩擦力，N；

F_K——惯性科氏（Coriolis）力，N；

f——炉喉间隙，m；

f_a——空气湿度，%；

g——重力加速度，m/s^2；

H——软熔带高度，m；

ΔH——料面垂直高度差，m；

h——料线深度，m；

h_0——从溜槽末端到料面的距离，m；

h_2——料线高差，溜槽垂直位置末端到料尺零点的距离，m；

$h_{\max}$——临界料线，m；

J_F——风口前焦炭量，kg/t；

K——（炉内炉料堆角）系数；

k——阻力系数；

L_x——炉料堆尖位置距溜槽末端（大钟边缘）在 x 轴方向的水平距离，m；

L_y——炉料堆尖位置距溜槽末端在 y 轴方向的水平距离，m；

L_0——停风时炉料堆尖位置距溜槽末端（大钟边缘）在 x 轴方向的水平距离，m；

l——炉料在溜槽上的行程，m；

l_0——溜槽长度，m；

l_β——溜槽有效长度，即炉料通过溜槽的实际长度，m；

m——一块炉料的质量，kg；

m_0——喷煤量，kg/t；

N——数量，次（个），圈数；

n——炉料堆尖位置距高炉中心的水平距离，m；

Δn——炉料堆尖位置距高炉中心水平距离差，m；

P——上升的煤气阻（浮）力，N；

p——炉顶压力，kPa；

Q——一块炉料的重力，N；

R——炉喉半径，$R = 1/2d_1$，m；

Re——雷诺数；

r'——导料管半径，m；

r——导料管的水力半径，$r = \dfrac{D' - b'}{4}$，m；料流密集点轨迹半径，m；

S——软熔带面积，m^2；

s——炉料最大横断面积，m^2；

S_{CO}, S_{H_2}, S_{N_2}——分别为 CO、H_2、N_2 的热容，$kJ/(kg \cdot ℃)$；

T_F——风口前理论燃烧温度，℃；

t——炉顶温度，℃；

t_1——炉料通过溜槽的时间，s；

t_2——炉料在空区的运动时间，s；

V——炉料体积，m^3；

V_a——喷煤用空气体积，m^3/t；

V_{CO}, V_{H_2}, V_{N_2}——分别为 CO、H_2、N_2 的体积，m^3/t；

V_W——空区体积，m^3；

v——煤气速度，m/s；

W——炉料批重，t；

W_0——临界批重，t；

ΔW——批重变化量，t；

x——自高炉中心线到料面上任一点的水平距离，m；

y——自高炉中心线到料面上任一点的纵向距离，m；

y_0——一批料在高炉中心线处的料层厚度，m；

y_B——一批料在高炉边缘（炉墙）处的料层厚度，m；

y_G——一批料在堆尖处的料层厚度，m；

Δy_1——自高炉中心线到堆尖范围内，一批料的料层厚度，m；

Δy_2——自炉料的堆尖到炉墙范围内，一批料的料层厚度，m；

y_{OK}, y_{BK}——分别为一批矿在高炉中心和边缘的料层厚度，m；

y_{OJ}, y_{BJ}——分别为一批焦在高炉中心和边缘的料层厚度，m；

Δy——一批料的料层厚度，m；

Δy_{max}——最厚处料层厚度，m；

Δy_{min}——最薄处料层厚度，m；

α——超越角，(°)；溜槽角，(°)；

β——大钟（溜槽）角度，(°)；

β_0——炉料的摩擦角，(°)；

β_{max}——溜槽最大工作角，$\beta_{max}=90°$，此时溜槽与 z 轴
（高炉中心线）重合；

β_{min}——溜槽最小工作角，$\beta_{min}=40°$；

ζ——料流分布系数；

γ——气体密度，kg/m^3；

γ_a——空气热容量，kJ/m^3；

γ_{FJ}——风口前焦炭的热容，$kJ/(kg \cdot ℃)$；

γ_m——煤粉热容，kJ/kg；

δ'——溜槽经过（t_1+t_2）秒的位移量，(°)；

δ——炉料落入溜槽时的位置与落到料面上的位置在
圆周上的角度差，(°)；

η——修正系数；

λ——矿石系数；

μ——摩擦系数；

ν——煤气运动黏度，m^2/s；

ξ——常数，$\xi = \dfrac{4}{3}\pi\sqrt{\dfrac{2}{g}} = 1.8904$；

π——圆周率；

ρ——炉料堆密度，t/m^3；

φ——炉料在一定料线下的堆角，(°)；

φ_0——炉料自然堆角，(°)；

φ_1——原始料面（一次料面）堆角，(°)；

φ_2——新料面（二次料面）堆角，(°)；

φ_J——焦炭堆角，(°)；

φ_K——矿石堆角，(°)；

ω——溜槽转速，圈/s；

ω_{max}——临界转速，圈/s；

ψ——炉料分布不均匀率，%。